カラーでみる高周波の世界

本書では，電磁界シミュレータで得た多くのグラフィックスを基に，高周波の世界を旅します．このカラー頁では各章をブラウズしています．

● 第1章　お行儀の良い電気
理想的な線路を伝わる電気を，電界と磁界の移動として考え直します．

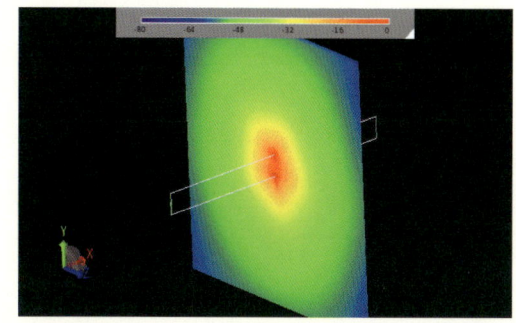

　平行2線の周りに分布する電界の強さを色で表したもの．
　電界が強い場所は上下の線間であるが，空間にも木の年輪のように広がっているのが分かる（XFdtdによる）．図1-2：本文13頁参照．

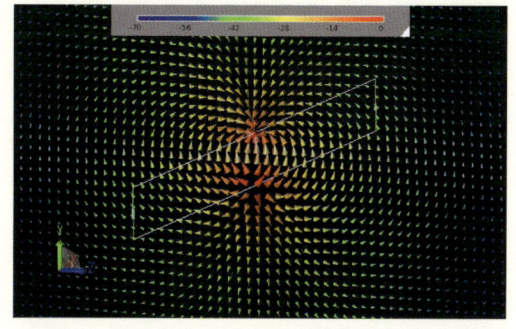

　同じ線路の電界をベクトル表示している．
　電界とは，電源の電圧（電位差）によって配線周りの空間に生じる電位の勾配のこと．電気力線の絵を思い出させる（XFdtdによる）．図1-3：本文13頁参照．

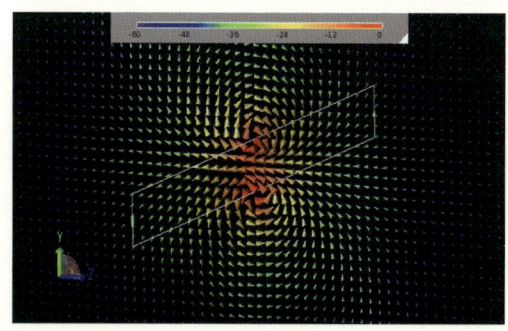

　この図は磁界をベクトル表示している．
　これらを数珠つなぎにたどる線は磁力線だが，それぞれの線の周りにループ状になっていることがわかる（XFdtdによる）．図1-4：本文14頁参照．

カラーでみる高周波の世界

● 第2章　お行儀の悪い電気
　電気の一部が配線路をたどらずに，空間へ旅立つ現象を考えます．

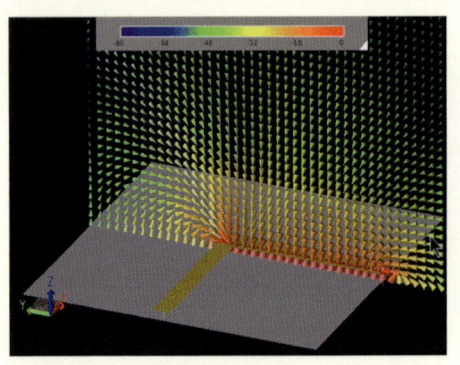

マイクロストリップ線路の直角曲がり部では，電界と磁界の分布が乱れ，電磁波が放射しやすくなる．図は直角曲がり部の電界ベクトルである．図2-3：本文38頁参照．

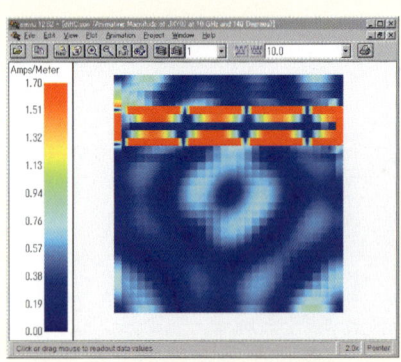

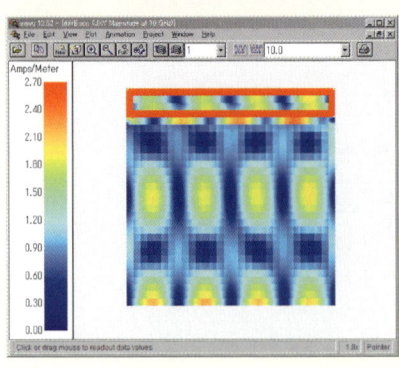

　線路がグラウンド層や電源層の縁にある基板では，動作周波数によって基板の縁に強い電流が流れることがある．縁に集中した電磁エネルギーは，これら2層の間に入り込み，最悪の場合は共振現象を引き起こす．中段と下段の図は，2種類の配線位置でグラウンド導体表面の電流密度分布（10 GHz）を示している（Sonnetによる）．これらは共振アンテナのように働くことがあり，近くにある別の回路へ電磁エネルギーを伝え，遠方へノイズを放射する原因となる場合もある．一般に，周波数が高いほど変位電流が大きくなり放射されやすくなるので，高周波化が進むと，ますます不要な電磁波の放射に悩まされることになる．これらの図は，2種類の配線位置でグラウンド導体表面の電流密度分布（10 GHz）を示している（Sonnetによる）．中段：図2-20，下段：図2-21，本文51頁参照．

● 第3章　そもそも高周波とは何だろう
高周波で重要なSパラメータについて詳しく学びます．

　この図はバイト反転回路で，15 MHzにおける配線の表面電流分布である．左上のポート1に信号を与えたとき，給電していないポート25-ポート57の配線も電流が流れており，この図でわかるように，下の層の信号線から誘導されていることが容易に想像できる（Sonnetによる）．図3-8：本文69頁参照．

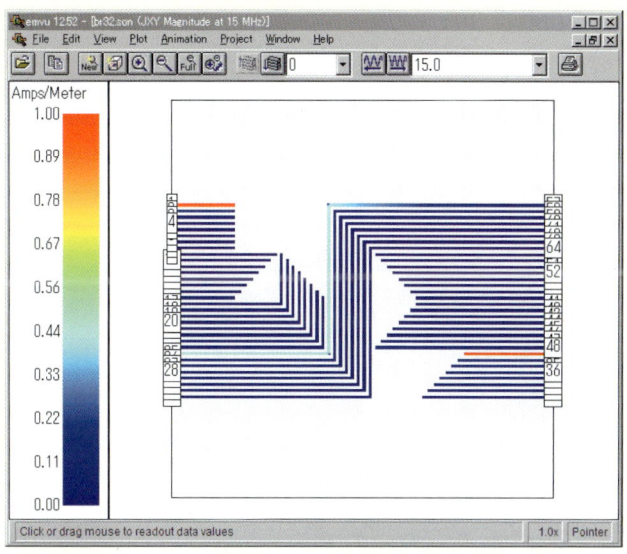

　この図はグラウンド・バウンスの例で，グラウンド層の表面抵抗を1 Ω/mm^{2}と設定したときのリターン電流である．

　配線の直下には，鏡に映ったようなリターン電流が表示されているが，グラウンド・バウンス検出用の短い配線の直下付近にもリターン電流が認められる（Sonnetによる）．図3-13：本文72頁参照．

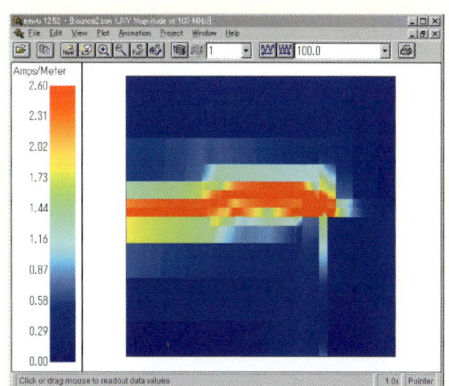

カラーでみる高周波の世界

● 第4章　高周波回路はどこが違うのか
分布定数回路の考え方で高周波回路を理解しながら，SPICEの活用法も学びます．

　SonnetのNetlist Projectを活用すると，比較的規模の大きな回路を分割してシミュレーションできる．上段・下段のバンドパス・フィルタの事例では，線路構造の対称性を利用して四つのモデルに分割した．それぞれの図は配線の表面電流分布である．上段：図4-20，下段：図4-21，本文102頁参照．

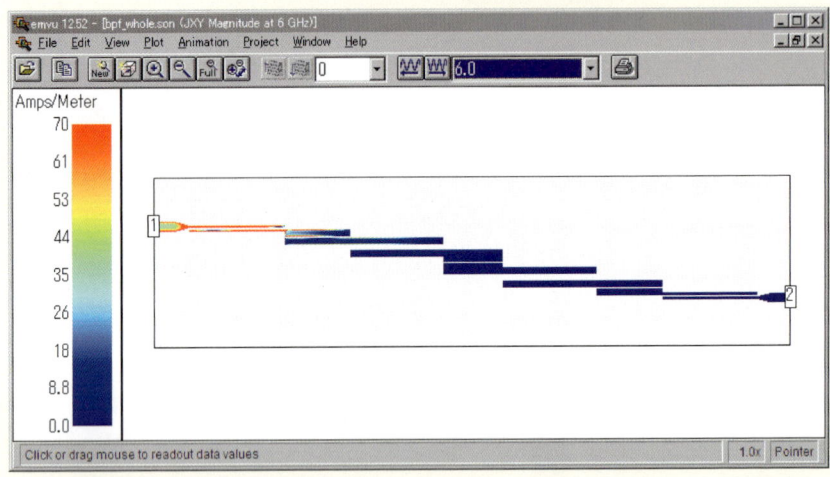

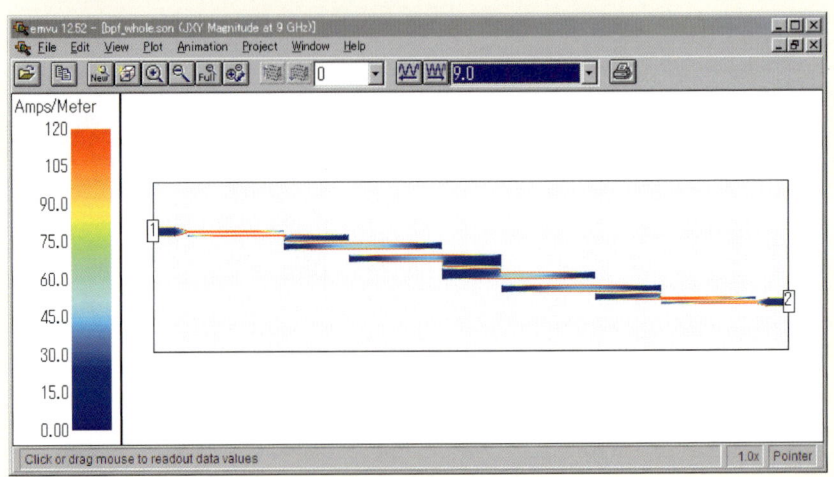

カラーでみる高周波の世界

● 第5章　高周波と不要輻射の密接な関係

　基板周辺の電磁界分布や，空間を移動する電磁界を調べることで，基板全体からの不要輻射の元を見つけます．

　グラウンドにあるスリットを線路に対して直交させたモデルのシミュレーション結果で，S_{21}（伝達係数）が小さい9.5 GHzにおける電界強度をカラー・スケールで表示している（XFdtdによる）．図5-16：本文127頁参照．

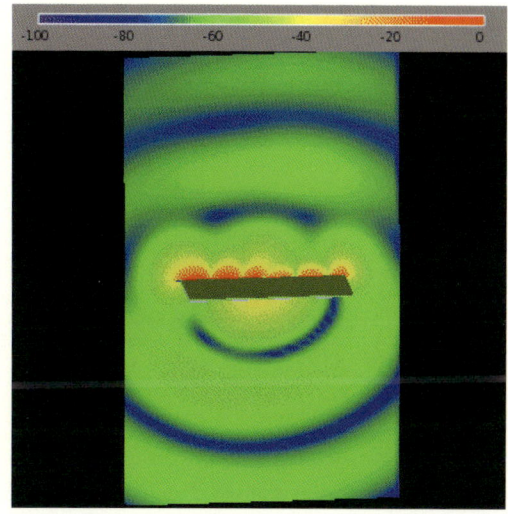

　この基板からの不要輻射を調べた結果で，アンテナの放射パターンを表示する機能を使っている．放射効率1.6％で，アンテナとしては低効率であるが，基板から不要輻射があることを意味している（XFdtdによる）．図5-17：本文128頁参照．

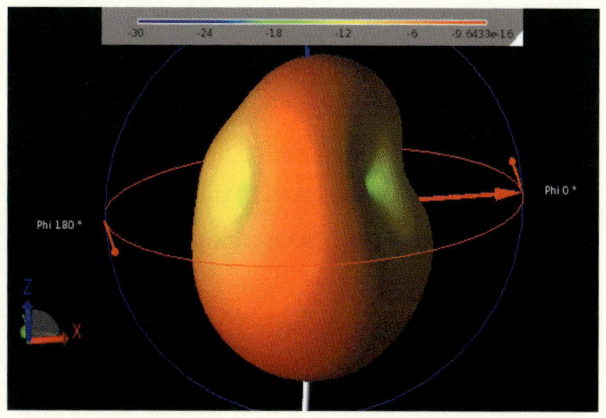

カラーでみる高周波の世界

● 第6章　差動線路を理解する

　差動線路を電磁界シミュレーションすることで，なぜクロストークが改善されるのかを調べます．

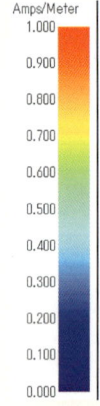 

グラウンドの縁に差動線路があるモデルの表面電流分布である．縁に沿って強い電流が認められた1.65 GHzで強い放射が観測された（Sonnetによる）．図6-23：本文154頁参照．

　空間の磁界ベクトルを表示した例．グラウンドの縁部にも強い磁界が認められ，これによって縁に沿った強い電流が発生すると考えられるが，その長さが1/2波長やその整数倍に相当する周波数で共振現象を引き起こし，不要輻射のピークを示す（Micro Stripesによる）．図6-25：本文155頁参照．

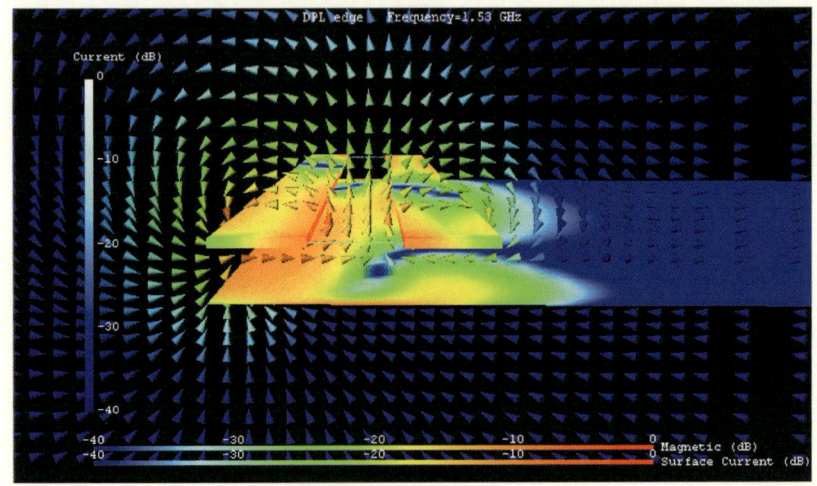

カラーでみる高周波の世界

● 第7章　高周波の常識になったEMC設計

　電磁界シミュレーションがEMI（電磁妨害または電磁干渉）の問題やEMC（電磁両立性）の解決に果たす役割と可能性について探ります．

　筐体の開口部を介して外部電磁界が回路に結合している周波数において，筐体内の多層プリント回路に誘導されている電流密度分布を表している（MicroStripesによる）．図7-4：本文168頁参照．

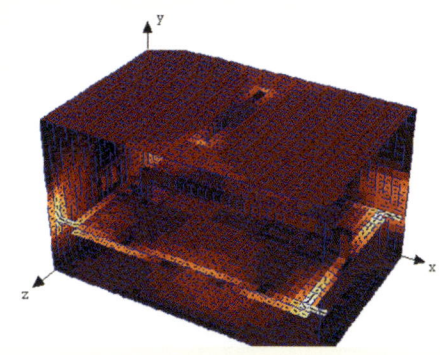

　プロセッサの放熱フィンは，数百M～数GHzではアンテナとして働くことがある．
　MPUの上に放熱フィンを置き，これらの間に直接励振しているが，周囲の空間に強い電界が分布している様子がわかる（MicroStripesによる）．図7-16：本文175頁参照．

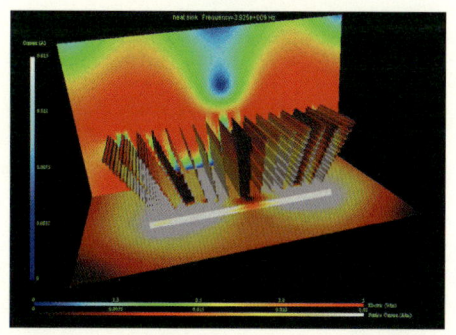

　高速ルータのモジュールである．放射が問題となっている周波数400MHzで，モジュール内の電磁界や導体面の電流分布を表示している（MicroStripesによる）．図7-25：本文182頁参照．

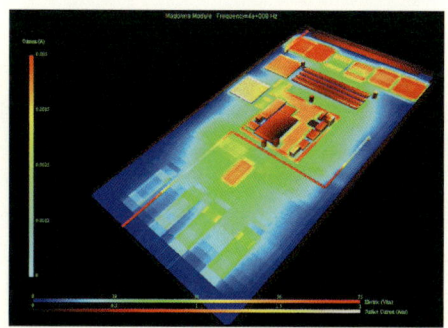

カラーでみる高周波の世界

● 第8章　すべての道はアンテナに通ず

　究極の電磁界問題ともいえる「アンテナ」について学び，「高周波の世界」の心髄に迫ります．高周波の世界を旅してみたら，すべての道はアンテナに通じていた！というのは，ひとつの発見といえるかもしれません．

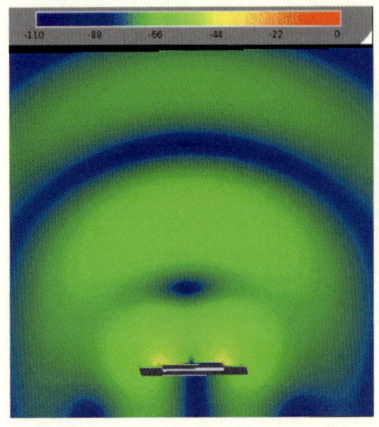

パッチ・アンテナの周りの電界分布を，パッチの中心を通る断面上で表示している．パッチの両縁からモレ出た強い電界が輪のように空間へ広がる（XFdtdによる）．図8-14：本文211頁参照．

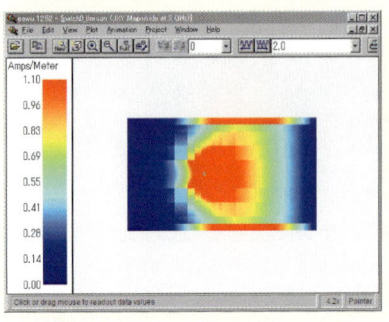

Appendix 8でシミュレーションするパッチ・アンテナの表面電流分布で，2 GHzの表示である．この周波数では共振していないので，パッチの縁だけではなく，viaのある位置にも，強い電流の分布が集中している（Sonnetによる）．図8-29：本文221頁参照．

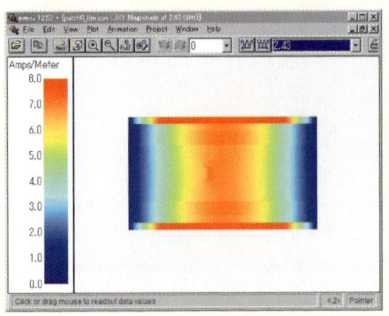

上図のパッチ・アンテナが共振している2.45 GHz付近の表面電流分布である．電流は上下の縁部が特に強く，1/2波長の分布になっていることがわかる．これは定在波なので，時間が変化しても，1/2波長の分布は変わらない（Sonnetによる）．図8-30：本文221頁参照．

RF DESIGN SERIES

[改訂] 電磁界シミュレータで学ぶ
高周波の世界
高速ディジタル時代に対応した回路設計者の基礎知識

小暮裕明
Hiroaki Kogure
小暮芳江 [共著]
Yoshie Kogure

CQ出版社

おことわり

　本書は，Design Wave BOOKS『電磁界シミュレータで学ぶ高周波の世界』，1999年10月初版，CQ出版社刊に加筆・修正を加えた改訂版です．そのためほぼ同一内容の記事も含まれます．

　また，各章の主なシミュレーション結果のカラー画像を汎用画像形式で付属CD-ROMに収録してありますので，パソコンの画像表示ソフトで参照し，本書巻頭カラー頁と併せてご利用ください．美しいカラー・シミュレーション画像を参考に本書をお読み頂けます．

はじめに

　旧版『電磁界シミュレータで学ぶ高周波の世界』(Design Wave BOOKS収録)は，1999年の初版から7版まで増刷されましたが，その間に差動線路やメタマテリアル，電波吸収体といった高周波技術が実用化されました．そこで，これらの新技術を追加するとともに，内容を全面的に見直し，補足・改訂を行いました．付属CD-ROMには，旧版と同じ電磁界シミュレータSonnet Liteを収録しています．

　旧版を初めて世に出したころは，各国における電磁界シミュレータのデビューから10年足らずでしたが，「シミュレータでいったい何がわかるのか」をまとめました．また，パソコン版の各種シミュレータが普及し始めて間もないころの執筆だったため，「無料のシミュレータでこんなにきれいな図を見せることができるという紹介の書」といった評も頂戴しました．そこで，旧版ではもの足りない読者のために，電磁気学の理論についても，実践的な(体験的な？)解説を追加することにしました．

　一方，高周波の本は初めてという読者には「電磁界シミュレーションは本当に役に立つのか？」という素朴なギモンにもお答えしたいと考えました．その具体的な方法は，実際に手を動かして電磁界シミュレータを体験することですが，すでに困っている問題があれば，それを解決するために学ぶのは一挙両得です．また，これから高周波の世界に挑もうという読者は，本書の各章で展開される高周波の問題を，電磁界シミュレーションで解決するという手順を追体験すれば，近い将来きっと役に立つことでしょう．

　教科書で電磁気学を学び，高周波については一家言あるという読者諸氏も，電磁界シミュレータで自分の問題として解いてみると，長年の思い込みに気づくといった，貴重な経験も期待できます．

　電磁界の世界は見えないので，まさにバーチャルな世界です．高周波は実験や測定も大変重要ですが，電磁界シミュレータで学ぶことで，測定回路の周りに電界ベクトルや磁界ベクトルが「姿を見せる」ようになればしめたものです．

　本書が，高周波の世界を旅するツアコンの役割を果たせれば，筆者らにとって望外の喜びです．

2010年3月　小暮裕明・小暮芳江

目次

[改訂] 電磁界シミュレータで学ぶ高周波の世界

| 口絵 | **カラーでみる高周波の世界** |

第1章 お行儀の良い電気 ─────────────── 011

1-1 されど平行線 ─── 011
平行2線モデル 011
豆電球と乾電池モデル 012
線路の中央付近の電界を見る 013
交流電源にしたときの電界と磁界 014

1-2 モレて伝わる？ 伝送線路 ─── 014
伝送線路とは 014
伝送線路の基本は平行2線 015

1-3 モレては困る？ 伝送線路 ─── 015
導波管も伝送線路 015
導波管モデル 016
電界と磁界，そして電流の観察 018
管でも伝送線路 018

1-4 マイクロストリップ線路とは ─── 019
マイクロ波帯の伝送線路の代表─マイクロストリップ線路 019
プリント回路基板で使われる理由 020
マイクロストリップ線路の原理 021

1-5 マイクロストリップ線路構造の特徴 ─── 022
特性インピーダンスとは 022
伝送線路における電磁界 023
TEMモード 023
準TEMモード 023

第1章のまとめ ─── 025
Column 1 マイクロ波とマイクロストリップ 025

Appendix 1
第1章のポイントをシミュレーションで確かめよう！ ─────── 026

第2章 お行儀の悪い電気 ———— 035

2-1 線路の曲がり部 ———— 035
曲がり部の問題 035
表面電流の分布とは 036
電界と磁界は？ 037

2-2 基板全体からの放射 ———— 038
基板全体からの放射を求める 038
周波数が高いほど放射量は多い 039

2-3 反射係数が大きいということは… ———— 041
入力ポートから出力ポートにどれだけ伝わるか 041
直角部は伝送路としての特性が悪い 041
曲がり部がなくても反射があると定在波が生じる 042
定在波ができるまで 044

2-4 メアンダ・ライン（蛇行線）———— 044
蛇行している線路 044
電界の表示 047

2-5 お行儀が悪くなる原因とは ———— 047
ノーマル・モードとコモン・モード 047
基板上のループ配線の位置 048
コモン・モード電流の考察 048
コモン・モード電流と放射の関係 049

2-6 多層基板の層間の様子 ———— 050

2-7 基板のどこから放射するのか？ ———— 052

2-8 マクスウェルが予言した変位電流 ———— 052
マクスウェルの業績 052
マクスウェルの仮説 053
電磁波とマクスウェル 054

2-9 伝送線路 vs アンテナ ———— 054
アンテナとは何か 054
伝送線路か？ アンテナか？ 055
電磁波の発見 055

第2章のまとめ ———— 056
Column 2　表皮の厚さ 056

Appendix 2
第2章のポイントをシミュレーションで確かめよう！ ———— 057

第3章 そもそも高周波とは何だろう —— 061

3-1 いまや不可欠となったSパラメータ —— 061
Sパラメータの定義 061

3-2 ネットワーク・アナライザを使おう —— 063
ネットワーク・アナライザの基本構成 063
重要なキャリブレーション 064
ディエンベディングとキャリブレーション 064

3-3 4本の直角曲がり線路のSパラメータ —— 065
線路を4本に増やしたモデル 065
Sパラメータの評価手順 067

3-4 より複雑な回路の例 —— 067
現実のプリント基板回路に近い例 067
配線の表面電流をもとに問題点を探る 068
Sパラメータの解析 069

3-5 グラウンド・バウンスとグラウンド・ループ —— 070
グラウンドに関する問題点 070
グラウンド・バウンスの例とその解析 070

3-6 特性インピーダンスのさまざまな定義 —— 072
導波管の特性インピーダンスとは 072
導波管のどこに電圧をかけるのか？ 074
ヘビサイドの巧みな方法 074
重要な整合の条件とは 075
高周波ではなぜ50Ωなのか？ 076
マイクロストリップ線路（MSL）の特性インピーダンス 076

第3章のまとめ —— 078

Appendix 3
第3章のポイントをシミュレーションで確かめよう！ —— 079

第4章 高周波回路はどこが違うのか —— 087

4-1 基板の配線は分布定数回路 —— 087
SPICEで回路のシミュレーションをする 087
プリント基板上の回路は伝送線路として扱う 088

4-2 マイクロ波回路の設計 —— 089
マイクロ波回路の設計ノウハウを活用 089

4-3 再び直角曲がり線路 —— 089
SPICEモデルの生成 089

	SPICEでの解析　091
4-4	**高速ディジタル回路の例** ────── 091
	高速ディジタル回路のSPICEモデル　091
	2周波数解析のガイドライン　093
	SPICEファイルの生成　093
	*RLGC*マトリクス　096
4-5	**フィルタのシミュレーション** ────── 096
	バンドパス・フィルタの解析　096
	回路の分割　097
	分割ファイルの作成　098
	分割されたファイルをシミュレーションする　099
	分割位置の注意　100
	シミュレーション結果の評価　101
4-6	**集中定数の設定方法** ────── 102
	T型減衰器のシミュレーション　102
	回路の構成　103
	ネットワーク・ファイルの作成　103
	内部ポートによる方法　104
4-7	**メタマテリアルのシミュレーション** ────── 105
	メタマテリアルとは何か　105
	左手系とは　105
	メタマテリアルの実現　106
	左手系の線路　107
	第4章のまとめ ────── 109
	Appendix 4
	第4章のポイントをシミュレーションで確かめよう！ ────── 110

第5章	**高周波と不要輻射の密接な関係** ────────── 117
5-1	**基板の配線上の電流** ────── 117
	インピーダンス整合の必要性　117
	MSLのシミュレーション　118
	基板のベタ・グラウンド面上の電流　118
5-2	**シンプルなMSLモデル** ────── 119
	不整合の影響　119
	真空中での波長と誘電体中での波長　121
5-3	**グラウンドにスリットがある基板からの不要輻射** ────── 122

グラウンドにスリットがある場合　122
　　　Sパラメータの解析　123
　　　スリットの位置による違い　124
　　　スリットの向きによる違い　125
　　　基板のまわりの電磁界　127
　　　反射が小さい周波数で何が起きているか　128
5-4　**電磁波のシールドと電波吸収** ─── 129
　　　静電シールドとは　129
　　　シールドの効果を表す物理量　130
　　　磁気シールドの効果　130
　　　高周波磁界のシールド効果　131
　　　空間にできる定在波　132
　　　電波吸収の方法　133
　　第5章のまとめ ─── 134
　　Appendix 5
　　　第5章のポイントをシミュレーションで確かめよう！ ─── 135

第6章　差動線路を理解する ─── 141

6-1　**差動線路とは** ─── 141
　　　差動線路の配線構造　141
6-2　**差動線路は万能薬か** ─── 142
　　　差動線路とクロストーク　142
　　　クロストークの比較　144
　　　差動線路でクロストークを低減　145
　　　マイクロストリップ線路構造の場合　147
6-3　**差動線路は万全か** ─── 148
　　　ノーマル・モード，コモン・モードとノイズの関係　148
　　　線路の表面電流によりコモン・モードの発生を調べる　149
6-4　**差動線路からの放射問題** ─── 151
　　　3m先で観察される電界　151
　　　線路のまわりの磁界　153
　　　電界のループ発生とEMI（電磁妨害）　155
　　　遠方への放射　156
　　第6章のまとめ ─── 158
　　　Column 3　MSL（マイクロストリップ線路）とストリップ線路　158
　　Appendix 6
　　　第6章のポイントをシミュレーションで確かめよう！ ─── 159

第7章 高周波の常識になったEMC設計 ———— 163

7-1 EMCって何？ ———— 163
EMCの定義　163
EMC問題のモデル　164

7-2 筐体の開口部を介して侵入する電磁波 ———— 165
筐体のスリットの影響　165
周波数領域の特性を得る　166
半波長の共振器　167
層間の磁界分布　168

7-3 筐体の共振 ———— 169
筐体自身の共振周波数の測定　169
共振モードの解析　171
発生しないモード　172

7-4 プリント回路基板を入れた場合 ———— 173

7-5 MPUとノイズ放射 ———— 174
放熱フィンがアンテナになる？　174
放熱用のスリットがアンテナになる？　176

7-6 ノイズ問題のトラブル・シューティング ———— 178
最終段階で発生する問題　178
トラブル・シューティングの手順　178
コンポーネント・レベルの原因を究明する　179
モジュール・レベルの原因を究明する　180
システム・レベルの原因を究明する　183

7-7 ノイズ抑制と電波吸収体 ———— 187
ノイズ抑制シートの測定とシミュレーション　187
電波吸収体の効果　190

第7章のまとめ ———— 194
Column 4　伝搬モードと共振モードについて　192

Appendix 7
第7章のポイントをシミュレーションで確かめよう！ ———— 195

第8章 すべての道はアンテナに通ず ———— 201

8-1 空間という名の伝送線路 ———— 201
変位電流の発見　201
マクスウェルによる電磁波の予言　202

8-2 ヘルツ発振器がアンテナの元祖 ———— 203

	ヘルツがマクスウェルの予言を実証　203
8-3	**平面アンテナとは何か**────── 205
	GPSのパッチ・アンテナ　205
	マイクロストリップ線路で給電したパッチ・アンテナ　207
	オフセット給電のパッチ・アンテナ　210
8-4	**自動車に搭載したアンテナ**────── 211
	車体の影響　211
8-5	**EMSとEMIの関係**────── 213
	EMSとは何か　213
	電磁的感受率（EMS）を求める　215
8-6	**EMIとアンテナ**────── 216
	第8章のまとめ────── 217
	Appendix 8
	第8章のポイントをシミュレーションで確かめよう！────── 218

第9章　電磁界シミュレータのしくみと活用法 ────── 223

9-1	電磁界シミュレータでできること────── 223
9-2	**モーメント法とその仲間たち**────── 224
	周波数領域の手法　224
	モーメント法とその仲間　226
9-3	**FDTD法とその仲間たち**────── 227
	時間領域の手法　227
9-4	**電磁界シミュレータの分類**────── 230
	周波数領域 vs 時間領域　230
	電磁界解析の手法　231
9-5	**電磁界シミュレータの精度について**────── 231
	精度について　231
	モーメント法による離散化誤差　231
9-6	**電磁界シミュレータの活用**────── 233
	使い方のポイントをまとめる　233
	電磁界シミュレーションの効果　235
	第9章のまとめ────── 236
	Supplement　Sonnet Liteの動作環境とインストール────── 237
	付属CD-ROMの内容と使い方────── 240
	索引────── 242
	著者略歴────── 247

第1章

お行儀の良い電気

本章では，先ず基礎知識として伝送線路とは何かを考える．代表的なものとして，平行2線，マイクロストリップ線路，導波管についてそれぞれシミュレーションを行いながら理解する．回路基板上のパターンが伝送線路であり，そしてマイクロストリップ線路としての理解が必要なことを確認する．

　回路基板の配線路は，所望の信号を100％先方（負荷側）へ伝える役割を担っているわけですが，これは小学校の理科で学んだ豆電球と乾電池の実験も同じです．「電池の－（マイナス）極から出た電子が電線の中を通って豆電球に達し，さらに電線を通って＋（プラス）極へ帰る」というのが電流だと学びました．電線という線路を伝わる電気は，いわば「お行儀の良い電気」ですが，最近これが果たせなくなって，さまざまな問題が発生するようになってきた，というのです．

　この章では，配線路本来の役割を見直し，なぜそれが十分果たせなくなるのか，そのわけを探ります．

1-1　されど平行線

● 平行2線モデル

　豆電球と乾電池の実験では2本の電線を使いますが，よりシンプルな電線だけのモデルを図1-1に示します．これは米国Remcom社のXFdtdという3次元任意形状向きの電磁界シミュレータで，FDTD（Finite Difference Time Domain）法[1-1]という解析手法をもとにしています（第9章で解説）．

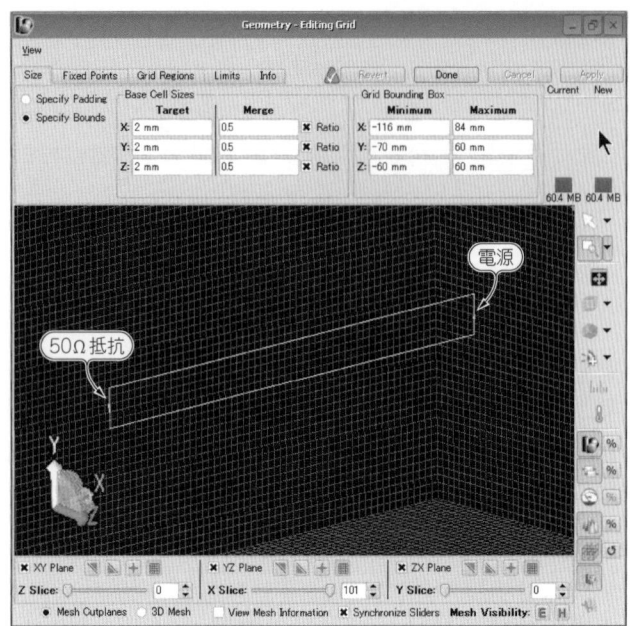

図1-1 平行2線のCADモデル
手前の先端部に50Ωの抵抗，奥の端に電源（ポート1）を設定．

● 豆電球と乾電池モデル

　詳しい話は抜きにして，電磁界シミュレーションの結果を順に見ていきましょう．電気回路を構成する三つの要素とは，電源と負荷，そして両者をつなぐ伝送路ですが，乾電池と豆電球，配線は，それらに対応しています．

　図1-2は，奥の端に電源を設定しており，手前の先端部にある50Ωの負荷抵抗を平行2線でつないでいます．また平行2線の周りに表示されている波紋は，線に垂直な断面の「電界」の強度を表しています．

　電界は，物理学では電場ともいいます．また電流の流れは電子の移動として説明されますが，**図1-2**の電源から下側の線路を伝わり，負荷抵抗を通って上側の線路をたどるループ電流を考えます（電流の向きは，電子の発見よりも前に決められたため，電子の移動とは逆向きに定義されている）．

　図1-2によれば，電界が強い場所は上下の線間ですが，空間にも木の年輪のように広がっているのがわかります．最も強い領域の中心には電流が流れていますが，上下の配線に流れる電流は互いに逆向きであることに注意してください．

　図1-2には電池も豆電球もないのですが，CADツール（図形描画プログラム）を用いて電気回路の要素として空間に配置したものを「モデル」と呼んでいます．

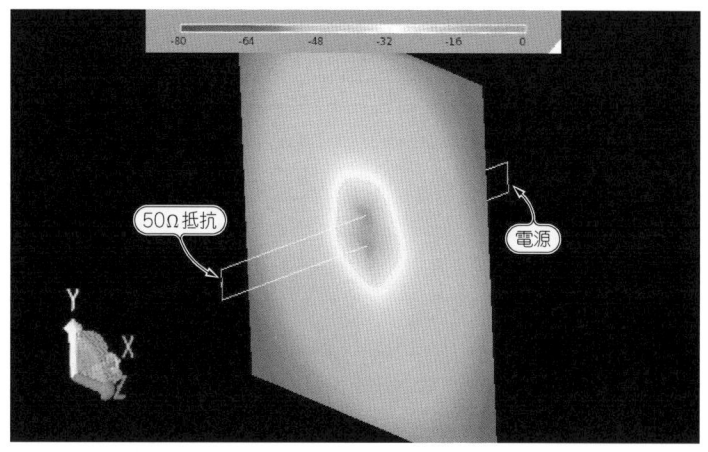

図1-2　平行2線の周りに分布する電界の様子(巻頭のカラー口絵 i 頁も参照)
強さを色で表している．

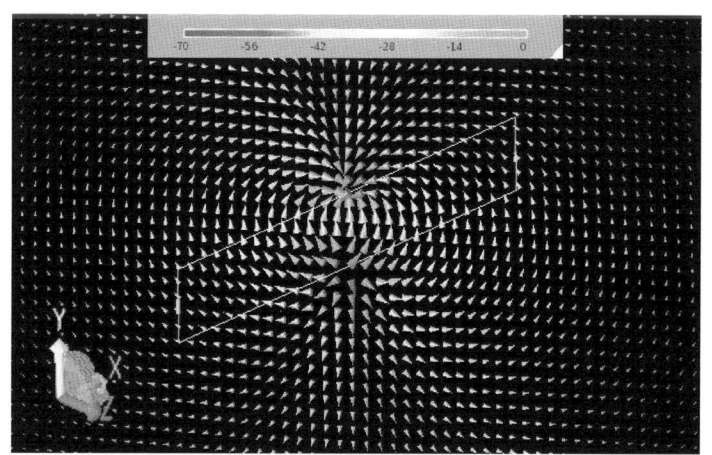

図1-3　平行2線の周りに分布する電界ベクトルの様子(巻頭のカラー口絵 i 頁も参照)

● 線路の中央付近の電界を見る

　電界は，電源の電圧(電位差)によって配線周りの空間に生じる電位の勾配です，大きさと向きを持つベクトルで表します．**図1-3**は，**図1-2**と同様の断面に沿って分布する電界ベクトルの様子を表しています．

　上下の線路間には，下の線路から上の線路へ向かう小さな円錐形が見られ，周囲の空間にも数多く見られます．これらを数珠つなぎにたどる線は，理科の時間に

1-1　されど平行線　013

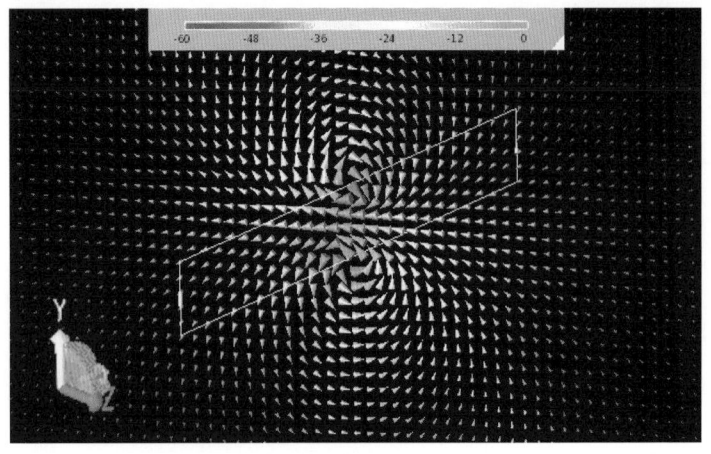

図1-4　平行2線の周りに分布する磁界ベクトルの様子（巻頭のカラー口絵 i 頁も参照）

習った電気力線の絵を思い出させます．図1-2では，電界が強い領域は線路の近傍だけのように見えますが，表示のスケールを変えて微弱なところも強調表示してみると，図1-3のように空間に広がっていることがわかります．

● 交流電源にしたときの電界と磁界

これまでは直流でしたが，交流ではどうでしょうか？　50 Hzのときの電界も，ある瞬間の表示は図1-3と同じになります（図は省略）．

図1-4は，50 Hzのときの磁界ベクトルです．これらを数珠つなぎにたどる線は磁力線ですが，それぞれの線の周りにループ状になっていることがわかります．また上側の線の周りは右巻き，下側は左巻きなので，アンペアの右ネジの法則[*1-1]から判断すれば，上側の線の電流は，図1-4を表示している時刻に，手前から奥に向かっていることがわかります．

1-2　モレて伝わる？　伝送線路

● 伝送線路とは

マイクロ波や通信に関する教科書には，伝送線路という言葉がよく登場します．

[*1-1] アンペアの右ネジの法則：フランスの物理学者アンペア（仏語読み：アンペール）は，1820年，右ネジを電流の流れる方向に回すと，磁力線はネジの回転する向きにできることを発見した．

写真1-1　レッヘル線
ドイツ博物館にて筆者写す．

伝送線路の理論とか，古くは電信方程式というものもあります[1-2]．

　40年ほど前に発行された電気用語辞典によると，伝送線路とは「広義には，電気勢力を送受する区間のあらゆる電気回路をさすが，普通は電信・電話回線の搬送端局装置を除いた中間の伝送系をいい，ケーブル線路，中継器，無線回路などを含む一連の伝送系をいう」とあります[1-3]．少し古典的な（？）表現ですが，歴史的には電報信号（モールス信号）を伝えるために1840年代に米国で敷設された一対の信号線が，この伝送線路の始まりといわれています．

● 伝送線路の基本は平行2線

　平行な2本の電線は，オーストリアの物理学者レッヘルによって1888年に発表され，おもにマイクロ波の伝送に用いられていましたが，これはレッヘル線といわれています（**写真1-1**）．**図1-2**〜**図1-4**に示すような電磁界シミュレーションの結果を見ても，平行2線の周囲には，電界と磁界が広く分布しながら電気が伝わっていくことがわかります．また，**図1-3**と**図1-4**をよく見比べると，ある位置の電界ベクトルと磁界ベクトルは，互いに直交しているということがわかります．

1-3　モレては困る？　伝送線路

● 導波管も伝送線路

　大電力を使うマイクロ波通信では，導波管という伝送線路を用います（**写真1-2**）．
　断面は方形，円形等がありますが，要するに，金属製のチューブです．もちろん高周波の電気を伝えるものですが，金属管は一体なので，平行2線のように線間に電圧がかかって電流が流れるというふうには解釈できません．

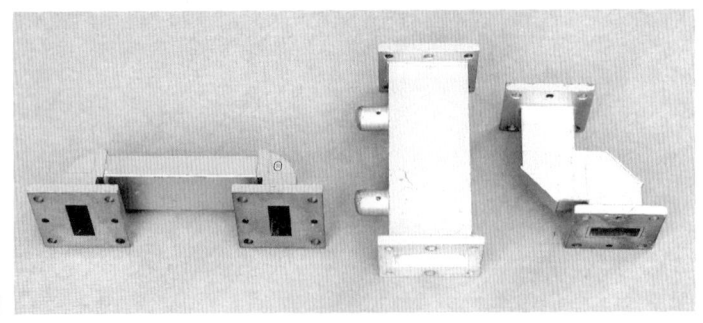

写真1-2　導波管の例

　しかし実際には，この管内に電界と磁界が閉じこめられながら電磁エネルギーが伝わるので，これもりっぱな伝送線路です．導波管の接続部はしっかりとネジ止めされるので，モレ出る電気(電磁波)は極めて少なくなります．

● 導波管モデル

　図1-5はシンプルな方形導波管のモデルで，ドイツCST社のTLM (Transmission Line Modeling)法による電磁界シミュレータMicroStripes (マイクロストライプス)を使ってシミュレーションしています(第9章で解説)．

　両端の面は導波管の特性インピーダンス(1-5項)で整合をとるので，管内を伝わる電気(電磁波)は端部で無反射になります．励振面は導波管の奥の面に設定しており，

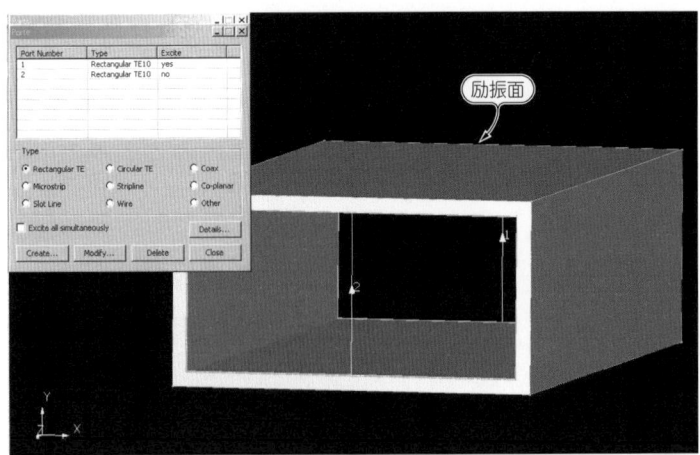

図1-5　方形導波管のモデル
導波管の奥の面で励振している．

016　第1章　お行儀の良い電気

電磁エネルギーは手前に向かって一方行に伝わるので，これを進行波と呼びます．
　図1-6は，方形導波管内部の電界の様子，**図1-7**は磁界の様子をそれぞれ示していますが，ある周期できれいなパターンが観測されました．導波管の金属まで表示すると見づらいので，ここでは透視図にしています．

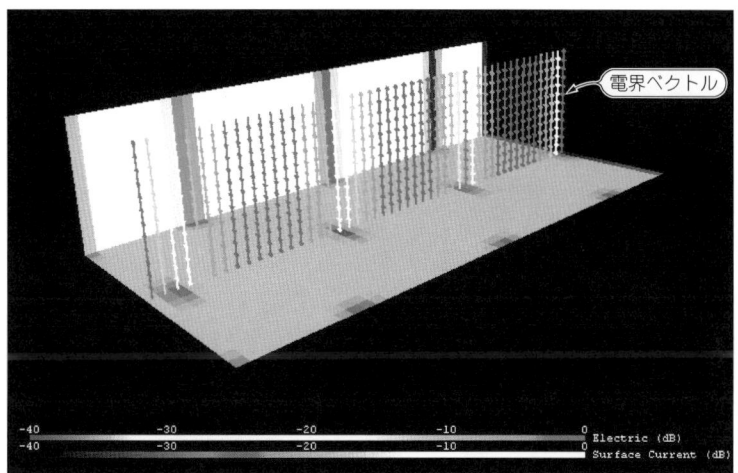

図1-6　方形導波管内部の電界の様子

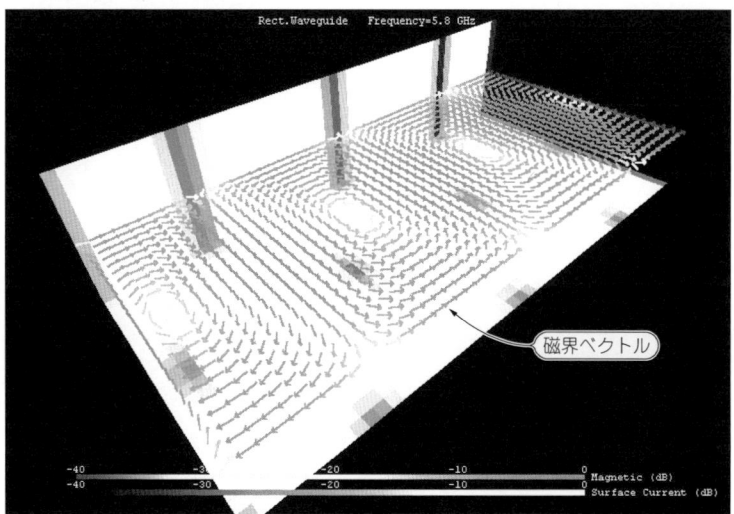

図1-7　方形導波管内部の磁界の様子

● 電界と磁界，そして電流の観察

　まず電界ですが，垂直面でスライスした図1-6から，電界の向き（多くの円錐形）は，上下の対向する側壁に垂直であることがわかります．そしてある周期でその向きが逆になり，これを繰り返して伝わっていく様子もわかります．

　一方磁界は，水平面でスライスした図1-7を見ると，閉じた渦がいくつも発生していることがわかります．そしてその渦の巻き方は，右巻きと左巻きが交互に現れていることもよくわかり，きれいなパターンが得られました．

　さらに，**図1-8**は導波管内面の表面電流分布の様子です．電流の強いところと弱いところが，電界や磁界の分布のパターンに対応しているのがわかります．これらの表示から類推すると，導波管内を伝わる電磁エネルギーもきれいなパターンが現れると容易に想像がつきます（図1-6～図1-8は，いずれもある瞬間の値（瞬時値）を表示したものであることに注意）．

● 管でも伝送線路

　さて，いままで調べてきた平行2線や導波管は，いずれも伝送線路といわれています．管なのに線路とはおかしい？といわれるかもしれませんが，光ファイバも，

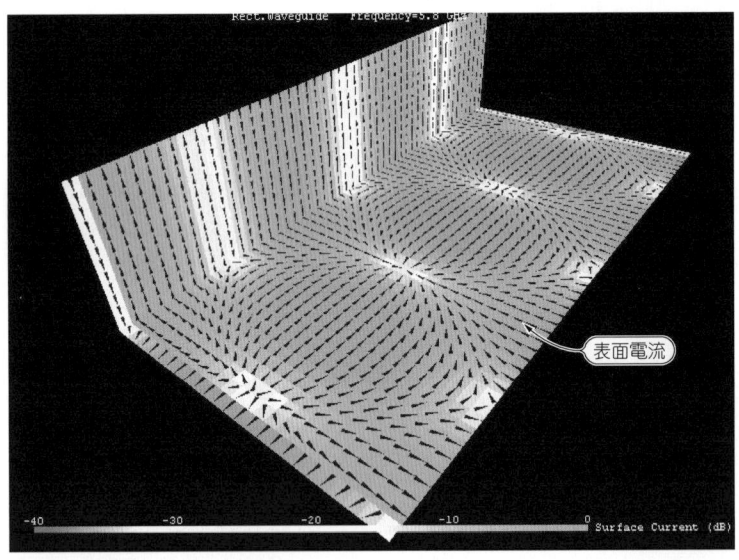

図1-8　導波管内の表面の電流分布
鋭角三角形は電流の向きを表している．

電磁波をモレないように閉じこめて伝えるという意味では，線というよりも管に近い感じです．ですから光ファイバも伝送線路ですし，この他にも誘電体を使った伝送線路など，いまや伝送線路は広い概念で使われているといえます．

1-4 マイクロストリップ線路とは

● マイクロ波帯の伝送線路の代表—マイクロストリップ線路

マイクロ波帯でよく使われる伝送線路に，マイクロストリップ線路があります．マイクロストリップ線路は，図1-9のように薄い誘電体を挟んで，下側に全面のグ

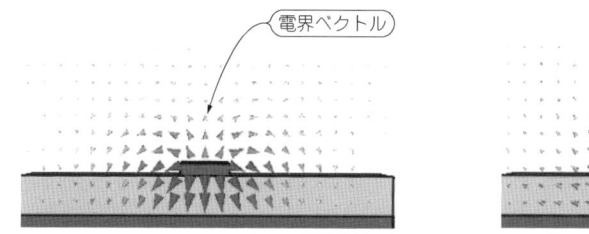
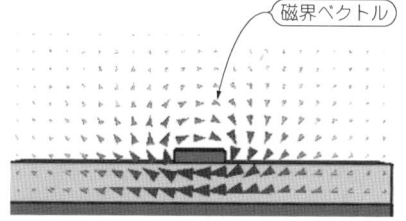

図1-9 マイクロストリップ線路の周りにできる電界ベクトルと磁界ベクトル

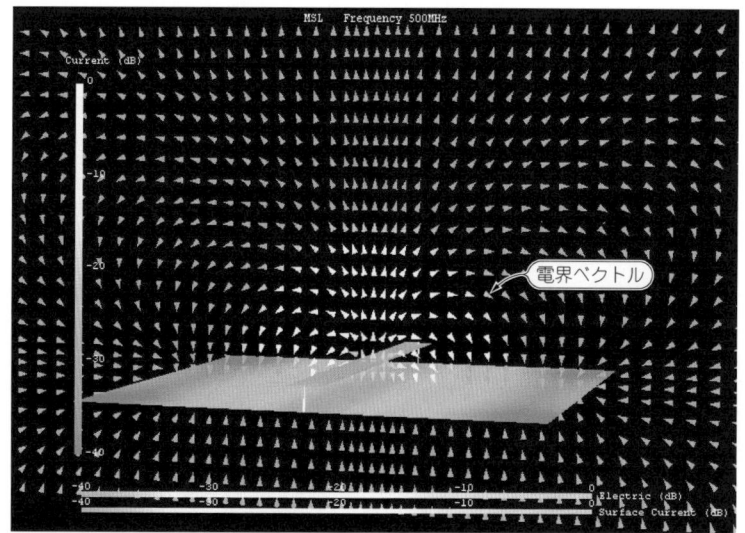

図1-10 マイクロストリップ線路のシミュレーション
電界ベクトルの様子．

ラウンド(いわゆるベタ・グラウンド)を持つ構造になっています．

電界ベクトル，磁界ベクトルとも，ベタ・グラウンドの下側には分布していないので，グラウンドを基板寸法いっぱいにとることで，配線周りの電磁エネルギーを遮断する「電磁シールド板の効果」があると考えられます．図1-10にシミュレーション・モデルの一例を示しますが，わかりやすくするために単純な構造にしています．

● プリント回路基板で使われる理由

マイクロストリップ線路は，一般のプリント基板(配線板)でもよく使われるようになってきました．その理由としては，マイクロプロセッサのクロック周波数が高くなるにつれて，従来の両面プリント配線板ではいろいろな問題が生じてきたことがあげられます．また，この両面プリント配線板で扱える周波数は，クロックが数MHz辺りまでともいわれています[1-4]．

もともと両面プリント配線板の配線パターンは，インダクタンスと考えられるので，特性インピーダンス(1-5項)を一定に保つことができません．このため，たとえば方形波の立ち上がりや立ち下がり部で，オーバシュートやアンダシュート，あるいはリンギングを生じます(図1-11)．

一方，マイクロストリップ線路の特性インピーダンスは，主に線路幅Wと誘電体の厚さh，誘電体の比誘電率ε_rによって決まりますから，あらかじめ接続するデバイスのインピーダンスとマッチングをとる設計が可能です．

そこで最近は，配線の下にグラウンド・プレーンを置いた，いわゆるマイクロストリップ線路(図1-12に示す分布定数線路)の構造を使用するようになっています．

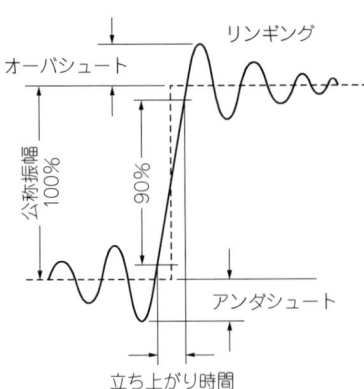

図1-11 オーバシュート，アンダシュート，リンギング

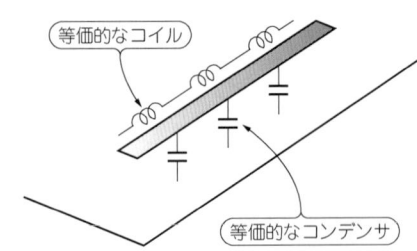

図1-12 マイクロストリップ線路は分布定数線路

● マイクロストリップ線路の原理

　図1-13は，米国Sonnet Software社の電磁界シミュレータSonnetのシミュレーション結果です．マイクロストリップ線路に注目すると，電流の分布は一様でなく，線路の両縁に沿ったわずかな部分に強い電流が流れていることがわかります．

　これはエッジの特異性(edge singularity)あるいはエッジの偏りとも呼ばれています．平行板コンデンサなどでも，縁の部分の電界(電気力線)が乱れる現象を，縁(ふち)効果，あるいはedge effectといいますが，マイクロストリップ線路の場合も，電磁界の分布をよく調べてみると，この様子がよくわかります．

　先の平行2線の伝送線路では，電気力線が線間だけでなく，空間へもはみ出ていました．上側線路と下側線路の電流は互いに反対向きで，磁力線のループも右巻きと左巻きになっています．

　そこで，平行している線が接近していれば，空間に放射される電磁波は互いに反対方向の分がキャンセルされて，実際はわずかしかモレませんから「お行儀の良い電気」といえます．しかし線間を大きくとったり，何かの原因で両者の差が出たりすると，電磁エネルギーは容易に空間に漏れ，ケーブル部からノイズを放射する原因になり得ますから，これは次の章で学ぶ「お行儀の悪い電気」です．

　直感的に考えると，この放射を少なくするために，コンデンサのように電気力線や磁力線を閉じ込めてしまおうというのが，プリント基板上のパターンに使われるマイクロストリップ線路構造だと考えられます．

　図1-10を見ると，たしかに信号線パターンとグラウンドの間に強い電界がかかっているのがわかります．パターンがまっすぐであればこの状態を保てますが，やはり何かの原因(たとえば線路の曲がり部)で外部へはみ出す電気力線が増えると，不要な放射が起こりやすくなるでしょう．

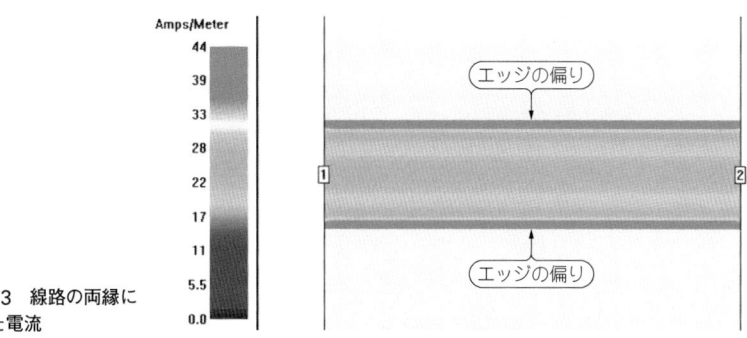

図1-13　線路の両縁に沿った電流

1-5 マイクロストリップ線路構造の特徴

● **特性インピーダンスとは**

　理論的に無限長で均一の伝送線路に，一方向のみの電気（電磁波）が進んでいるとき，場所によらず電圧と電流の比は一定値になると考えます．この値は，その線路の単位長さ当たりのインダクタンスとキャパシタンスの比で決まり，その伝送線路特有の値になります．この値は電圧／電流のディメンジョン，つまりΩ（オーム）であり，これを特性インピーダンスといいます．

　図1-14は，この定義に忠実に，電磁界シミュレーションでマイクロストリップ線路の特性インピーダンスを求めている様子を示します．グラウンド導体は表示しておらず，グラウンド面から線路を見上げた図で，誘電体層も表示していません．また対称形なので半分の解析空間になっています．

　図1-14では，電磁界シミュレータMicroStripes（旧版）のシミュレーション結果から，電界と表面電流を積分して，それぞれ電圧と電流の値を得ています．グラウンド面からストリップ線路まで電界を積分するには，該当する空間のブロックを順次クリックします（6個の小さなブロックが積み木のように重なっている）．次に表面電流を積分しますが，積分路はストリップ導体の上下面両方に渡り，一周しています．

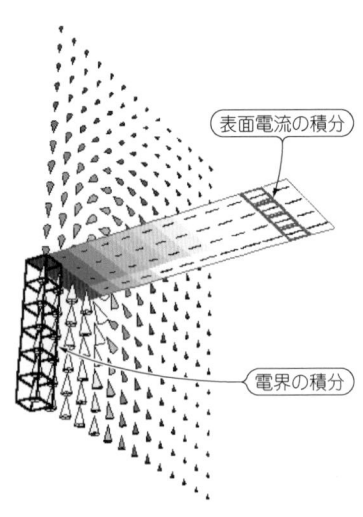

図1-14　特性インピーダンスを求める

それぞれの積分(実際には積算)の結果を読み取ると,電圧は8.390E−14 V,表面電流の積分は9.594E−14 Aであることから,このマイクロストリップ線路の特性インピーダンスは,両者の比である44 Ωとなります.電磁界シミュレータSonnetで得られた特性インピーダンスの値は43 Ωで,両者はほぼ一致しました.

● 伝送線路における電磁界

本章では,以下の三つの伝送線路の代表例を見てきました.
(1) 平行2線
(2) マイクロストリップ線路
(3) 方形導波管

(3)は,電磁界が完全に密閉されるタイプですが,(1)と(2)は,電磁界(電界と磁界)がわずかながら空間にモレています.

そして,電界と磁界を詳しく調べたところ,互いに直交しており,それらは伝送線路の進行方向に垂直に交わる断面に沿っていることもわかりました.じつはこの特徴は,真空中や導電性のない一様な媒質で満たされた,いわゆる自由空間を伝わる電磁波にも同様に見られることです.

● TEMモード

このように,電磁界がある一定の形態になっている波動をモード(mode)といいます.なかでも,「電界も磁界もその進行方向に直角の成分しかもたないような振動のモード」を,TEM (transverse electromagnetic)モードと呼んでいます.

よく使われる同軸線路は,金属導体の外被によって閉じた構造でTEMモードであるため,遮断周波数をもたないという特徴があります.厳密には伝送する電磁波の周波数が高くなると別のモードも発生し,内部の誘電体の損失から,減衰も大きくなります.平行2線も周波数によってTEMモードと見なすことができますが,実際は周波数が高くなると減衰なども大きく,現在マイクロ波帯ではほとんど使われていません.

● 準TEMモード

マイクロストリップ線路は上半分が空気ですから,電界と磁界は,空気と誘電体基板という2種類の異なった媒質を通り抜けます.このため純粋なTEMモードにはなりません.しかし,周波数があまり高くなく,周波数の依存性(これを分散性という)が高くなければ「準TEMモード」として扱っています.

このようにTEMモードを仮定すると，いわゆる伝送線路の理論が使えて便利ですし，いくつかの数値解析手法をそのまま適用することもできるようになります。

また，マイクロストリップ線路構造は，ますます小型化する基板にも対応でき，マイクロ波集積回路（MIC：microwave integrated circuit）や，モノリシック・マイクロ波集積回路（MMIC：monolithic microwave integrated circuit）など，集積化のニーズにも適しています。さらに，最近よく使われるようになってきた多層のプリント基板の配線にも用いられており，これらのパターンが微細で複雑になるにつれて，電磁界シミュレーションの活躍の場が急速に広まってきたというわけです。

表1-1　代表的な伝送線路とその特徴

名　称	伝搬モード	電磁界分布（実線：電界，破線：磁界）	特性インピーダンス
平行2線路 （レッヘル線）	TEMモード		例：300 Ω（リボン・フィーダ） $Z_0 = 120 \ln\left(\dfrac{2d}{a}\right)$ a：線径，d：線間
導波管	TE_{mn}, TM_{mn}	TE_{10}　TM_{01}　など	例：493 Ω（方形導波管 WRJ-4　4 GHz） $V_{BA} = -\int_A^B E \cdot ds$ （方形 TE_{10} の場合の波動インピーダンス） a：長辺寸法，λ：波長
マイクロストリップ線路	準TEM モード		例：20〜110 Ω　近似式の例： $Z_0 = 30 \ln\left[1 + \dfrac{4h}{W_0}\left\{\dfrac{8h}{W_0} + \sqrt{\left(\dfrac{8h}{W_0}\right)^2 + \pi^2}\right\}\right]$ h：誘電体厚 W_0：線幅（線厚ゼロの等価幅）
同軸線路	TEM, TE_{mn}, TM_{mn}	TEM　TE_{11}　など	例：50〜300 Ω $Z_0 = \dfrac{1}{2\pi}\sqrt{\dfrac{\mu}{\varepsilon}} \ln\left(\dfrac{b}{a}\right)$ a：内導体径 b：外導体径（TEMの場合） ε：絶縁体の誘電率 μ：絶縁体の透磁率
自由空間 （平面波）	TEM波	進行方向→	377 Ω（電波インピーダンス） $Z_0 = \sqrt{\dfrac{\mu_0}{\varepsilon_0}} = 120\pi \cong 377\,[\Omega]$ ε_0：真空の誘電率 μ_0：真空の透磁率

m, n は，モード番号と呼ばれる0から始まる整数．同軸線路，導波管は，代表的なモードを示している．lnは自然対数

第1章のまとめ

(1) 平行2線の周りの空間には，電界と磁界が広く分布している．
(2) 電気エネルギーは，線路の周りの電界と磁界のエネルギーとして伝わる．
(3) 導波管は，管内に電界と磁界が移動するので，外部への放射は極めて少ない．
(4) マイクロストリップ線路は，高周波用の多層基板の配線にも用いられている．
(5) 電磁界が一定の形態になっている波動をモード(mode)という．
(6) 伝送線路は，いまや広い概念で使われている．

参考文献

1-1) 小暮裕明・小暮芳江；『すぐに役立つ電磁気学の基本』，誠文堂新光社，2008．
1-2) 周 英明，越地耕二；「共平面形線路入門」，『EMC』，MIMATSU，No.53，Sept. 1992．
1-3) 電気工学用語辞典，電気工学用語辞典編集委員会編，技報堂，1962．
1-4) 関根慶太郎；「多層プリント配線板技術入門―多層プリント配線板の設計」，『サーキットテクノロジ』，プリント回路学会，Vol.2 No.3，1987．

Column 1
マイクロ波とマイクロストリップ

 かつてマイクロ波を勉強したてのころ，マイクロというくらいだから，波長はミクロン(μm)なのかなあ，と勝手に思ったことがありました．そうだとするとTHz(テラ・ヘルツ)のサブ・ミリ波以上になってしまいます．マイクロとは，単に波長が短いという意味で使われているということを知り，またマイクロ波というのは，波長1～10 cm(3 G～30 GHz)のSHF(Super High Frequency)のことだとわかりました．ただしマイクロ波に近い1 GHz以上を準マイクロ波といい，またアマチュア無線の1.2 GHz帯は，日本アマチュア無線連盟技術委員会マイクロウェーブ分科会でも"マイクロ波"として扱うそうです．
 一方，数mmの寸法なのに，なぜマイクロストリップなのか？と疑問を感じますが，これはマイクロ波の伝送線路として使われはじめたので，こう呼ばれているようです．

［改訂］電磁界シミュレータで学ぶ高周波の世界

Appendix 1

第1章のポイントをシミュレーションで確かめよう！

　本書は，付属CD-ROMに収録されている無償版の電磁界シミュレータSonnet Liteを使いながら，各章で学んだポイントが確実に身につくように工夫されています．インストールの手順は本書の末尾のSupplementを参照してください．

● 1本のマイクロストリップ線路をモデリングする

　はじめに図1-15のような1本のマイクロストリップ線路（以下MSL）を描いてみます．

　Sonnet Liteを起動してTask BarのEdit Projectボタンを押し，「New Geometry」をクリックすると，図1-16のような初期画面が表示されます．この平面はSonnetの解析空間を天井から覗いた基板表面で，ここに配線を描きます．基板上の多くの点は描画できる最小単位を示しますが，4点で決まる長方形をセル（cell）と呼んでいます．

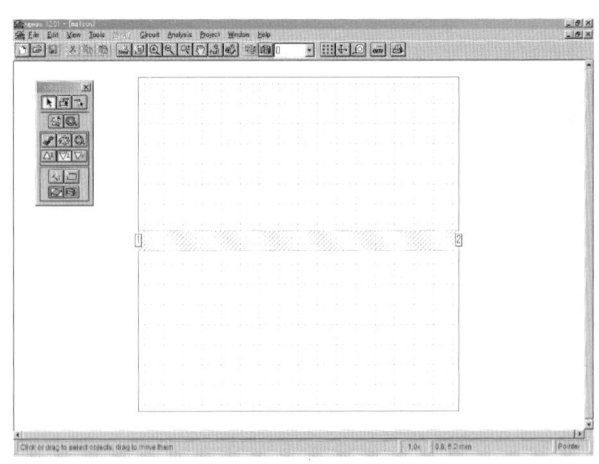

図1-15　1本のマイクロストリップ線路（msl.son）

まず「Circuit」→「Units...」で表示されるダイアログ・ボックス(図1-17)で，Lengthをmm，FrequencyをGHzに設定します．次に「Circuit」→「Box...」で表示されるダイアログ・ボックス(図1-18)で，セルのx(横)方向の寸法を0.1 mm，y(縦)方向の寸法も0.1 mmに設定します．次の行は基板の寸法ですが，それぞれ5 mmを入力するとセル数(Num. Cells)が自動的に決まります．

基板表面に長方形を描くときには，まず図1-19に示すToolbox右下のボタンをクリックします．つぎにマウス・カーソルの先端をセルの点に置き，左ボタンを押したままドラッグして，別の点の上でボタンを離すと，赤色の斜線が入った長方形(無損失導体)になります．

この方法で基板中央に幅0.3 mm(3セル)長さ5 mmの配線パターンを描きます．

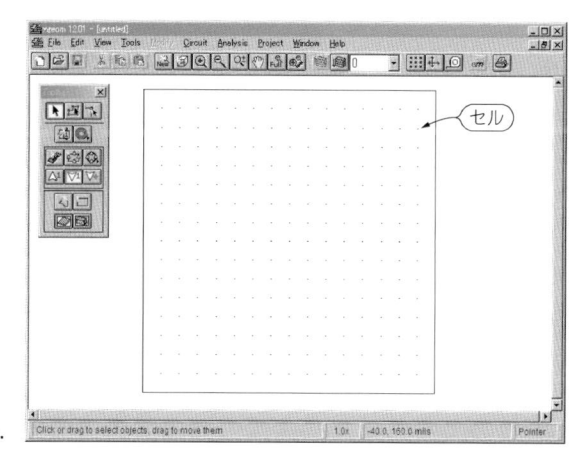

図1-16 基板の初期画面
Sonnetの解析空間を天井から覗いている．

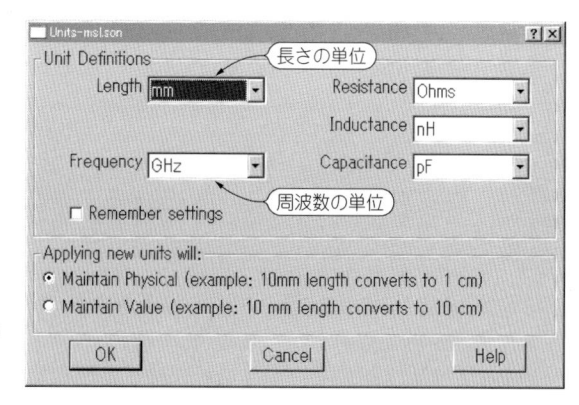

図1-17 「Circuit」→「Units...」で表示されるダイアログ・ボックス
長さと周波数の単位を設定する．

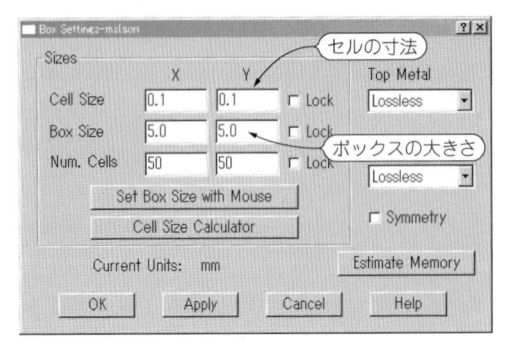

図1-18 「Circuit」→「Box...」で表示されるダイアログ・ボックス
セルの寸法やボックスの大きさを設定．

図1-19 Toolbox

図1-20 ポートを設定するボタン

　図1-15に示すように配線の両縁は基板の縁に接していますが，図1-20のボタンを押してからこれらの縁部でクリックして，ポート（端子）の1番と2番を設定します．
　次に金属の材質を指定しますが，「Circuit」→「Metal Types...」で表示されるダイアログ・ボックスでAdd...ボタンを押し，図1-21のダイアログ・ボックスでSelect metal from library...ボタンをクリックして，Global Libraryをチェックすると，図1-22のようなリストが表示されます．ここでは銅（Copper）を選んでOKボタンを押し，図1-23のように導体厚（Thickness）を例えば0.03 mmと入力すると，金属材料として銅が指定できるようになります．
　既に描いてある配線上でマウスをダブル・クリックすると図1-24のダイアログ・ボックスが表示されますが，ここでMetalをLosslessからCopperに変更しておきます．
　基板の誘電体は，「Circuit」→「Dielectric Layers...」で表示されるダイアログ・ボックス（図1-25）で定義します．これは基板を水平方向から見た層厚の入力画面で，配線を描画した面（Level番号：0）を境に，下の入力エリアで基板厚0.15 mm，上で解析空間の高さ3 mmを設定します．
　誘電体の特性値は，図1-25の反転表示している部分をクリックして表示される図1-26のダイアログ・ボックスで，比誘電率（Erel）と損失正接：$\tan \delta$（Dielectric Loss Tan）を入力します．
　Sonnetは閉じた空間のモーメント法を採用しており，Boxの壁は理想導体です．しかし基板からの放射を扱う場合は，天井（Top Metal）を自由空間（Free Space）に設定する必要があります．またMSLのグラウンド導体は，「Circuit」→「Box...」で

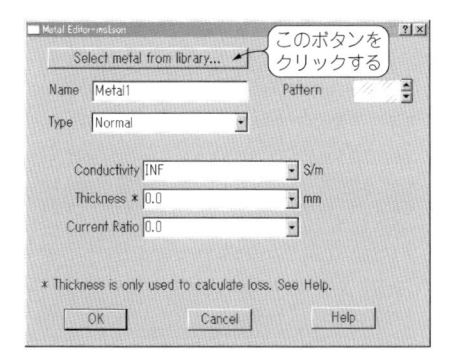

図1-21 Select metal from library...ボタンをクリックする

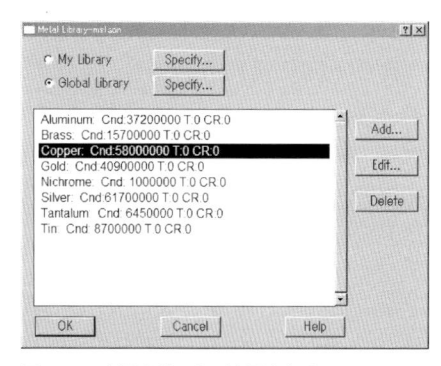

図1-22 金属のリストが表示される
銅（Copper）を選んでOKボタンを押す．

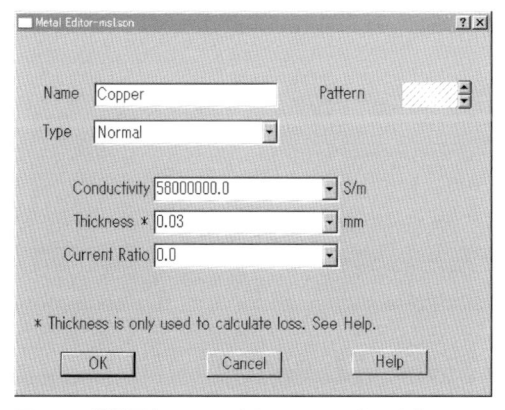

図1-23 導体厚（Thickness）を0.03 mmと入力する

図1-24 MetalをCopperに変更する

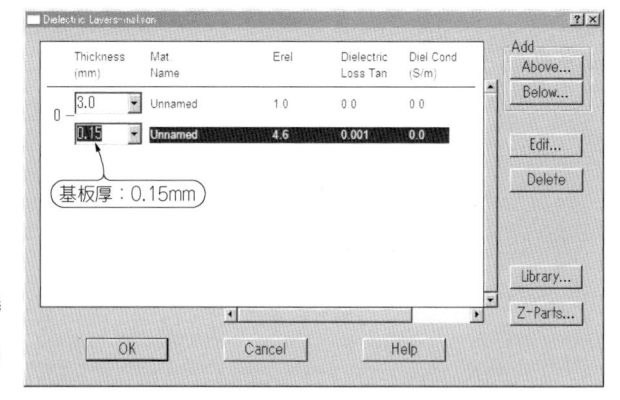

図1-25 基板の誘電体を定義する
基板厚0.15 mm，解析空間の高さ3 mmを設定する．

Appendix 1 第1章のポイントをシミュレーションで確かめよう！

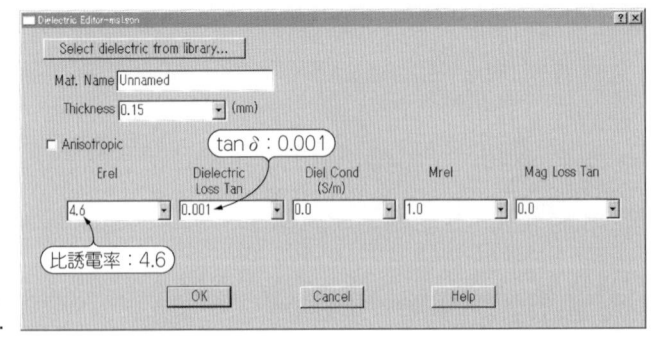

図1-26 誘電体を定義する
比誘電率：4.6，tan δ：0.001．

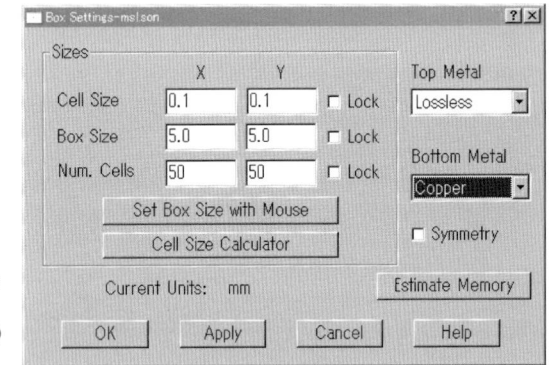

図1-27 「Circuit」→「Box...」で表示されるダイアログ・ボックス
Boxの底部（Bottom Metal）を銅（Copper）に設定．

表示されるダイアログ・ボックス（**図1-27**）で，Boxの底部（Bottom Metal）を銅（Copper）に設定します．

ここまで入力できたら，念のため「File」→「Save」でモデルを保存しましょう（米国製のプログラムなので半角英数名にする．拡張子 .son が付いたファイルと，sondata というフォルダができる）．

● 1本のMSLでわかること——Sパラメータ（第3章で解説）を求める

シミュレーションを実行する前に周波数範囲などを指定しますが，「Analysis」→「Setup...」で表示されるダイアログ・ボックス（**図1-28**）で，例えば0.01 GHzから10 GHzの範囲を入力します．Analysis ControlのAdaptive Sweep（ABS）はデフォルトで，この他に等間隔刻みのLinear Frequency Sweepなども設定できます．また左上のCompute Current Densityをチェックしておくと，配線の表面電流をグラフィックス表示できるようになります．

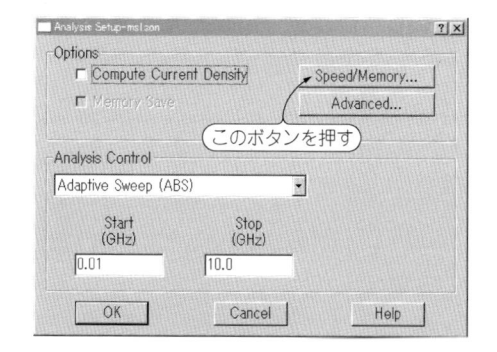

図1-28 周波数範囲を設定する
Adaptive Sweep(ABS)で0.01 GHzから10 GHz.

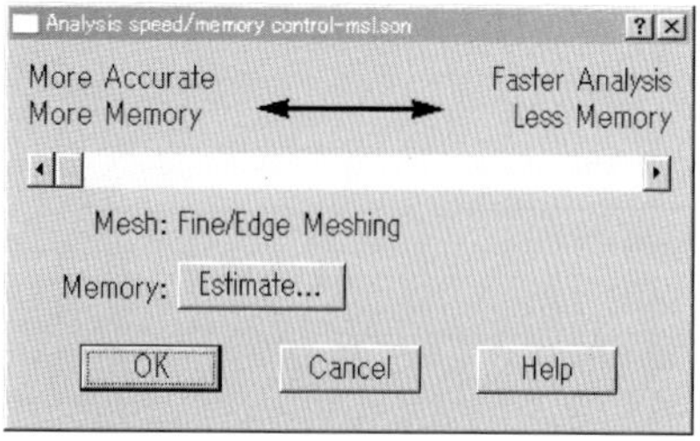

図1-29 Speed/Memoryのスライダ・バー
計算精度と使用メモリ量の調整を行う.

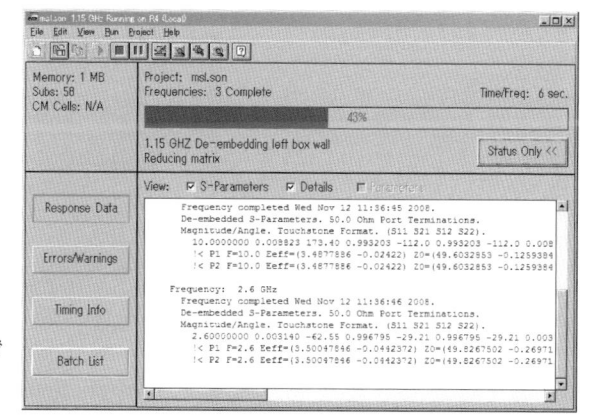

図1-30 「Project」→「Analyze」で表示される画面
実装中の状況がスクロール表示される.

　右上のSpeed/Memory...ボタンを押すと，図1-29のスライダ・バーが表示されます．これは計算精度と使用メモリ量の調整を行いますが，Memory：Estimate...ボタンを押して使用量を見積もった結果が16 MBまでであれば，本書に添付のSonnet Liteで実行できます．もし制限を超えたときには，スライダ・バーを中央か右端に移動すると，精度は落ちるものの16 MB以内に収まる場合があります．

　それではこのモデルを実行してみましょう．「Project」→「Analyze」で図1-30の画面が表示され，しばらくするとシミュレーションは終了します．この画面で「Project」→「View Response」→「Add to Graph」で図1-31のグラフが表示されますが，これはSパラメータの一つS_{11}で，ポート1の反射係数を示しています．このように縦軸をdB（デシ・ベル）で表示した場合はリターン・ロスとも呼びますが，グラフの左上枠のDB[S11]をダブルクリックして表示されるダイアログ・ボックス

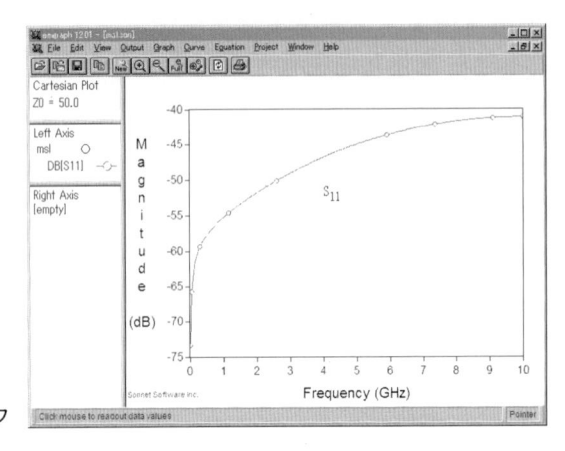

図1-31 Sパラメータの一つS_{11}のグラフ

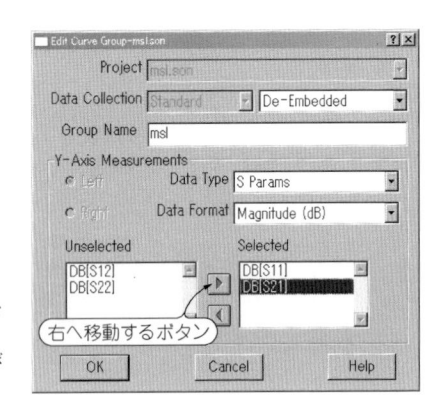

図1-32 S_{21}(ポート2への伝達係数)を表示
DB[S21]を右側のSelectedに移してOKボタンを押す.

で，Data FormatをMagnitude(dB)からMagnitudeに変更すると，グラフの縦軸が0から1の等間隔になります．

また図1-32に示すように，DB[S21]を右側のSelectedに移してOKボタンを押すと，図1-33のようにS_{21}(ポート2への伝達係数)も表示されます．

● MSLの特性インピーダンスを求める

図1-30の表示リスト中のZ0=で始まる項は線路の特性インピーダンスです．また図1-32のダイアログ・ボックスでData TypeをPort Z0にすると，図1-34のような特性インピーダンスのグラフが得られます．

特性インピーダンスは「伝送線路の構造によって決まる線路の電圧と電流の比」という定義が一般的です．MSLの電圧は配線とグラウンド間の電位差ですが，本文の

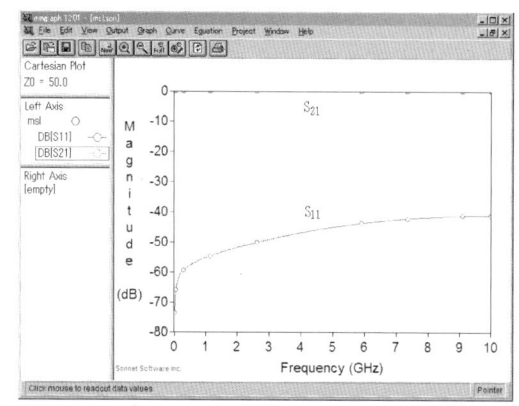

図1-33　S_{21}（ポート2への伝達係数）を表示

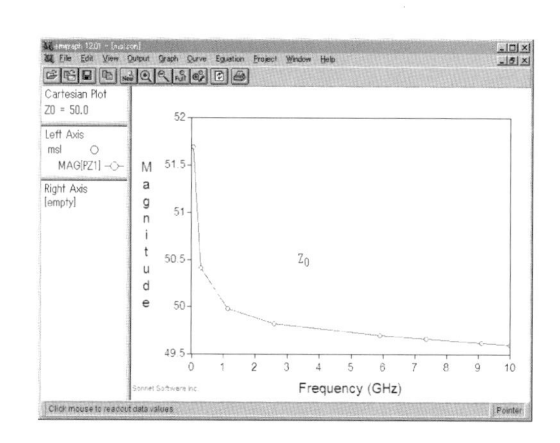

図1-34　特性インピーダンスのグラフ

　図1-9の電界ベクトルが示すように，電位の勾配（電界）は周りの空間に広く分布しています．またMSLの電流は配線とその直下のグラウンドにも流れていますが，電流の周りにはアンペアの右ネジの法則による磁界が発生しています（本文の図1-9）．

　電圧による電界，電流による磁界との関係から，特性インピーダンスは「電界と磁界の比」に対応していることがわかります．このため，配線の幅を変えることによって電界や磁界の分布が変化するので，それに応じて特性インピーダンスも変動することが理解できるでしょう．

　配線の重要な役割は，入力信号のエネルギーを効率よく出力へ伝えることです．配線につながるデバイスのインピーダンスと配線の特性インピーダンスが異なると，これらの接続部で不連続点を生じてエネルギーの一部が反射してしまうので，インピーダンス整合（第3章で解説）は重要です．

[改訂] 電磁界シミュレータで学ぶ高周波の世界

第2章

お行儀の悪い電気

❖

　現実の回路基板上の配線には，曲がりや不均一な部分があり，配線上の電流挙動は複雑になり，周囲の電磁界エネルギーは，配線を離れ電磁波となって空間へと放射されることもある．これはノイズやクロストークを引き起こし，信号の伝送や回路動作に悪い影響与える．

❖

　第1章では，いくつかの伝送線路について調べました．平行2線やマイクロストリップ線路では，電気信号が伝わるときに，その周囲に電磁波がモレている（電磁界が分布している）ことがわかりました．電気が伝わるのは，線間に電圧がかかって回路にループ電流が流れるからですが，伝送線路の周りにできる電界と磁界が電磁エネルギーを伝えるという解釈もできます．

　本章では，回路基板の周りの様子をさらに詳しく調べます．多層基板では，線路の導体表面，グラウンド層，電源層の表面には，電流がどのように流れているのか？　身近な例をもとに，回路基板の周りを調べてみましょう．お行儀が良かったはずの電気なのに，他の線路へ結合したり空間へ放射するというお行儀の悪い電気に変身する原因も探ります．

2-1　線路の曲がり部

● 曲がり部の問題

　図2-1は，基板中央部に直角な曲がり部をもつマイクロストリップ線路（以下MSL）を，Sonnet Liteでモデリングしたものです．両端はそれぞれ50Ωの抵抗で終端してあり，左側面にある数字の1は，入力端子（ポート1）を示します．

　プリント基板の配線パターンに，こういった直角や不連続な曲がり部（とがった

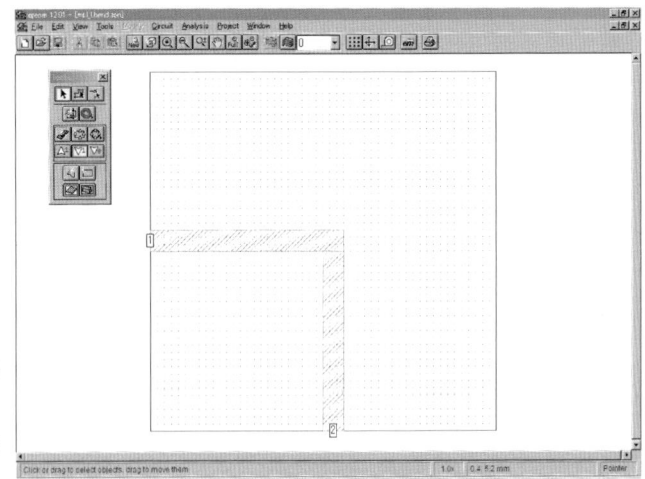

図2-1 直角な曲がり部を持つマイクロストリップ線路（`msl_Lbend.son`）
基板寸法：5×5 mm，線幅：0.3 mm，比誘電率：4.6，厚さ：0.15 mm．

エッジがあるところ）ができるのはよくあることです．信号の周波数が低い場合には，ほとんど問題とならなかったのですが，パソコンのクロック周波数はGHz（ギガ・ヘルツ）で，ディジタル動画を扱う製品などでも，こういった不連続部があると，誤動作を引き起こす可能性が高くなるといわれています．

● 表面電流の分布とは

図2-2は，図2-1のMSLの表面電流分布を真上から表示しています．第1章で述べたように，電流の分布は一様ではなく，線路の両縁に沿ったわずかな部分に強い電流が流れていることがわかり，エッジの偏りが見られます．

しかし，直角曲がり部では，単純に両縁に沿って流れるのではなく，複雑な分布が見られます．曲がり部の内側のパスと外側のパスを見くらべると，全長が短い内側よりのパスに強い電流が流れています．また外側のパスでは，直角曲がりの先端はほとんど電流が流れていません．

Sonnetはモーメント法による電磁界シミュレータですが，とくに指定しない場合，導体の厚さはゼロで解きます．3次元CADによるFDTDやTLM法（第9章を参照）でも，金属の内部は全く計算の対象にならず，表面のみを扱います．

線路の金属表面に流れる電流を考えると，金属面は空気と接していますが，この面を「境界面」と呼び，この近くでは媒質の性質が不連続になります．この境界面を無限に薄いと仮定すると，そのときの電磁界の特殊な関係（境界条件ともいう）を用いて，微分方程式の解を求めることができます．

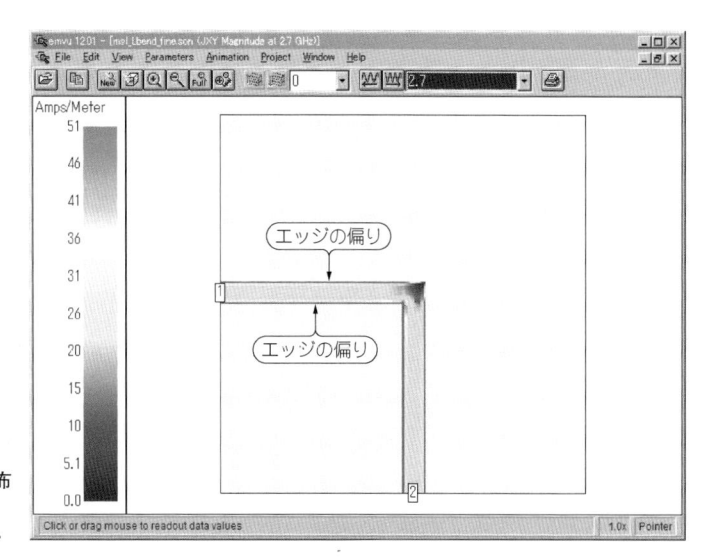

図2-2 表面電流の分布
(2.7 GHz)
エッジの偏りが見られる.

このように，電磁界シミュレータでは導体の厚さがゼロの表面に分布する電流を扱うので，これをとくに「表面電流」と呼び，単位はA/m（アンペア・パー・メートル）を使います．これに対して，一般的な電流を「バルク電流」と呼ぶことがありますが，ここでバルクとは，境界面と接しない固体部分のことをいいます．

● 電界と磁界は？

それではこの曲がり部の周囲に発生している電磁界はどうなっているのでしょうか？　章末のAppendix 2のシミュレーション課題の基板は，直角曲がり部を持つMSLです．図2-3は，そのMSLの線路幅の半分の断面で見た電界の様子ですが，線路とグラウンドの間には一様に強い電界がかかっています．また曲がり部付近では，この電界(電気力線)が空間にはみ出て円弧を描いている様子がよくわかります(XFdtdを使用)．

一方，磁界はどうなっているのでしょうか？　図2-4は同じ面の磁界の様子です．右半部の線路に沿った領域では，電界ベクトルに直角な向きで磁界が発生しているのがわかります．他の部分もそうですが，曲がり部付近の線路を見ると，線路とグラウンドの間をくぐり抜けて，ループ状のパターンが見えます．これらは1 GHzのときの様子を解析したものですが，5 GHzでもデータを出力してみました．曲がり部付近の電磁界の様子は1 GHzの場合に似ていました(図は省略)．

基板の周りの空間をさらに広くとって，10 GHzの電界強度を色で表したのが図

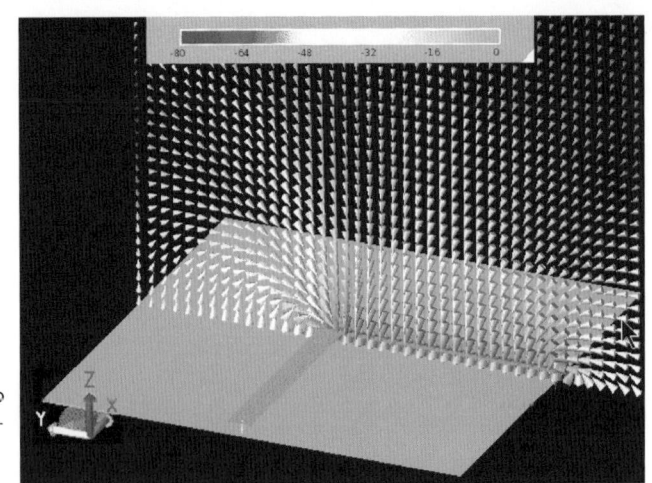

図2-3 直角曲がり部を持つMSLの電界（巻頭のカラー口絵ⅱ頁も参照）
電気力線が円弧を描いている．

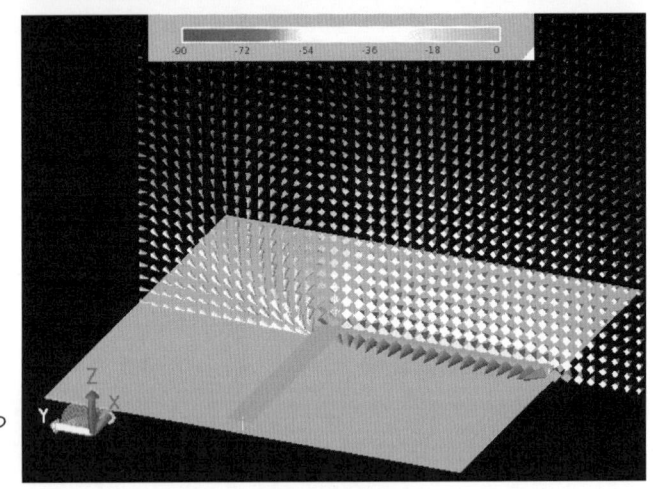

図2-4 直角曲がり部を持つMSLの磁界
磁力線がループを描いている．

2-5です．基板の右端は，電界がグラウンドの裏へ回り込んでいる様子がよくわかりますが，動作周波数によっては，このようにグラウンド板のシールド効果が不十分になる場合があります．

2-2　基板全体からの放射

● 基板全体からの放射を求める

　基板全体からどのように電磁波が放射されるのかを調べてみます．これをXFdtd

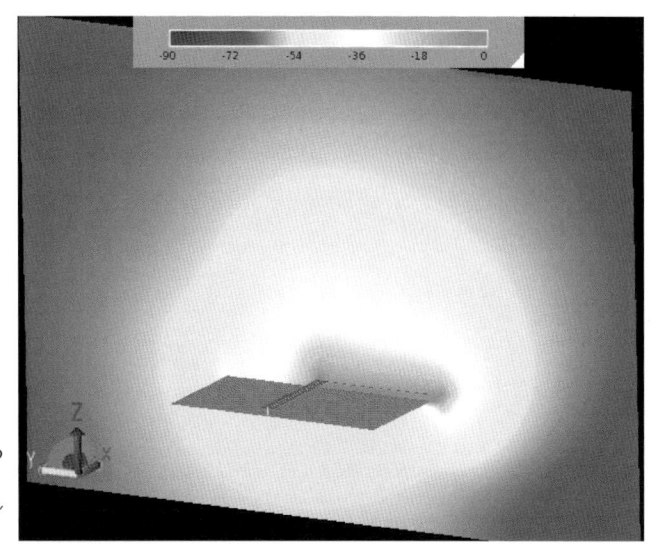

図2-5 直角曲がり部を持つMSLの電界(10 GHz)
グラウンドの裏へ電界ベクトル(電気力線)が回り込んでいる.

でシミュレーションするには,遠方界センサ(Far Zone Sensor)を設定しておきます.これは,放射エネルギーを感知するために放射物を取り囲む,仮想的な領域と考えればよいでしょう.もともとアンテナの特性を評価するために用意されている機能ですが,基板からの放射電力を比較するためにも使えます.

この仮想的な領域は,一般には等価面(Equivalent Surface)と呼ばれる面で囲んだ六面体ですが,それぞれの仮想的な面上に誘起される表面電流の分布から,遠方に向かってどのようなパターンで電磁波が放射されているのかを計算しています.

● 周波数が高いほど放射量は多い

図2-6は,電磁波の放射方向を表す遠方界放射パターンで,1 GHzにおける結果です.また,図2-7は10 GHzでの結果です.どちらも自由空間に浮いた状態で,周囲にまったく障害物がないモデルです.

両者の遠方界放射パターンだけを比べると,中央にあるヘソのようなくびれの位置が多少異なるものの,大きな違いはありません.ただし,空間に放射されるエネルギー量には違いがありました.

励振は,基板の左端の端子(ポート1)に1 Vの正弦波(sin波)を与えて解析したので,放射電力の値そのものは小さいですが,励振条件は同じなので,相対的な評価はできます.1 GHzでは約33 nW(ナノ・ワット),10 GHzでは約1.4 μW(マイク

ロ・ワット)となり，両者は1桁以上異なる値になりました．

　ワイヤ・アンテナに流れる一方向の電流をIとすれば，アンテナから波長程度以上離れた空間で観測する電界の強度Eは，dI/dt（Iの時間微分）に比例します．図2-6と図2-7の結果だけから単純に断定することはできませんが，一般に「周波数が高いほど(電流の時間変化が大きいほど)電磁エネルギーは空間により強く放射される」ということがわかります．

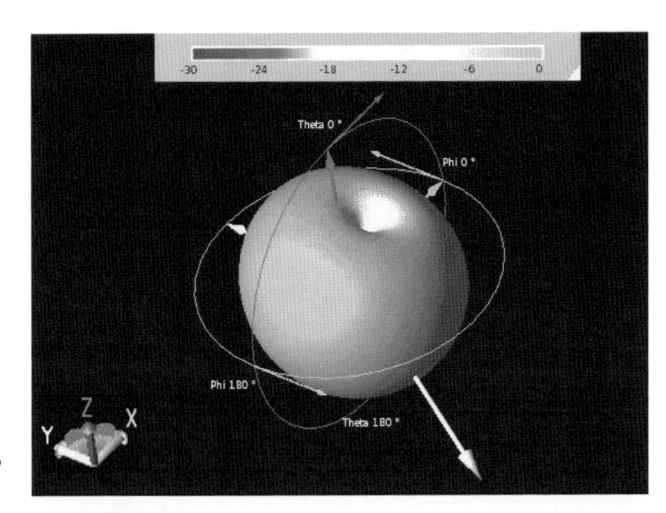

図2-6　1 GHzにおける
遠方界放射パターン

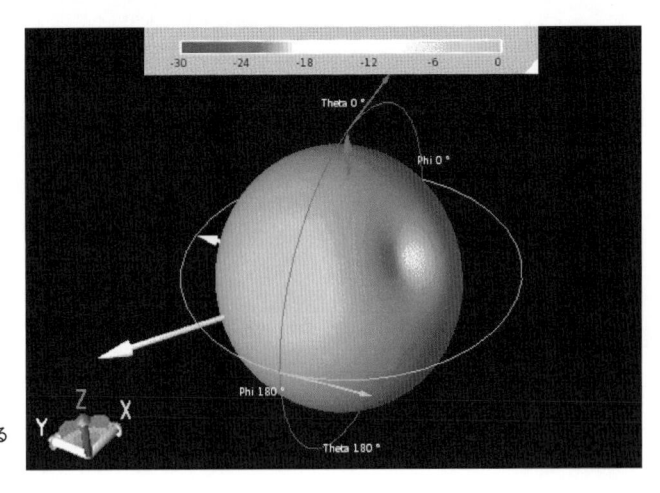

図2-7　10 GHzにおける
遠方界放射パターン

2-3　反射係数が大きいということは...

● 入力ポートから出力ポートにどれだけ伝わるか

　入力端子(入力ポート)に与えた信号が，出力端子(出力ポート)にどれだけ伝わるのか？　あるいは入力ポートにどれだけ戻ってしまうのかを調べれば，その伝送線路自体の役割をきちんと果たしているのかがわかります．

　後者の反射を評価する値として「反射係数」がありますが，次の第3章で詳しく検討するSパラメータでは，「S_{11}」がそれに相当します．

● 直角部は伝送路としての特性が悪い

　図2-8は，直角曲がり部を持つMSLのモデルですが，基板の寸法は30 mm×30 mmと前項のMSLよりも大きくなっています(Sonnetを使用)．

　図2-9は，このMSLの反射係数S_{11}と伝達係数S_{21}を求めた結果です．S_{11}が1.0は完全反射ですから，0に近いほど入力ポートに戻ってこないことを表します．周波数が高くなるにつれて，グラフは上下を繰り返していますが，いくつか特定の周波数では反射が極めて少なくなっています．

　理想的な伝送線路は，周波数が高くなってもほとんど反射がなく，出力ポートに全ての電気エネルギーを伝えてくれます．しかし現実には，まっすぐなMSLでも

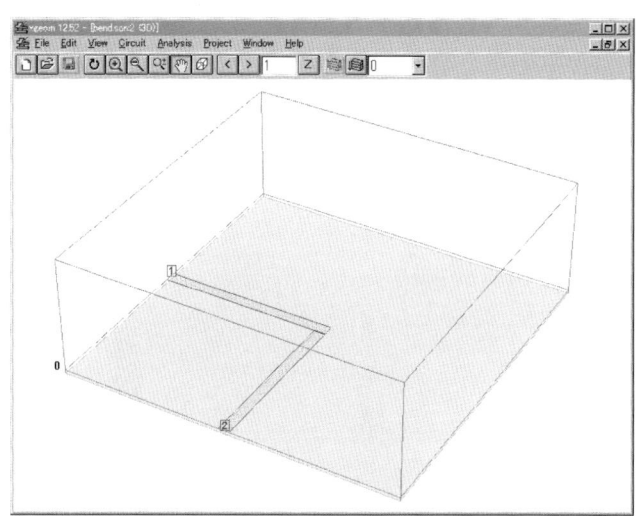

図2-8　直角曲がり部を持つMSL(bend.son)
基板寸法：30 mm×30 mm，線幅：1 mm，誘電体厚：0.3 mm，比誘電率：4.8，tanδ：0.001．

周波数依存性(分散性)があります．そして，直角曲がりのような不連続部があるような線路は，さらに伝送線路としての特性が悪くなります．それでは，反射係数の値が大きい周波数で，いったい何が起きているのでしょうか？

図2-10の(a)は，4GHzにおける線路上の表面電流分布です．入力ポートから曲がり部に至るまでの線路に電流の弱い部分があり，続いて強いところが交互に現れています．図2-10の(b)は9GHzの場合ですが，強弱の数が増えており，線路を伝わる交流の波，すなわち電磁波の波長がはっきり確認できます．

● 曲がり部がなくても反射があると定在波が生じる

ここで「電気の気持ち」になって伝送線路を旅してみましょう．まず入力ポートに入り込みました．行く先を見ると，なんだか線路とグラウンドにはさまれて誘電

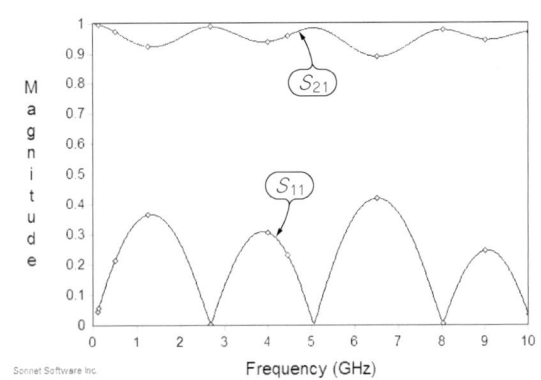

図2-9 直角曲がり部を持つMSLのSパラメータ
S_{11}(反射係数)とS_{21}(伝達係数)．

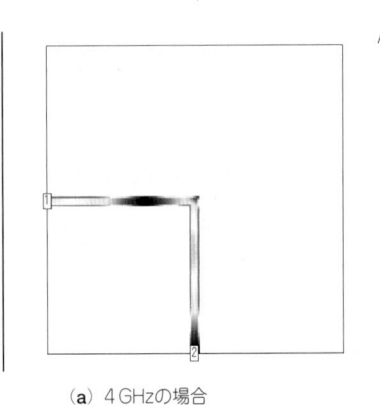

(a) 4GHzの場合　　(b) 9GHzの場合
図2-10　表面電流分布(bend.son)

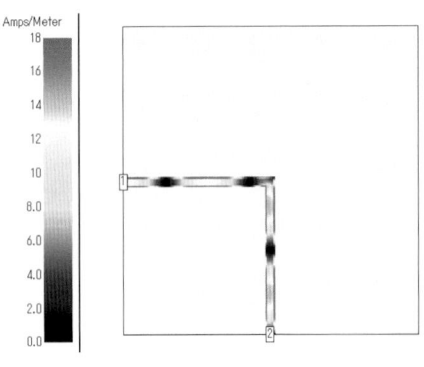

体がずっと続いているようです．走りだしたらけっこう気持ちがいいぞ．このまま進もう．（しばらく進むと）突然急カーブだ，あぶない！… 辛うじて通り抜けたが，ほかの仲間はどうだろう？ たどってきた路を引っ返したのもいるぞ．せっかく入力ポートに戻ったのに，休む間もなく出直してまた戻るということを繰り返しています．

線路が突然直角に曲がって不連続状態になるので反射が起こりますが，まっすぐな線路の先端で整合がとれていない場合はどうでしょう．そこで先端を$100\,\Omega$の抵抗で終端して，整合のとれていないモデルをシミュレーションしました．

図2-11は，このMSLのS_{11}とS_{21}のグラフです．また，図2-12の(a)と(b)は，4 GHzと9 GHzにおける表面電流分布です．いずれも，強弱の繰り返しパターンが

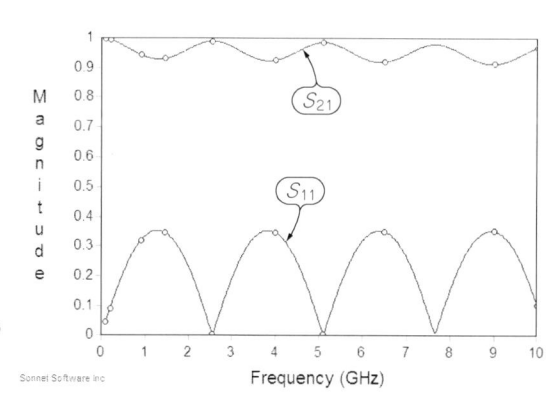

図2-11 まっすぐなMSLの
Sパラメータ(thru.son)
S_{11}(反射係数)とS_{21}(伝達係数)．

(a) 4 GHzの場合 (b) 9 GHzの場合
図2-12 表面電流分布

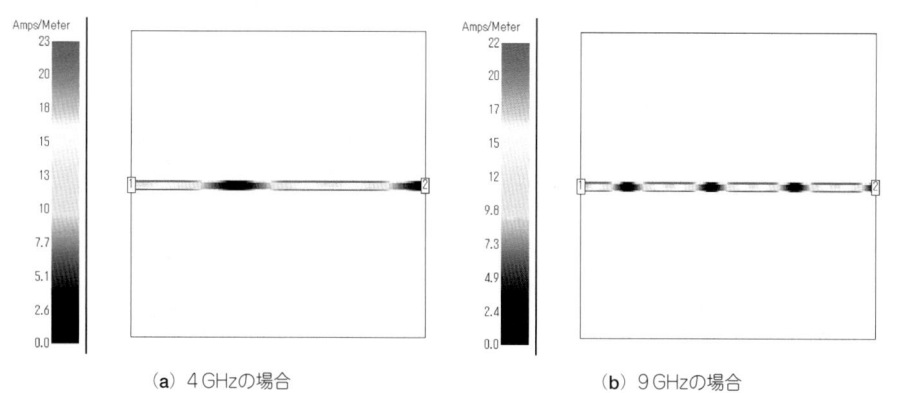

いくつか見られますが，これらは交流の振幅の山と谷を表しています．もちろん反射が小さい 2.55 GHz や 5.2 GHz でも同じ絵が得られますが，ここで問題なのは谷の深さです．

図 2-12 の (a) と (b) で，カーソルを電流の弱い谷の部分にあててマウスの左ボタンをクリックすると，その位置の表面電流値が画面左下に表示されます．反射が小さい 2.55 GHz や 5.2 GHz では，0.002 A/m といった非常に小さい値ですが，反射が大きい 9 GHz では 0.06 A/m と，一桁大きい値です．この谷の「かさ上げ」は，進行波と反射波が合成されることによって生じる定在波の程度に対応していると考えられ，反射係数の値が大きい周波数では，定在波ができています．

● 定在波ができるまで

図 2-12 の (a) と (b) で，左端のポート 1 の入射波は右へ向かって進み，右端のポート 2 の終端抵抗が 100 Ω なので，一部が反射波として左へ向かってもどってきます．このように，線路に進行波と反射波が混在しているときに，両方の波の合成として生じるのが「定在波」ですが，このメカニズムを図 2-13 で説明します．

左側の縦列には破線で表した波が描かれていますが，左から右へ向かって進む波（⇨）を進行波，右から左へ向かって進む波（⬅）を反射波と仮定します．

(1)〜(12) は，それぞれの波が 1/12 波長だけ進んだ状態を順に描いていますが，進行波と反射波の合成した波を実線で示しています．(1) は互いに逆相なので合成するとゼロになりますが，(2) ではやや膨らんだ山になります．

これらの実線だけを (1)〜(12) の順に追って，その 1/2 波長部分だけを右側の縦列に描き直していますが，これはちょうどギターの弦を爪弾いたとき，両端を固定した弦が上下に振動する様子と同じであることがわかります〔(13) は (1) と同じ〕．

例えばダイポール・アンテナの両端は開放なので，電流は必ず全反射して戻ってきます．そこでこのように，進行波と反射波の合成によって定在波が立つので，1/2 波長の導線はギターの弦のように共鳴（共振）します[2-1]．

ダイポール・アンテナに強い電流が流れれば，それだけ放射量も多くなるというわけです．

2-4　メアンダ・ライン（蛇行線）

● 蛇行している線路

図 2-14 は蛇行している線路，メアンダ・ライン（meander line）です．この構造

進行波 　　反射波

(1) 〜 (13)

図2-13　定在波ができるメカニズム

2-4　メアンダ・ライン（蛇行線）

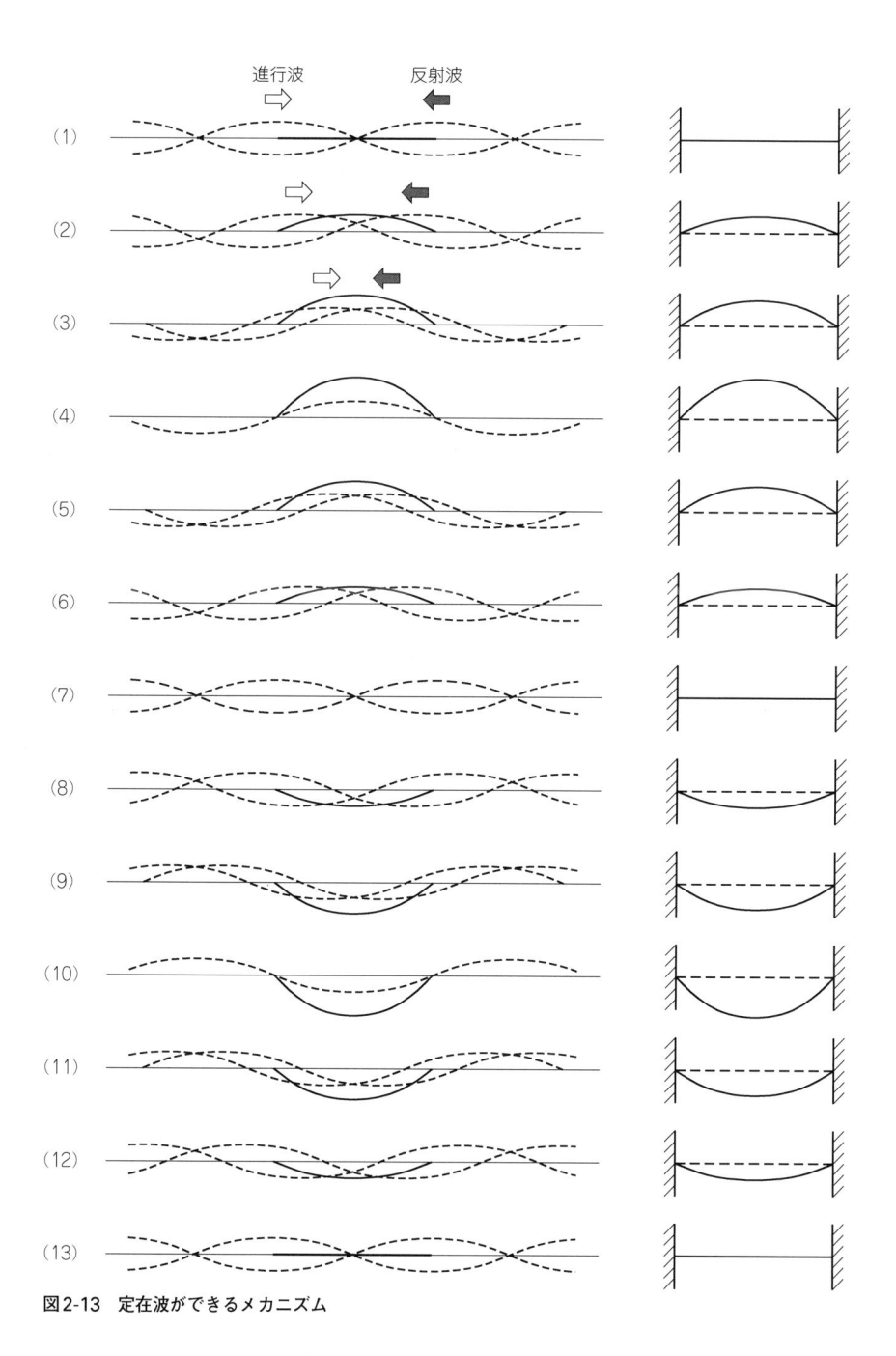

は，ディジタル信号が通る複数本の長さをすべて合わせる目的で，線路長の調整に使われたり，モノリシック・マイクロ波集積回路(MMIC)のインダクタとしても使われますが，ここでは単に電流の流れ方を詳しく調べる目的で用いています．

図2-14はSonnetのシミュレーション結果ですが，左の入力端子(ポート1)から入った電流は，まっすぐな部分では，両端に強く流れます．しかし蛇行した線路に

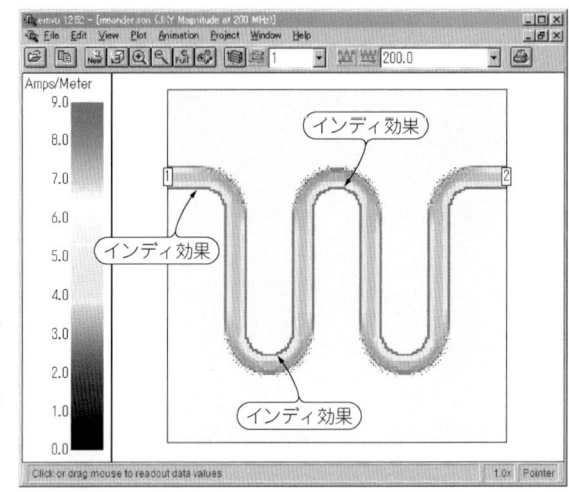

図2-14 蛇行している線路，メアンダ・ライン(meander line)のインディ効果 (meandr.son)
内側よりの距離が短くてすむ方に強い電流が流れている基板：30mm×30mm，線幅：2mm，200MHz．

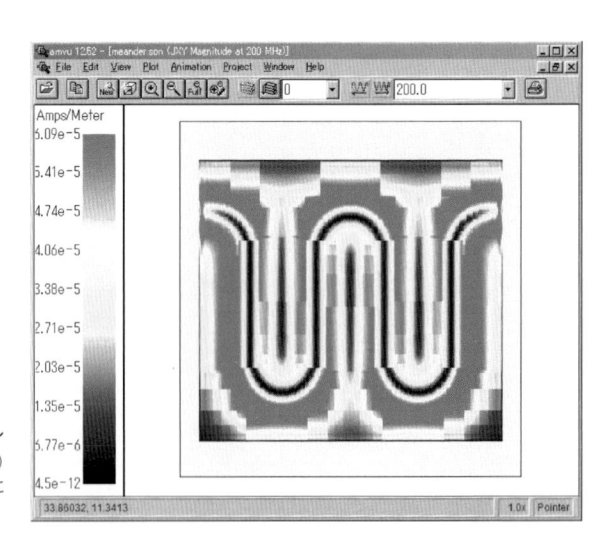

図2-15 メアンダ・ラインの電界の表示(meandr.son)
センス・レイヤを用いた基板に平行な電界成分．

入ると，つねに内側よりの距離が短くてすむ方に強い電流が流れているということがわかります．これをSonnet社では，フォーミュラ車レースの大会であるインディにちなんで，"インディ効果"と呼んでいます[2-2]．

● 電界の表示

図2-15は，基板表面の接続方向の電界分布を表しています．赤い部分は電界の強いところ，青い部分は弱いところを表しますが，電流密度が低い部分は電界が強く，逆に電流の大きい部分は電界が弱いこともわかります．

Sonnetでは電界を調べるために"センス・レイヤ(Sense Layer)"というものを使っています．これは電界を調べたい領域の基板面に接近して，高抵抗(Sonnetの金属タイプでX_{dc}を1MΩに設定)の膜を置くことで，回路動作にはほとんど影響させずに，基板に平行な電界成分に比例した微小な電流を感知させるという原理です．

電流密度表示から読んだ表面電流の絶対値を$|J|$とすれば，基板に平行な電界の接線方向成分$|E|$ [V/m]は，$|J| \times X_{dc}$ (1,000,000)で得られると考えられます．

2-5　お行儀が悪くなる原因とは

● ノーマル・モードとコモン・モード

ここからは話題をかえて，多層基板上に線路を設けたモデルをつくって，線路の位置と基板からの放射の関係を探ってみます．

図2-16のような多層プリント回路上の信号線を考えてみます．

(1) ノーマル・モード

線路はループを構成していますが，2本の信号線を往復する電流成分を，ノーマル・モード(あるいはディファレンシャル・モード)の電流といいます．平衡成分ともいいますから，両電流の大きさが同じでバランスがとれていれば問題ないように思えます．しかしループ状の電流は，ループ面積が大きくなると，周波数によってはループ・アンテナのように動作して，電磁波を放射するおそれがあります．

(2) コモン・モード

また2本の信号線に，何らかの原因で同じ方向の電流成分ができてしまい，図2-16のグラウンド層を帰路として流れる場合，これをコモン・モード電流といいます．図2-16では，ループ線路はグラウンドから浮いているので，グラウンド層への帰路はないようにしていますが，次項で述べる定義でコモン・モード電流を求めています．

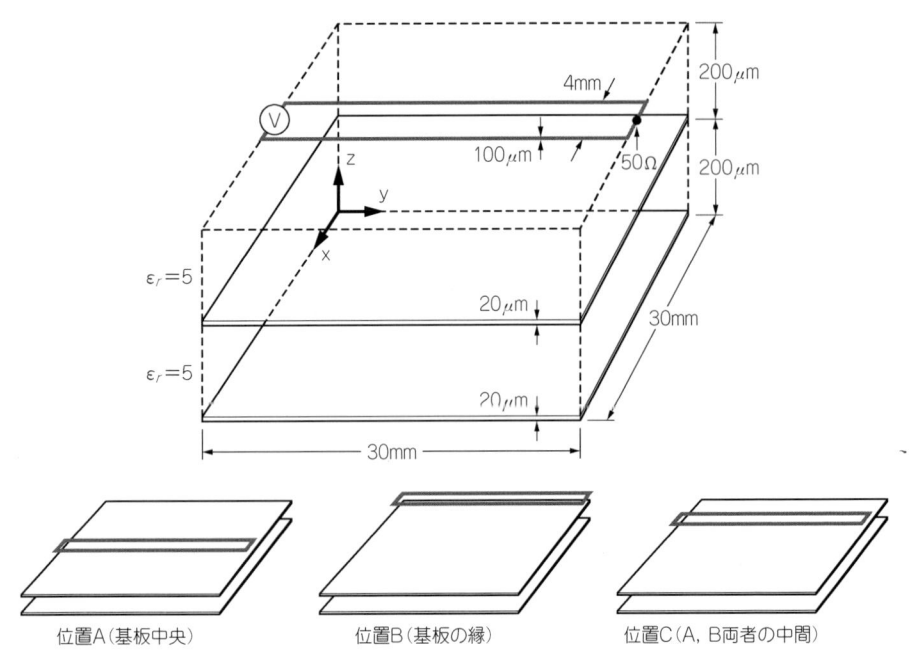

図2-16 基本モデル
下の層から順に，V_{cc}（電源）層，グラウンド層，ループ線路（差動線路）．線路の位置をA（基板中央），B（基板縁），C（A，Bの中間）3種類の位置に設定している．

● 基板上のループ配線の位置

シミュレーションでは，信号線をつぎの3通りの位置に設置して調べました．
　　位置A：誘電体基板の中央の位置
　　位置B：誘電体基板の縁に沿った位置
　　位置C：A，B両者の中間

信号線を中心位置から図2-16の座標でx方向に偏位させたときの，信号線の同一y位置における電流の差分からコモン・モード電流を算出しました．この結果を調べたところ，信号線位置が基板の縁部へ行くほどコモン・モード電流は大きく，y方向の対称性も崩れていることがわかりました．

図2-17に，これらをまとめたグラフを示します．縦軸は電流値，横軸はコモン・モード電流を求めた位置（信号源からy方向への距離）を示しています．

● コモン・モード電流の考察

コモン・モード電流は，不要な電磁波の放射を誘起するので，コモン・モード電

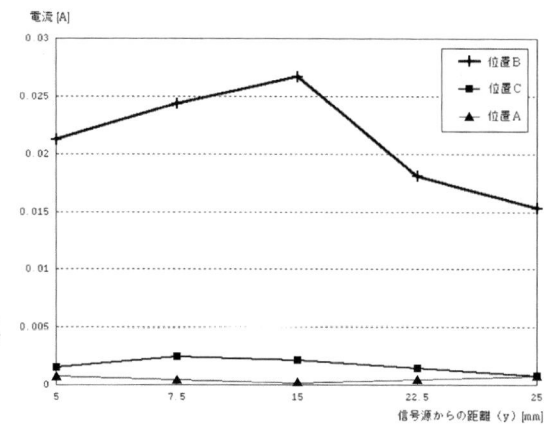

図2-17 信号線位置A，B，Cにおけるコモン・モード電流の変化
位置B（基板縁）が最もコモン・モードが大きいことがわかる．

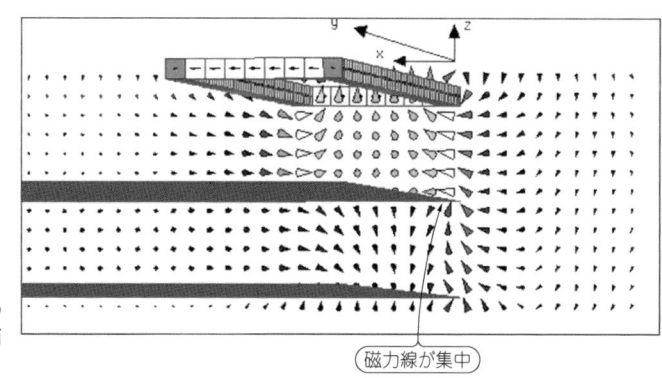

図2-18 信号線が基板の縁にある場合の，x-z平面での磁界ベクトルの様子

磁力線が集中

流の大きい信号線位置Bでは不要放射も大きく，また信号線位置Aで発生するコモン・モード電流がもっとも小さいことから，この場合の信号線は，基板の中央位置に設置するのが望ましいことがわかります．

また，**図2-18**に，信号線が基板の縁にある場合の，x-z平面での磁界の様子を円錐形で示しています．この結果，グラウンド導体，V_{cc}層（電源層）ともに，縁部で磁力線密度が高くなり，電流が集中することが明らかになりました．

● **コモン・モード電流と放射の関係**

平行2線を同一方向へ流れる不平衡電流成分が現れると，これがコモン・モード電流となって放射に寄与します．同軸ケーブルは，外導体がシールドの役割を果たすので，放射とは無縁のように思われますが，平行2線に直接繋げると，同軸ケー

$$I = \frac{dQ}{dt} = n\frac{dq}{dt}$$

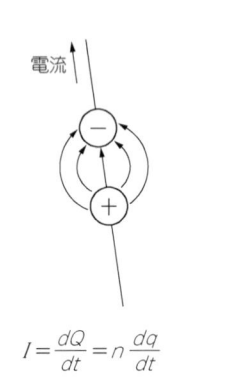

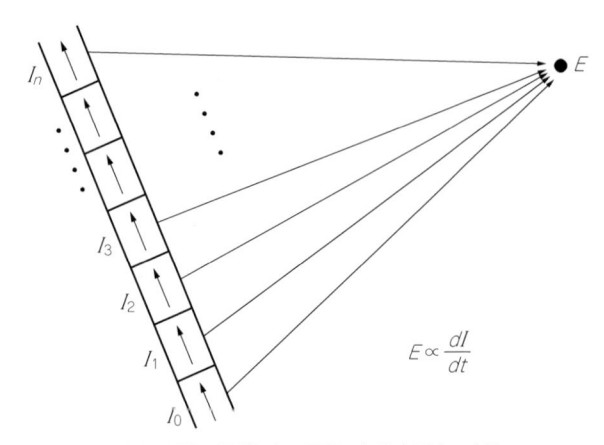

(a) 微小ダイポールの電荷 q が励振される様子

$$E \propto \frac{dI}{dt}$$

(b) 空間で観測される電界 E と微小電流の連続

図2-19　コモン・モード電流と空間の電界の関係
微小ダイポールの連続で説明される.

ブルの外導体に流れる電流と一体となり，コモン・モード電流を形成することになります．この場合，外導体の外側に流れるコモン・モード電流によっても電磁波の放射が起こり，シールド線の効果が損なわれることになります．

　コモン・モード電流のように一方向に流れる電流は，図2-19に示すように，プラスとマイナスの電荷による微小ダイポールで説明されます．

　これらの微小ダイポールの連続が電流と考えられ，電流は電荷の時間変化で発生しますが，この電流の時間変化は，空間で電界として観測されます．

　また，この電界の強さは電流の時間変化に比例しますから，2-2項でも述べたように，一般に高周波ほど放射電界が強くなります．

2-6　多層基板の層間の様子

　図2-20は，前項2-5の**図2-16**の信号線位置がCのときのグラウンド導体表面の電流密度分布（10 GHz）を示しています．信号線がグラウンド導体表面に近接しており，信号線を真下に投影したようなパターンが現れています．ここに正弦波を重ねて考えると，半波長の周期で電流の向きが変わる様子もイメージできます．

　図2-21は，信号線位置がBのときのグラウンド導体裏面の電流密度分布（10 GHz）です．また**図2-22**は V_{cc} 層表面の電流密度分布を示しますが，互いに近いパターンを示し，その大きさもほぼ同じ値です．

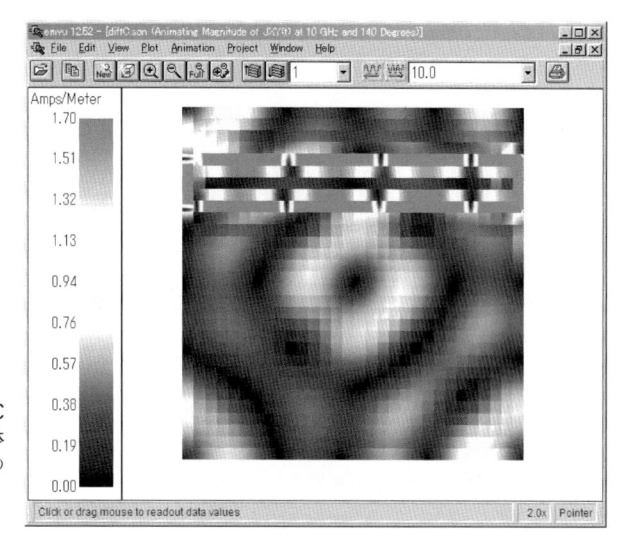

図2-20 信号線位置がC のときのグラウンド導体 (diffC.son, 巻頭の カラー口絵ii頁も参照) 表面の電流密度分布.

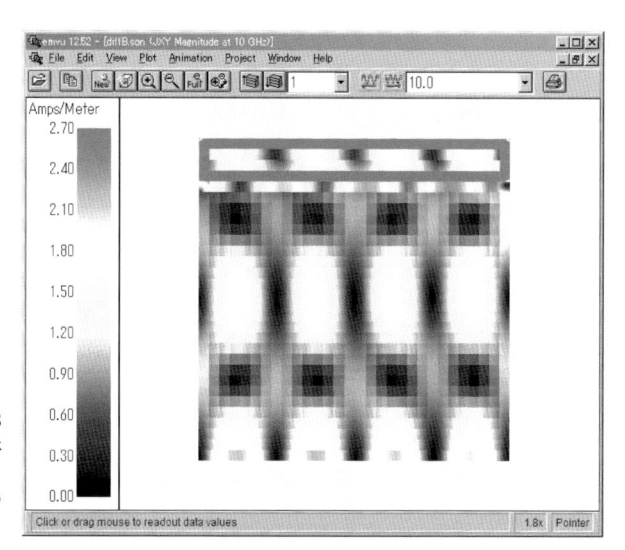

図2-21 信号線位置がB のときのグラウンド導体 裏面の電流密度分布 (diffB.son, 巻頭の カラー口絵ii頁も参照)

　両図は，グラウンド層とV_{cc}層で形成される平行平板内部の表面電流分布を示しているわけですが，周期的に連続したパターンを示していることから，電磁エネルギーが留まっている共振部分が複数(ここでは横方向へ4個)あることがわかります．

2-6　多層基板の層間の様子 | 051

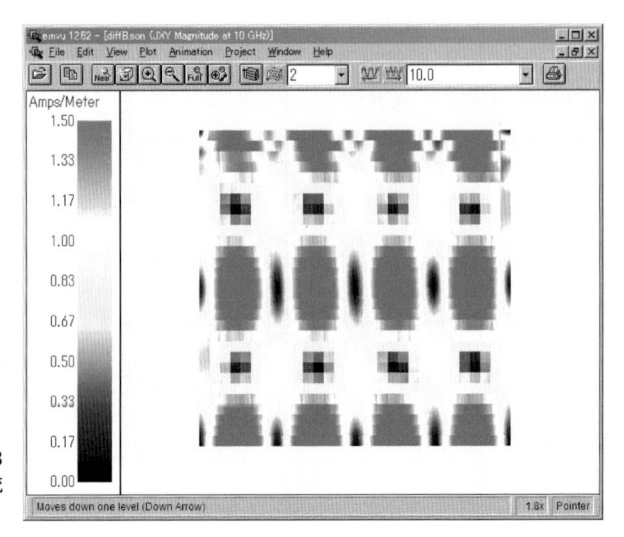

図2-22　信号線位置がBのときのV_{cc}層表面の電流密度分布(diffB.son)

2-7　基板のどこから放射するのか？

　基板からの放射は，一般的に，励振源に接続された信号線から基板に対して垂直方向の成分が強くなります．

　図2-23は，信号線電流が極大値を示した8 GHzの放射パターンです．この周波数は，信号線の形状を折り返しダイポール(folded dipole)アンテナと見なしたときの放射パターン成分が強く現れている様子がよくわかります．

　図2-24は500 MHzの放射パターンを示していますが，波長に比べて信号線が短いため，8 GHzの場合に見られるような鋭いビーム・パターンは発生しません．

　図2-25は，19.4 GHzにおける基板からの放射パターンを示しています．このように，ある特定周波数では，信号線からの放射よりも，グラウンド層とV_{cc}層で形成された開口部からの強い放射が見られました．

　一般に20 GHz近い高い周波数はなじみがないかもしれませんが，より大きい基板であれば，低い周波数でも同様の現象が起きる可能性があるでしょう．

2-8　マクスウェルが予言した変位電流

● マクスウェルの業績

　マクスウェル(1831〜1879年)は，1831年，スコットランドのエジンバラに生まれ

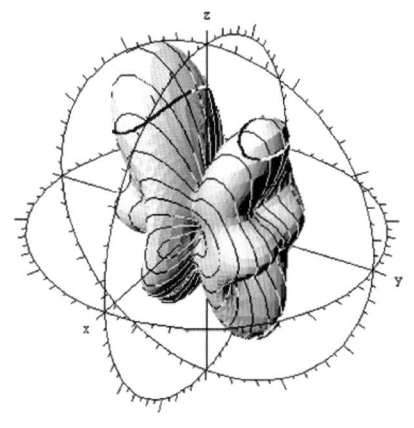

図2-23　8 GHzにおける放射パターン

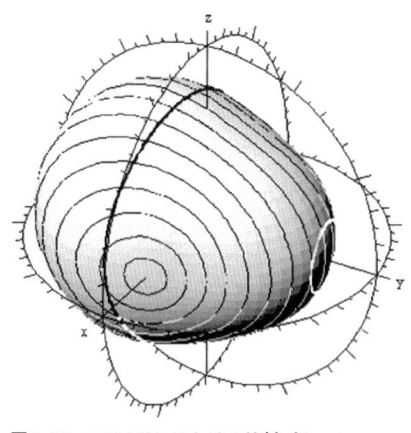

図2-24　500 MHzにおける放射パターン

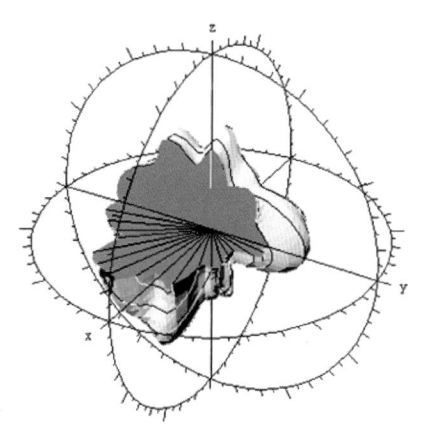

図2-25　19.4 GHzにおける基板からの放射パターン

た科学者です．1860～70年代に，電波の存在を予言する論文をつぎつぎに発表し，それまで個別に発見されていた四つの電気の法則と磁気の法則を，統一的に「マクスウェルの方程式」としてまとめあげました[2-2]．

彼の業績は，それまでの法則を統合して，四つの法則が電磁気の本質であることを確認した点にありますが，卓見は「磁場を発生させるものとして変位電流を付け加えた」点です（第9章を参照）．

● マクスウェルの仮説

図2-26は平行平板コンデンサに交流電流が流れている場合を示しています．まず導線部ですが，導線の金属導体中の電子が移動して電流が流れ，その周りには循

2-8　マクスウェルが予言した変位電流　053

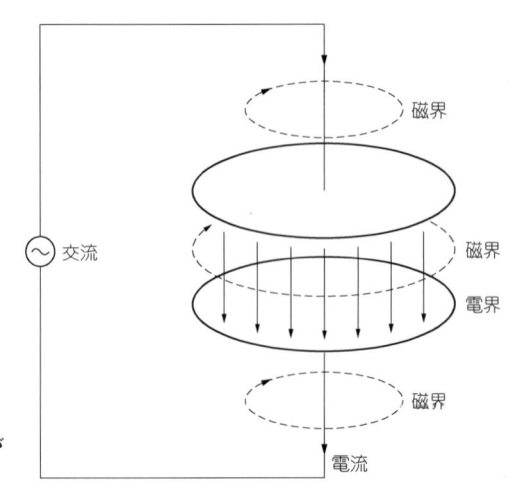

図 2-26 コンデンサに交流電流が流れている場合の周りの磁界

環型の磁界が発生します．

　ではコンデンサの周りはどうでしょう．極板の間は空間ですので電子の移動はありませんから電流は流れません．そうなると磁界がコンデンサの部分だけとぎれていることになるのですが，それは不自然です．そこでマクスウェルは，極板間の変動している電界の周りにも，電流と同じように磁界が発生するとしたのです．

　この仮想的な電流は，彼によって変位電流と名づけられ，導体内の電流（伝導電流）と一緒にして，これを電流とすれば電流はすべての場所で連続であるという方程式が生まれました．

● 電磁波とマクスウェル

　電流および変動する電界は，その周りに循環型の磁界をつくり，また，変動する磁界はその周りに循環型の電界をつくる．そしてここから導き出されるのは，電界・磁界が次々に波動になって空間を伝わるという電磁波の存在です．

　ですから，本書で扱うさまざまな問題も，すべてマクスウェルのおかげで解けるというわけなのです．

2-9　伝送線路 vs アンテナ

● アンテナとは何か

　携帯電話などの普及で，アンテナはより身近なものになりました．耳元から電

界・磁界が，マクスウェルの方程式に則って空間に広がっていくのが実感？　されます．アンテナは，回路から供給される電磁エネルギーを空間に放つための変換器とも考えられますから，効率よく放射することが仕事です．

　一方，伝送線路の仕事は，電磁エネルギーをいかに減衰させることなくその先に伝えられるかということです．このため，伝送線路の途中から空間へ不要な電磁エネルギーが放射されることは望ましくないわけです．

　アンテナの基本は，半波長のいわゆるダイポール・アンテナです（第8章を参照）．あるいはグラウンド側のイメージ（影像）アンテナを考えれば，1/4波長のモノポール・アンテナも考えられます．いずれにしても，動作周波数が高くなってくると，例えば1 GHzの波長は30 cmですから，その半分や1/4の長さの電波は，十分基板内に載ります．

● 伝送線路か？　アンテナか？

　このように，最近では伝送線路を設計したつもりが，ある部分ではみごとにアンテナの役割を果たしているという不具合も多発するようになってきました．

　周波数が高いほど変位電流が大きくなり，放射されやすくなりますが，その場所をつきとめるのには，このように線路の一部等が意に反してアンテナとして働いてしまうという見方をすることが必要になってきます（さらに詳しくは第5章「高周波と不要輻射の密接な関係」を参照）．

● 電磁波の発見

　マクスウェルが発見した変位電流によって，空間を伝わるという電磁波の存在が予言されましたが，彼は実証を待たずに1879年，48歳で他界しました．

　ドイツの物理学者ヘルツ（1857～1894年）によって電磁波が発見されたのは1888年のことです．

　またこの発見は，伝送線路の理論を急激に進歩させました．レッヘル線に電流が流れるときには，第1章の図1-3や図1-4などに示すように，これに沿って電界と磁界，すなわち電磁波が伝わるのだ（ヘビサイド，1893年）という説明です．

　そして電気エネルギーは，電圧と電流によって運ばれるというよりも，平行2線の周囲の空間の電界と磁界のエネルギーとして伝わるのだ，というふうに解釈されるようになったわけです．ですから，われわれが信じていた（いる）理科の勉強風の説明は，1800年代にヘルツ以前の学者の間で解釈されていた理論だともいえます．

　本章では電気が空間へ飛び出る原因を探りましたが，これを「お行儀の悪い電気」

などと呼べば，ご両名に叱られそうです．「神出鬼没の電気」とでも言い換えたほうがよいかもしれません．

第2章のまとめ

(1) 配線パターンの直角曲がり部や不連続な部分から，空間に電磁エネルギーが放射されやすい．
(2) 一般に，周波数が高いほど変位電流が大きくなり放射されやすくなる．
(3) 反射係数の値が大きい周波数では，定在波ができていることが多い．
(4) コモン・モード電流は不要な電磁波の放射を誘起する．

参考文献

2-1) 小暮裕明・小暮芳江；『小型アンテナの設計と運用』，誠文堂新光社，2009．
2-2) 小暮裕明・小暮芳江；『すぐに役立つ電磁気学の基本』，誠文堂新光社，2008．

Column 2
表皮の厚さ

周波数が高くなるほど，電流や磁束が導体の表面に集まります．これを表皮効果 (skin effect) と呼んでいますが，表面からどのくらいの深さに浸透しているかを表すのが「表皮の厚さ (skin depth)」です．

電磁波が金属に入射するときも，電界はある深さまで導体内に侵入します．導体表面の電流振幅に対して，電流振幅が $1/e$ になる点が表面から δ（デルタ）の距離にあるとき，δ を表皮の厚さ，または表皮の深さ (skin depth) と呼んでいます．

$$\sqrt{\frac{2}{\omega\mu\sigma}}$$

ω：角周波数（$=2\pi f$），μ：透磁率（真空中では $4\pi \times 10^{-7}$ [H/m]），σ：導体の導電率

例えば銅は，導電率 $\sigma = 5.8 \times 10^7$ [S/m] から，上式はつぎのようになります．

$$\delta = \frac{0.66}{\sqrt{f}} \text{ [m]}$$

f：周波数 [Hz]

この式から，電流は周波数が高くなるにつれ導体の表面により近いところを流れることがわかり，周波数の平方根の逆数で効いてくることがわかります．

たとえば周波数 1 MHz（= 1,000,000 Hz）の高周波では 0.000066 [m] = 0.066 [mm] となって，電流は実用上ほとんど表面だけ流れていると考えてよいことになります．

[改訂] 電磁界シミュレータで学ぶ高周波の世界

Appendix 2

第2章のポイントを シミュレーションで確かめよう！

本文で述べた，MSLの直角曲がり部の問題をシミュレーションしてみます．

● 配線を曲げてみる

　図2-27は，第1章のシミュレーションモデルと同じ基板で，MSLを直角に曲げたモデルですが，これは配線を2本描いてつなぐだけです．

　結果のS_{11}を表示してから，「File」→「Add File(s)...」で，第1章でシミュレーションした直線のMSL（`msl.son`）の結果を追加すると，図2-28のようにグラフ上で比較できます．

　明らかに直角曲がりのMSLは反射が大きくなりましたが，これはコーナで電磁界の分布が乱れてインピーダンスが急に変化することで反射波が増えるからだと考え

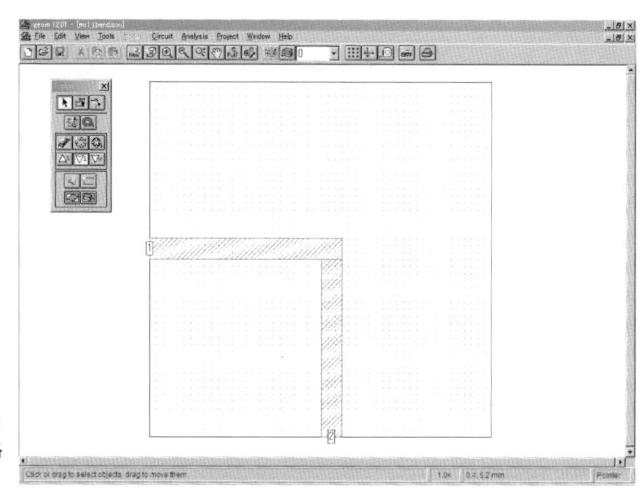

図2-27　直角な曲がり部をもつマイクロストリップ線路（`msl_Lbend.son`）

Appendix 2　第2章のポイントをシミュレーションで確かめよう！　057

られます．

　図2-29はMSL表面の電流分布です（コーナを詳細に調べるため，セルをより細かい0.02 mmに設定した．16 MB以内に収まる）．

　配線の両縁には強い電流が流れ，コーナでは内側寄りに偏っています．このように配線のコーナは，電磁波が内側を通ることで位相遅延時間が短縮されるという現象が起きます．

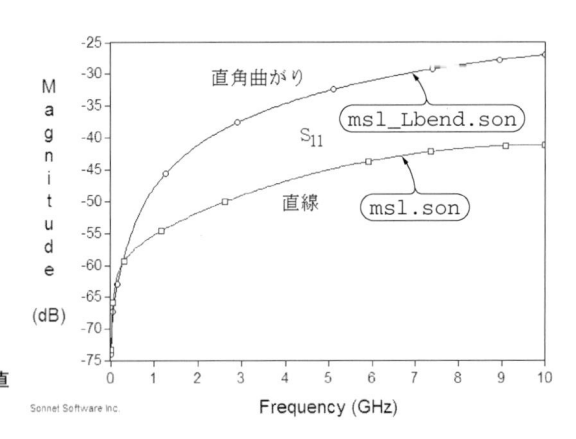

図2-28　直角曲がり部をもつMSLと直線のMSLのS_{11}（反射係数）の比較

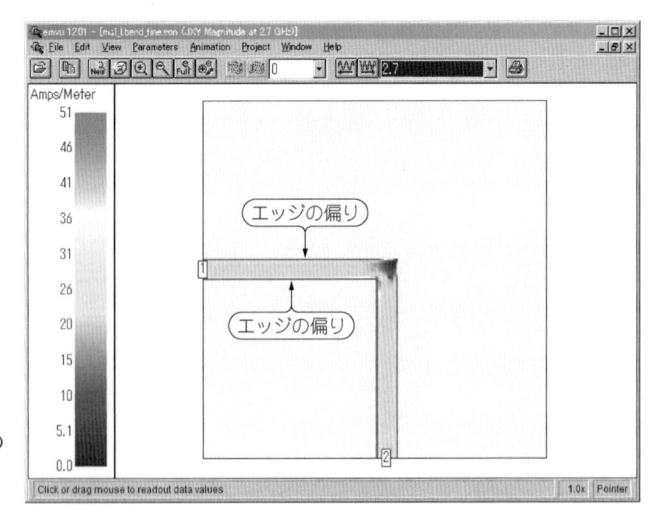

図2-29　MSLの表面電流の分布（msl_Lbend.son）
セルを0.02 mmに設定．

● コーナ・カットによる影響

図2-30はコーナの外側をカットしたMSLの表面電流分布ですが，コーナの両縁に強い電流が認められます．

図2-31は，コーナ・カットがないMSLと，図2-30の外側コーナ・カットのMSLで，S_{11}を比較していますが，コーナの外側をカットすることにより，反射波が減少していることがわかります．

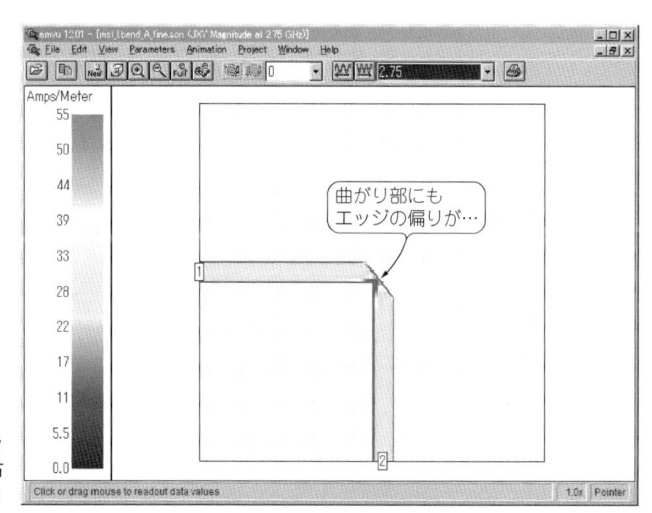

図2-30 コーナの外側をカットしたMSLの表面電流の分布（msl_Lbend_A_fine.son）

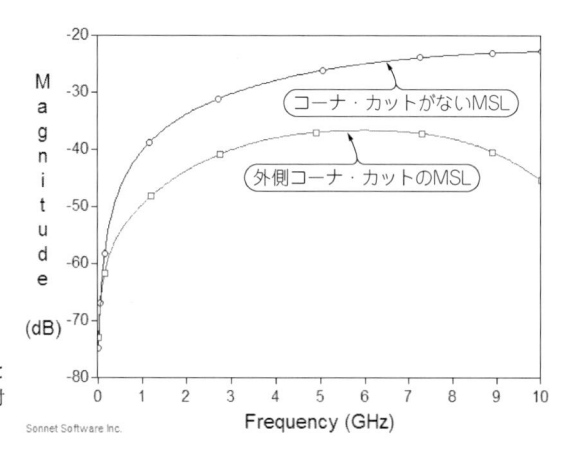

図2-31 コーナ・カットがないMSLと外側コーナ・カットのMSLのS_{11}（反射係数）の比較

Appendix 2 第2章のポイントをシミュレーションで確かめよう！

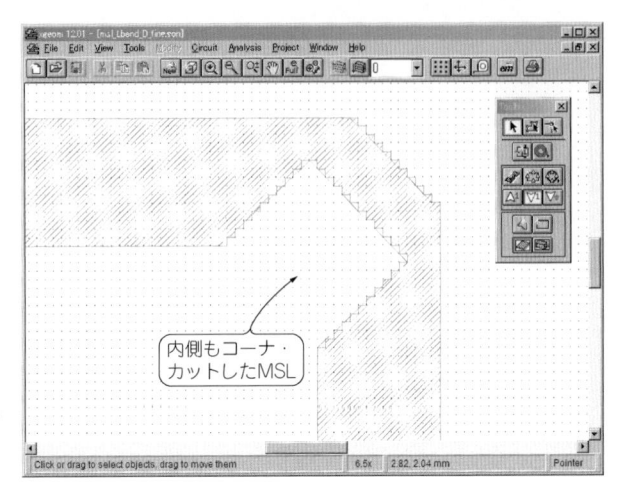

図2-32 コーナの内側と外側の両コーナをカットしたモデル（msl_Lbend_D_fine.son）

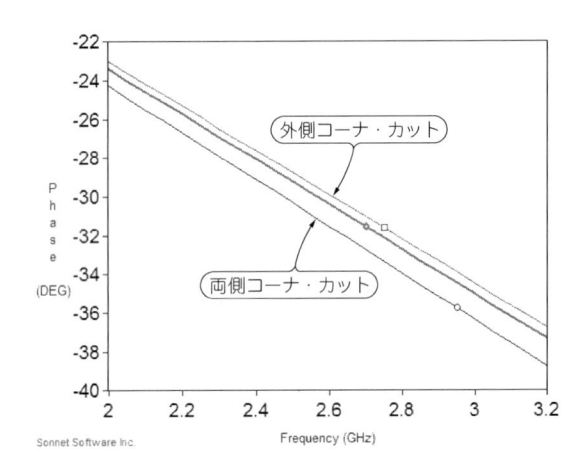

（内側もコーナ・カットしたMSL）

図2-33 S_{21}の位相角の比較

外側コーナ・カット

両側コーナ・カット

　図2-32はコーナの内側と外側の両コーナをカットしたモデルです．また図2-33はS_{21}の位相角の比較ですが，両側コーナ・カットは，外側コーナ・カット（図2-30）よりも位相角が大きくなりました．
　位相角が大きければ，入力波形のピークが出力点で遅れる時間，すなわち位相遅延時間が大きいということです．

第3章

そもそも高周波とは何だろう

❖

Sパラメータを利用し，位相角から信号の遅延を計算することや，配線のクロストーク値を調べることにより，伝送線路としての回路基板上の配線を評価する手法を紹介する．電磁界シミュレーションとネットワーク・アナライザによる測定を併用する．線路の特性インピーダンスの意味と評価法についても考察する．

❖

　第2章では回路基板のまわりの電磁界を詳しく調べ，配線パターンの直角曲がり部といった線路の不連続部分から空間に電磁エネルギーが放射されやすいことを直感的につきとめました．本章では，高周波で重要なSパラメータについて詳しく学びますが，その数値をどのように評価して役立てるのか，具体的な事例を調べます．

　電磁界シミュレータは，信号源や観測点としてのポートを設定して，Sパラメータを求めます．2ポートのデバイスではS_{11}は入力側の反射係数，S_{21}は順方向伝達係数ですから，これだけでもおおまかな評価はできますが，Sパラメータの結果からわかることはいろいろあります．

3-1　いまや不可欠となったSパラメータ

● Sパラメータの定義

　高周波回路でよく利用されるSパラメータは，散乱パラメータ(Scattering Parameter)の略です．Sパラメータは，入力端子(ポート1)と出力端子(ポート2)をそれぞれ線路の特性インピーダンスで終端し，回路網の伝送特性と反射特性を測定することで得られます．

　高周波で電力を伝える線路は，特性インピーダンス50Ωが標準なので，端子には50Ωの抵抗器で終端してSパラメータを測定します．

図3-1のa_1とa_2は入射波，b_1とb_2は反射波をそれぞれ表します．このとき，各Sパラメータは，次の式で表されます．

$b_1 = S_{11} a_1 + S_{12} a_2$

$b_2 = S_{21} a_1 + S_{22} a_2$

ポートがさらに多い場合は，図3-2のNポートのように，a_nは入射波，b_nは反射波をそれぞれ表します．

2ポートのSパラメータの定義は，次の式で表されます．

$$S_{11} = \frac{b_1}{a_1}, \quad S_{21} = \frac{b_2}{a_1} \quad S_{12} = \frac{b_1}{a_2}, \quad S_{22} = \frac{b_2}{a_2}$$

図3-1から，S_{11}はポート1の入射波に対するポート1の反射波の電圧比ですから，これは「反射係数」を表します．また，S_{21}はポート1の入射波に対するポート2の伝送波の電圧比ですから，これは順方向の「伝達係数」を表します．

同様に，S_{22}はポート2の反射係数，S_{12}は逆方向の伝達係数を表します．一般の回路素子は，ポート1とポート2を入れ替えても同等なので可逆性があり，

$S_{ij} = S_{ji}$ i, jはポート番号

が成り立ちます．

また，線路から空間へ電磁エネルギーの放射がないと仮定すれば，Sパラメータ

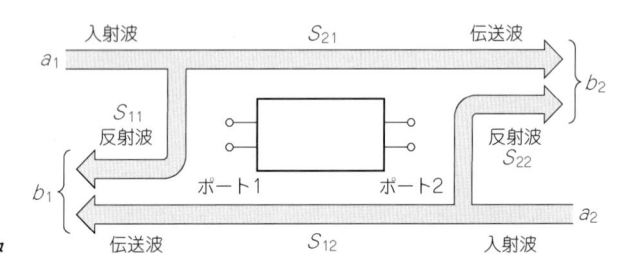

図3-1　2ポートのSパラメータ

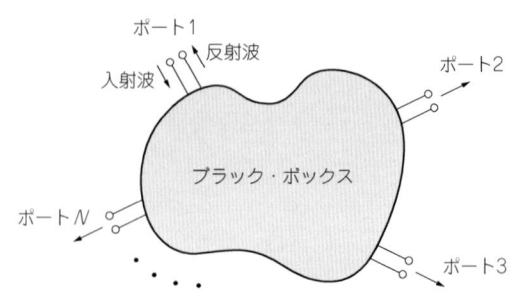

図3-2　NポートのSパラメータ

は電圧比なので，二乗した電力比では次式が成り立ちます（入出力間に損失がない場合）．

$$|S_{11}|^2 + |S_{21}|^2 = 1 \quad （エネルギー保存の法則）$$

Sパラメータは，このように電磁波の入射量と反射量でその回路の特性を規定する便利なものです．

3-2　ネットワーク・アナライザを使おう

● ネットワーク・アナライザの基本構成

　ネットワーク・アナライザ(**写真3-1**)は，Sパラメータを高精度で測定できる測定器です．インピーダンスも実部と虚部の複素数で表示されるので，ベクトル・ネットワーク・アナライザ(VNA)とも呼ばれています．

　図3-3はVNAの基本構成を示していますが，左半分と右半分はそれぞれリフレクト・メータで構成されています[3-1], [3-2]．

　リフレクト・メータとは，反射係数を測定するために開発された装置で，伝送線路を伝わる入射波と反射波を方向性結合器で分離し，入射波と反射波の比で反射係数を求めます．

　信号源である周波数シンセサイザは，S_{11}(反射係数)とS_{21}(伝達係数)の測定では，スイッチで方向性結合器1側に接続されます．このとき，方向性結合器2側は整合負荷で終端され，$a_2 = 0$です．

　被測定回路(DUT：Device Under Testともいう)の左はポート1，右はポート2で，2ポートのSパラメータは，次のように測定されます．

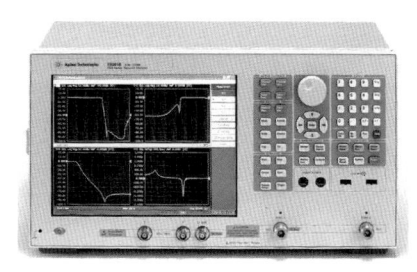

写真3-1　VNAの例(写真はアジレント・テクノロジー株式会社提供)

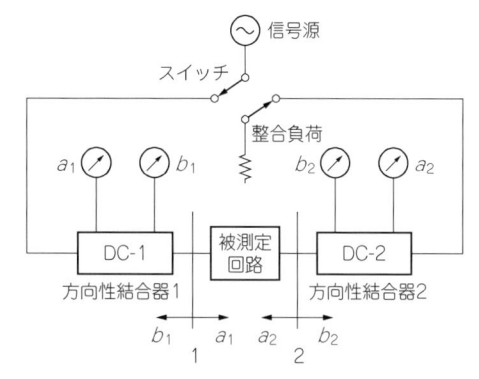

図3-3　VNAの基本構成

$$S_{11} = \frac{b_1}{a_1}, \quad S_{21} = \frac{b_2}{a_1}$$

ここでa_1はポート1の入射波，b_1はポート1の反射波を表す．
つぎにS_{12}とS_{22}の測定では，信号源を方向性結合器2側に接続します．

$$S_{12} = \frac{b_1}{a_2}, \quad S_{22} = \frac{b_2}{a_2}$$

b_1/a_1などの振幅比や位相差の測定は，ヘテロダイン検波[*3-1]で高周波を低周波に変換して，ディジタル信号処理をしています[3-1]．

● 重要なキャリブレーション

実際のリフレクト・メータは，測定値の中に方向性結合器の特性や回路素子による反射などによって決まる複素定数が含まれます．これらのシステム定数が決まらないと，被測定回路の正味の反射係数が正しく得られません．

そこで被測定回路に代わって，値がわかっている標準器をつなげて，これらのシステム定数を決定しますが，これをキャリブレーション（calibration）あるいは校正といいます．

実際にVNAで行われるキャリブレーションの手法は，オープン（開放器），ショート（短絡器），ロード（整合負荷：50Ω）の三つの標準反射器を用いるOSL法が一般的です．VNAのプローブに応じて用意されている場合は，取り扱い説明書に従ってキャリブレーションします．

しかし，厳密には同軸プローブの先端をオープンにすると，周波数によっては先端部分がアンテナとして働く場合があります．より高い周波数では，放射による損失をなくすために，開放端から先を円筒導波管で密閉した標準反射器が必要になるかもしれません[3-1]．

● ディエンベディングとキャリブレーション

キャリブレーションを行った後で，被測定回路（DUT）を接続して測定すれば，そのときのシステム定数がわかり，補正した後の高精度な測定値が得られます．

この補正はディエンベディング（de-embedding）とも呼ばれていますが，DUTまでに線路がある場合，それも含んでディエンベディングする必要があります．

多くの電磁界シミュレータでは，ポートからDUTまでの線路の影響を取り除いて，

[*3-1] ヘテロダイン検波は，信号を中間の周波数に変換して低周波信号を得る方式．

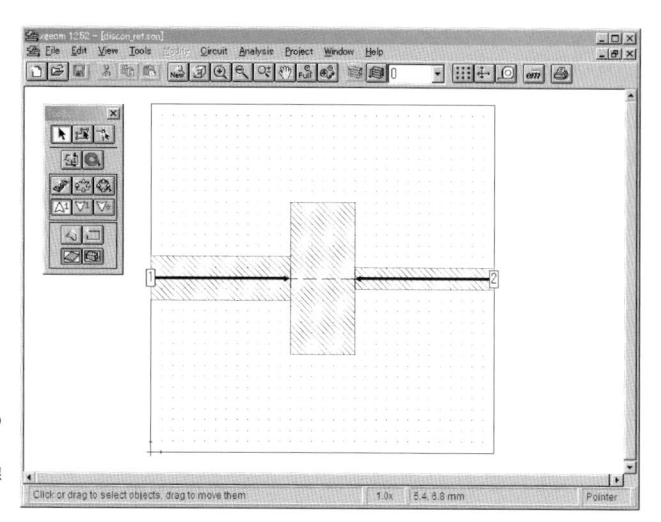

図3-4 シミュレータの
ディエンベディング
ポートからDUTまでの線
路の影響を取り除く.

直接DUTを見込んだSパラメータを得るため,参照面(reference plane)をDUTまで移動するディエンベディング機能があります.

図3-4は,章末の課題の不連続線路モデルで,左右の矢印の先端部までの線路をディエンベディングしています(設定の方法は,章末のAppendix 3のシミュレーション参照).

3-3 4本の直角曲がり線路のSパラメータ

● 線路を4本に増やしたモデル

図3-5は,直角曲がり部がある4本の接近した線路です.無償版のSonnet Liteは,ポートの数が最大四つという制約があるので,2本の接近線路まではモデリングできます.

この例では,入力ポートには1から4の数字がふってあります.出力ポートは5から8です.セルはx(横)方向1.0 mm,y(縦)方向1.0 mmですが,常に等間隔にする必要はありません.誘電体は厚さ1.0 mm,比誘電率4.0で,その下の層はベタのグラウンドです.損失正接($\tan \delta$)などのパラメータも設定できますが,ここではとりあえず無損失で解析しています.

表3-1にSパラメータのシミュレーション結果の例を示します.Sパラメータは複素数ですが,ここでは大きさと位相角で表しています.

まずSパラメータ表の最後の行を見ると,S_{81}の大きさ(Magnitude)はほぼ1で,

表3-1 代表的な伝送線路とその特徴

	Magnitude	Angle
S_{11}	0.0762	79.0
S_{21}	0.0241	76.8
S_{31}	0.0055	72.5
S_{41}	0.0023	72.9
S_{51}	0.0020	−108.8
S_{61}	0.0050	−109.1
S_{71}	0.0149	−107.4
S_{81}	0.9966	−10.69

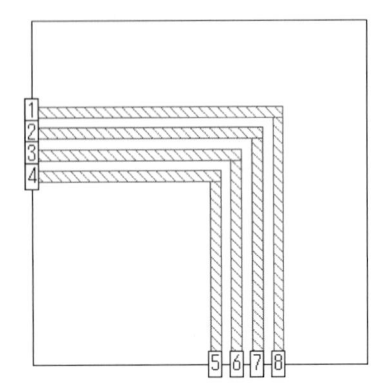

図3-5 4本の曲がり線路のSパラメータ

位相角 (Angle) は約−10度です．

S_{81} はポート1の入力信号が，その線路の出力端のポート8へ伝わる順方向伝達係数ですから，仮に1.0 V（ボルト）の信号がポート1に入れば，0.9966 Vがポート8に出ることを意味しています．

ポート8は，入力ポート1からの線路の出力ポートですから，順方向の伝達係数がほぼ1 (=100%) であれば，これは理想的な伝送線路として働いています．

次に S_{81} の位相を見てみましょう．**表3-1**は100 MHzにおけるデータですが，−10度の位相は，100 MHzの信号がポート8に着くまでに，10度の遅延を生じることを意味します．

100 MHzの信号が1サイクルに要する時間は，$1/(100 \times 10^6)$秒 = 10 ns（ナノ秒）なので，位相遅延の合計は10 ns × (10度/360度) = 0.28 nsになります．

S_{71} に注目すると，仮に1.0 Vの信号がポート1に入れば，ポート7に0.015 Vが出力されることになります．別のいい方では，ポート1-8とポート2-7の2本の隣り合った線路の電磁的な結合は，約1.5%ということです．

S_{71} はポート7から出る信号を意味していますから，これはフォワード・クロストークです．ここでフォワードとは，ポート7から出る信号がポート1の信号の進む方向と同じという意味です．

またポート1に1.0 Vの信号が入れば，すぐ隣にあるポート2にもクロストークを生じます．これはバックワード・クロストークと呼ばれていますが，バックワードとは，ポート2から出る信号は，ポート1の信号の進む方向とは反対という意味です．

S_{21} の大きさは0.024ですから，この回路ではバックワード・クロストークの方がフォワード・クロストークよりも深刻であると判断できるでしょう．

● Sパラメータの評価手順

　Sパラメータは，すべてのポートが，ある値のインピーダンスで終端されていることを前提に計算されます．高周波の世界では通常50Ω終端ですが，Sパラメータはどんな値のインピーダンスで終端されていても計算できます．クロストークを正確に計算するには，実際の回路で終端されているのと同じインピーダンスでシミュレーションします．

　実際にVNAで測定するときには，前項で学んだように，50Ω系のプローブを使います．一般に，電磁界シミュレータは50Ω終端が標準ですが，終端抵抗は任意の値に設定できるようになっています．

3-4　より複雑な回路の例

● 現実のプリント基板回路に近い例

　より複雑な回路の例として，図3-6のバイト反転回路を調べますが，これはSonnetの例題ファイルに収録されているモデル`br32.son`です．基板の寸法は128 mm×128 mmで，配線の下0.1 mmに次の層，さらに1 mm下にグラウンド板があります．

　図3-6の配線は，左のポート1からポート32まで32本あります．いずれも途中

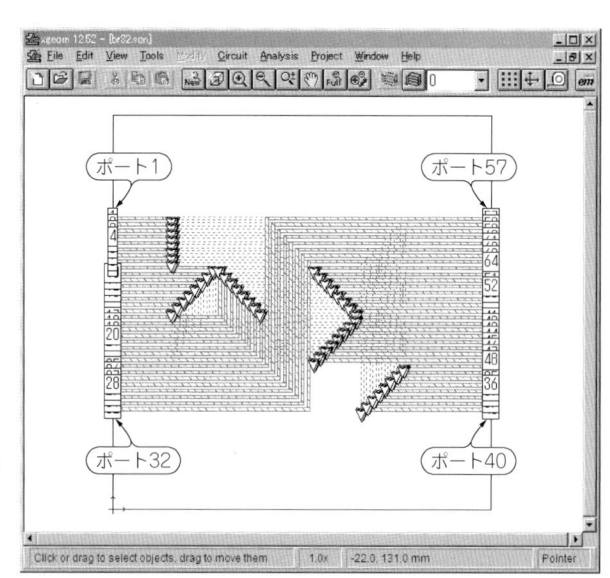

図3-6　バイト反転回路
（Sonnet付属のサンプル`br32.son`）
Sonnetの例題ファイルにある回路．

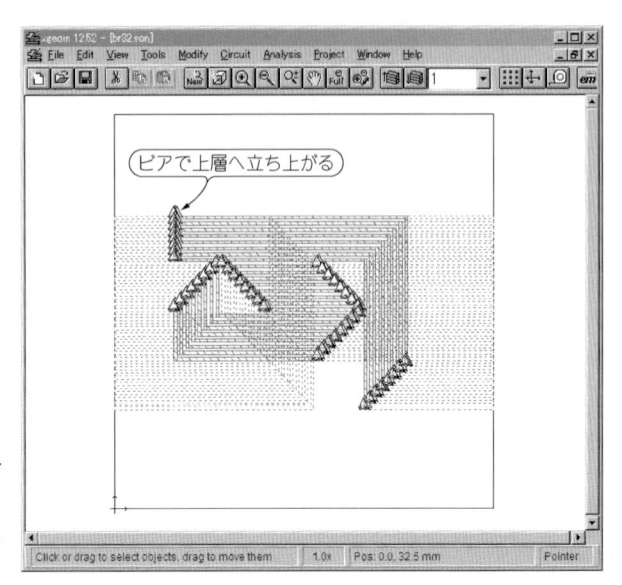

図3-7 バイト反転回路
(Sonnet付属のサンプル br32.son)
下の層にある配線はviaで上の層へ立ち上がっている.

で▽マークの位置にあるビア(via)で,下の層へ移ります.

図3-7が下の層にある配線ですが,1本ずつたどって再度viaで立ち上がると,バイト(8本分)ごとに反転されているのが確認できます.

● 配線の表面電流をもとに問題点を探る

図3-8は,15 MHzにおける配線の表面電流分布ですが,左上のポート1に信号を与えたとき,右端の下から8番目のポート33が,電流の強い赤色(1 A/m以上)で表示されました(➡で示す).しかし,給電していないポート25-ポート57間の配線も水色(0.4 A/m程度)で表示(⇨で示す)され,図3-7に示す下の層の信号線から誘導されていることが容易に想像できます.

電気信号が他の線路に漏れるクロストーク(漏話または混線)は,常識的には接近している隣の線路に電磁結合しやすいと考えられます.しかし多層基板では,このケースのように上層と下層の配線パターンが複雑に交差し,予期せぬ電磁結合を生じる可能性がありますから,注意する必要があります.

このような現象は,動作周波数によっても影響の度合いが異なりますから,一般論としてまとめるのはむずかしいといえます.そこで個別の回路ごとに,電磁界シミュレータなどで事前に検討することが重要になってきます.

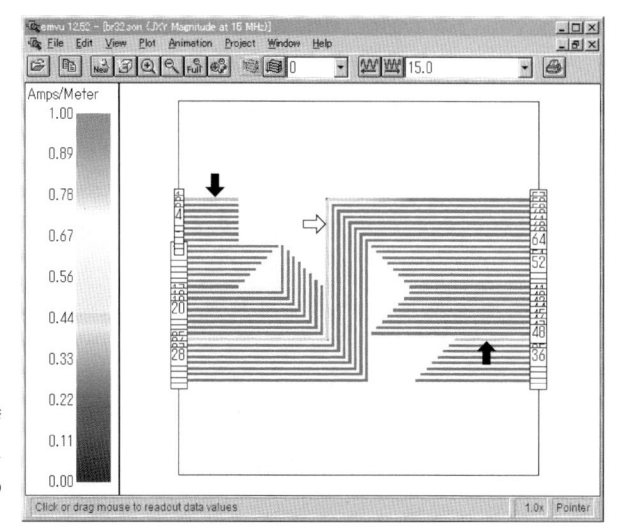

図3-8 バイト反転回路(巻頭のカラー口絵iii頁も参照)配線の表面電流分布. 給電していないポート25-ポート57の配線も誘導電流が流れている.

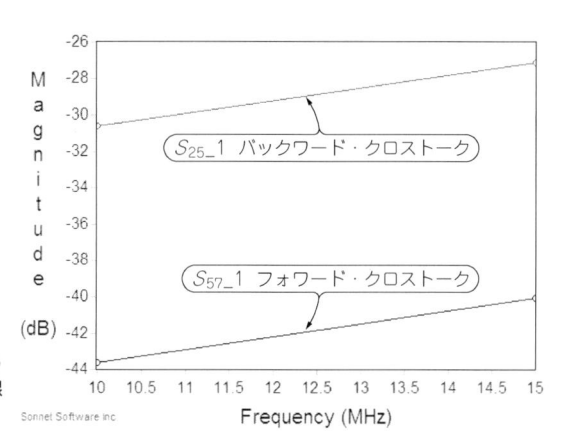

図3-9 問題となっているポート25-ポート57の線路のクロストーク

● Sパラメータの解析

それではSパラメータの結果を見てみましょう(**図3-9**). 問題となっているポート25-ポート57の線路のクロストークは, フォワード・クロストークがS_{57_1}で, バックワード・クロストークがS_{25_1}です.

ポート1の線路の隣にある線路へのバックワード・クロストークはS_{21}ですが, 15 MHzでは約-35 dBでした. これは**図3-9**のバックワード・クロストークである-27 dBよりも8 dB小さいので, やはり表面電流分布から類推した問題の線路へのクロストークが最も強いことがわかりました.

3-4 より複雑な回路の例 | 069

3-5 グラウンド・バウンスとグラウンド・ループ

● グラウンドに関する問題点

　プリント回路のビア（via）を通って，グラウンド層へ大きな電流が流れるときに，グラウンド・バウンスが発生します．グラウンド層が完全な導体で無損失であれば，この問題はありません．しかし，グラウンド層に損失があれば，グラウンド層に流れるリターン電流が，オームの法則によって電圧を発生させます（図3-10はプリント基板の断面図です）．この電圧をグラウンド・バウンスと呼んでいます．

　また，グラウンド層に接続された部分が2カ所あれば，グラウンド・ループが起こります．通常グラウンドは0Vだと思われていますが，グラウンド・バウンスがあるときには，当然0Vではありません．ですから，これが他の回路の入力として働いてしまい，ここから回路にかかる電圧はグラウンド・ループを形成してしまいます．

　このグラウンド・ループは，回路間に不要な結合を起こす原因となり，結合が強すぎると，誤動作の原因にもなります．

● グラウンド・バウンスの例とその解析

　図3-11はグラウンド・バウンスを知るモデルの一例です．

　これは回路を上から見た図ですが，入力電流は，左から右へ流れ，ビア（via）を通ってグラウンドへ向かいます．そしてリターン電流がグラウンド層を流れ，入力ポートへもどります．

　中央の回路は，リターン電流の経路に沿っていて，両端はビアでグラウンドに接続されています．そこで，この回路の出力ポートの電圧は，グラウンド・バウンス電圧になります．

　金属をすべて無損失の完全導体としたとき，図3-12に示すように100 MHzで，S_{21}は0.013になりました．グラウンド層には損失がないので，この値はグラウン

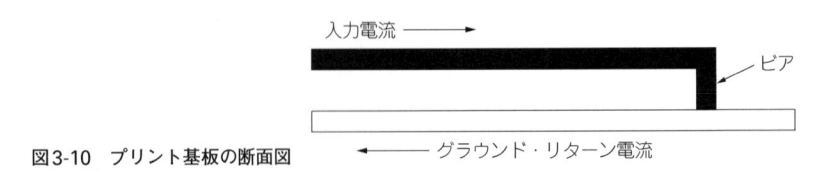

図3-10　プリント基板の断面図

ド・バウンスによるものではなく，線路間の電磁的結合によるものと考えられます．
　つぎに，グラウンド層の損失を$1\,\Omega/\text{mm}^2$と設定してシミュレーションしました（ファイルは，bounce2.son）．

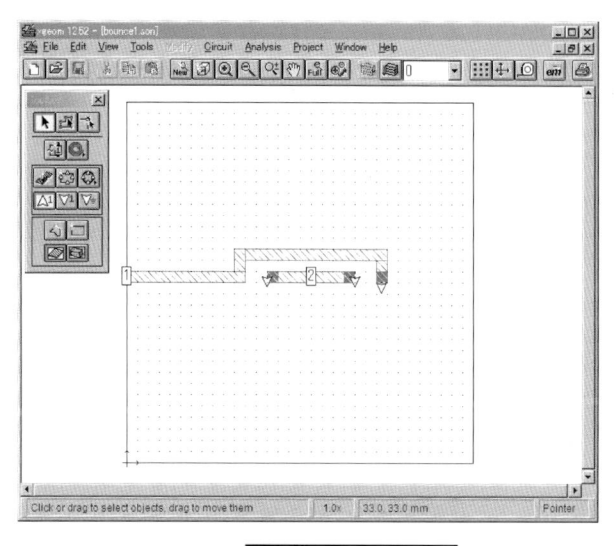

図3-11 グラウンド・バウンスの一例(bounce1.son)

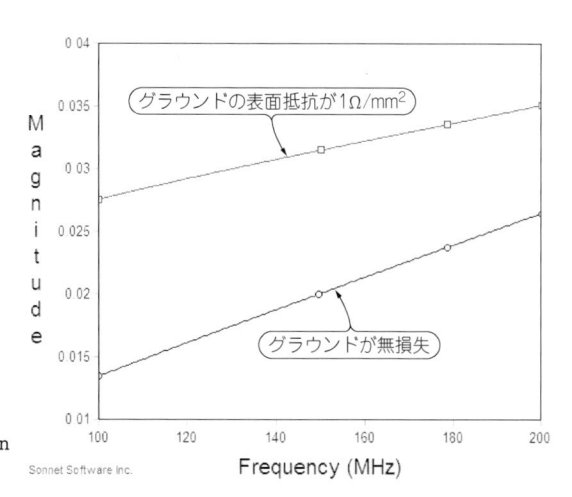

図3-12 S_{21}の比較(bounce1.son と bounce2.son)

3-5 グラウンド・バウンスとグラウンド・ループ

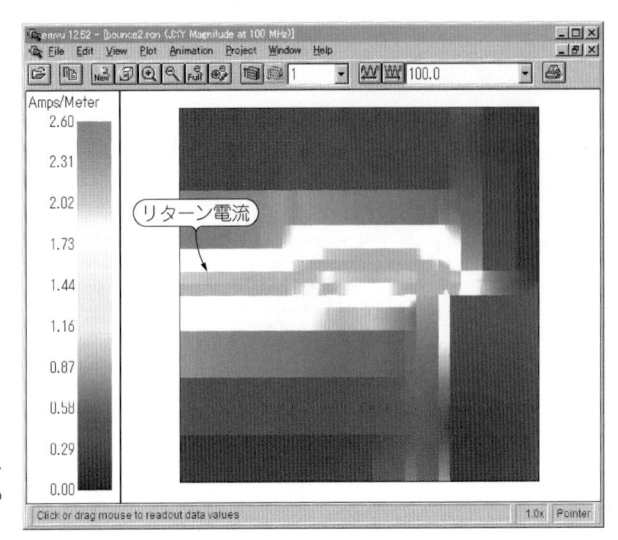

図3-13 グラウンドのリターン電流(bounce2.son，巻頭のカラー口絵ⅲ頁も参照)

　するとこんどは，図3-12に示すようにS_{21}が0.027になりましたが，この増えた電圧分はグラウンド・バウンスによるものです．

　このシミュレーションでは入力に1Vを加えているので，1.4%に当たる0.014Vがグラウンド・バウンスによる電圧であるといえます．

　図3-13は，グラウンド層の表面抵抗を$1\,\Omega/\mathrm{mm}^2$と設定したときのリターン電流です(ファイルは，bounce2.son)．

　配線の直下には，鏡に映ったようなリターン電流が表示されていますが，グラウンド・バウンス検出用の短い配線の直下付近にもリターン電流が認められます．

3-6　特性インピーダンスのさまざまな定義

● 導波管の特性インピーダンスとは

　マイクロストリップ線路(MSL)の伝送は，厳密には準TEMモード(第1章を参照)なのですが，これをTEMモードと仮定すれば，線路電流は，ストリップ導体の表面を一周分積算することで，磁界の周回積分に相当する操作によって得られます．

　また電圧は「点Bと点Aの電位差」を求めるつぎの式で得られますが，電磁界シミュレータを用いて，線路とグラウンド間にある電界ブロックの値を「積算」するという操作は，つぎの式の「積分」に相当します．

$$V_{BA} = -\int_A^B E \cdot ds$$

しかし，この方法をそのまま導波管に適用しようとすれば，電界を積算する際の積分路をどこに選ぶべきか？と困ってしまいます．

電界を積算する際の積分路は中央でよさそうですが，さまざまなモードの電界分布を考えると，常に中央位置でよいのか迷います．

このように導波管では電圧の定義が困難なので，図3-14に示すように，特性インピーダンスは電磁波の進行方向に垂直な面内の電界と磁界の比で定義し，これを波動インピーダンス（あるいは特性界インピーダンス）とも呼びます．

方形導波管のTE_{10}モード（第6章を参照）の特性インピーダンスはつぎの式で求められますが，式に波長λがあることから，TEMモードとは異なり，周波数依存性があります．

$$Z_0 = \frac{120\pi}{\sqrt{1-\left(\frac{\lambda}{2a}\right)^2}}$$

ここでaは長辺寸法，λは波長を表す．

中空の導波管ではTEモード，TMモードの特性インピーダンスη_{TE}，η_{TM}は，それぞれつぎの式で表されます．

$$\eta_{TE} = \frac{120\pi}{\sqrt{1-\left(\frac{f_c}{f}\right)^2}}$$

$$\eta_{TM} = 120\pi\sqrt{1-\left(\frac{f_c}{f}\right)^2}$$

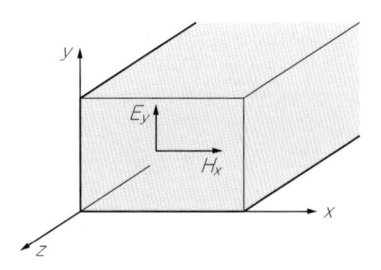

図3-14 導波管内の電界と磁界の比で特性インピーダンスを定義

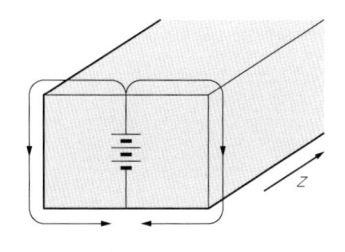

図3-15 導波管に直流電圧を加える？

3-6 特性インピーダンスのさまざまな定義

ここで f_c はカットオフ周波数で，電磁波が伝搬可能な条件は $f > f_c$ なので，η_{TE} は $120\pi \, (= 377) \, \Omega$ よりも大きくなります．

● 導波管のどこに電圧をかけるのか？

平行2線路やMSLなど，2導体系の伝送路に電池をつなげば，負荷に直流電圧がかかります．

一方，導波管は図3-15のようにつないでも断面に沿って強い電流が流れるだけで，z方向に電流は流れません．このように考えると，導波管でカットオフ周波数より高い周波数の交流を伝送できるという発見が，ようやく1936年に実験で確かめられたというのもうなずけます[3-3]．

● ヘビサイドの巧みな方法

ヘビサイド（1850～1925年）は，マクスウェルの電磁方程式を今日のシンプルな表現に整理したイギリスの電気技師です．線路の周りにできる電界と磁界による電磁現象を，電圧と電流で計算できるようにした「電信方程式」の発明者としても有名です．

レッヘル線のようにTEM波が伝わる線路は，ヘビサイドのアイデアによれば，図3-16のような分布定数回路で表現されます．

図3-17は，z方向へ無限に延びている断面積一定の2本の平行導線です．

図3-17の線路に沿って分布している直列インピーダンスが単位長当たり Z で，並列アドミタンスが単位長当たり Y としたとき，線路を流れる電流 $I(z)$，線間の電圧 $V(z)$ と，微小区間 dz の変化に対する電流，電圧の変化 $dI(z)$，$dV(z)$ から，微小

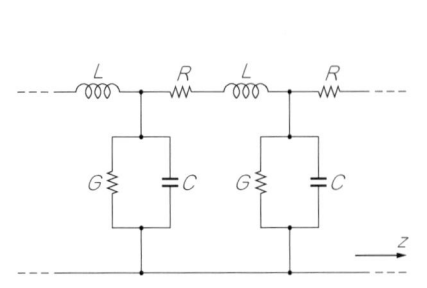

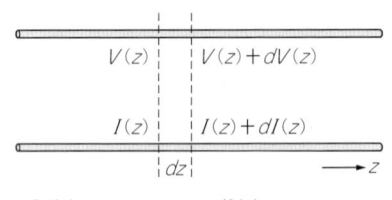

$$\frac{dV(z)}{dz} = -ZI(z) \qquad \frac{dI(z)}{dz} = -YV(z)$$

伝送線路の電圧・電流の満足する微分方程式
ヘビサイドの電信方程式（lineman's equation）

図3-16 分布定数回路で表現したTEM波が伝わる線路．

図3-17 z方向へ無限に延びている断面積一定の2本の平行導線モデル

区間dzにオームの法則を適用します[3-4].

この手順は，ヘビサイドのアイデアをたどっていることになりますが，交流の時間変化を$e^{j\omega t}$とすれば，この線路のインピーダンスとアドミタンスは，つぎの式で表されます．

$$Z = R + j\omega L$$
$$Y = G + j\omega C$$

ここで，R，L，G，Cは，それぞれ単位長当たりのレジスタンス（抵抗），インダクタンス，コンダクタンス，キャパシタンスで，ωは角周波数．

電圧によって空間にできる電界と，電流の周りにできる磁界が，電磁波となって電磁エネルギーを伝える機構が「伝送線路」です．伝送線路問題は，ヘビサイドのおかげで，シンプルな回路問題として理解できるようになりました．

イギリスの物理学者トムソン（ケルビン卿）は，絶対温度の単位であるK（ケルビン）にその名を残していますが，同じころ大西洋横断の海底ケーブルの伝搬モデルも考案しています．しかし周波数がわずか数Hzの電信を扱っていたため，図3-16のような分布定数回路よりはシンプルなモデルだったようです．

TEM波伝送路では図3-16のような分布定数回路表現により，線間の電圧Vと線路を流れる電流Iから，特性インピーダンスはつぎの式で表されます．

$$Z_0 = \sqrt{\frac{R + j\omega L}{G + j\omega C}}$$

ここでR，L，G，Cは単位長さ（1 m）当たりの値を示しており，これらは図で空間に分離されているように表現されていますが，実際には線路に沿って広く分布していると考えます．

線路に損失がない場合はRとGをゼロとして，上式はつぎのようになります．

$$Z_0 = \sqrt{\frac{j\omega L}{j\omega C}} = \sqrt{\frac{L}{C}}$$

● 重要な整合の条件とは

図3-18に示すように，内部抵抗R_iを持つ電源から負荷R_Lへ供給される電力Pを考えると，つぎの式のようになります．

$$P = \left(\frac{V}{R_i + R_L}\right)^2 R_L$$

ここで$R_i = R_L$のときにPが最大となり，R_iを線路の特性インピーダンスとすれば，同じ値の負荷抵抗のときに，電源と負荷が「整合」しているといいます．

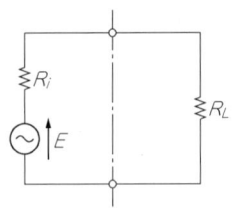

図3-18 電源と負荷の「整合」
$R_i = R_L$ のときに P が最大となる.

● 高周波ではなぜ50Ωなのか？

図3-19は，同軸線路内の電界ベクトルと磁界ベクトルのシミュレーション結果ですが，ある観測点における電界 E と磁界 H の比 $|E|/|H|$ は Z_0 を表します．

また，内導体径 a，外導体径 b の無損失導体の中空パイプ状のものを考えると，単位長さ当たりの C と L はつぎの式で求められます[3-3)]．

$$C_0 = \frac{2\pi\varepsilon_0}{\ln\left(\frac{b}{a}\right)}$$

$$L_0 = \frac{\mu_0}{2\pi}\ln\left(\frac{b}{a}\right)$$

線路に損失がない場合，特性インピーダンスはつぎのようになりました．

$$Z_0 = \sqrt{\frac{j\omega L}{j\omega C}} = \sqrt{\frac{L}{C}}$$

そこで，この式に両式を代入して得られる Z_0 は，つぎのようになります．

$$Z_0 = \frac{1}{2\pi}\sqrt{\frac{\mu_0}{\varepsilon_0}}\ln\left(\frac{b}{a}\right)$$

同軸線路では，伝送損失を最小にする特性インピーダンスがあることが知られています．それによれば，中空の場合は約75Ωで，内部に比誘電率3程度の誘電体が詰められているときには50Ωになるので，これが高周波で50Ωの同軸線路が使われている理由のようです[3-5)]．

Z_0 が50Ωになるためには，b/a の値が2.3になります．

● マイクロストリップ線路（MSL）の特性インピーダンス

MSLは，図3-20のように配線とグラウンド・プレーンの間に分布容量が加わり，伝送線路の等価回路に近くなりますから，L と C の比の平方根で特性インピーダンスが決まります．

(a) (b)

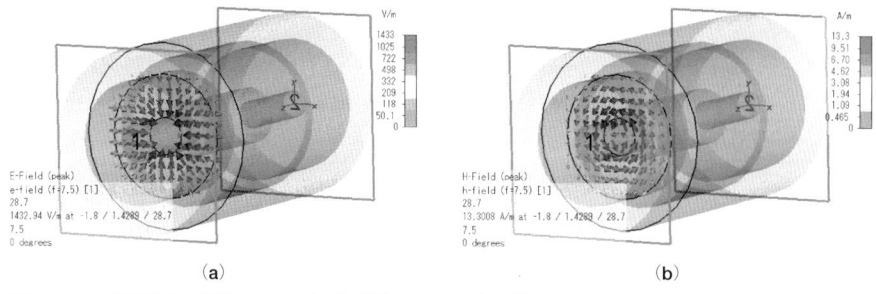

図3-19 同軸線路内の電界ベクトル(a)と磁界ベクトル(b)の様子

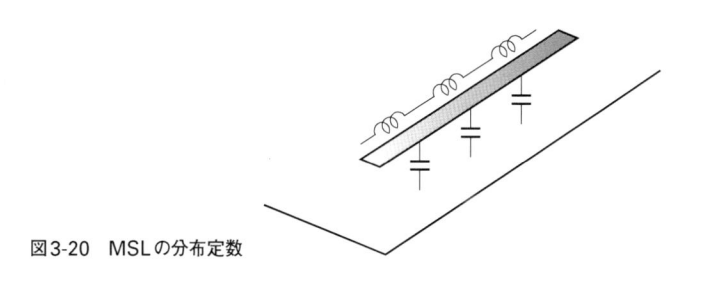

図3-20 MSLの分布定数

従って，これを調整することで，負荷となるデバイスの入力インピーダンスと整合をとることができるというわけです．

マイクロストリップ構造の特性インピーダンスは，電磁界シミュレータでも出力されますが，伝送線路の教科書には，例えばつぎのような近似式が載っています[3-6]．

$$Z_0 = 30 \ln \left[1 + \frac{4h}{W_0} \left\{ \frac{8h}{W_0} + \sqrt{\left(\frac{8h}{W_0}\right)^2 + \pi^2} \right\} \right]$$

h：誘電体厚，W_0：線幅（線厚ゼロの等価幅）

これは一例で，別の近似式も見かけます．いずれにしても，誘電体厚と線幅を変えると線路周りの電界と磁界の分布が変わるので，それらの比である特性インピーダンスも変わることがわかります．

マイクロストリップ線路は，平行2線路とは異なり，自由空間の電磁界と誘電体内の電磁界が一定の割合で伝わりますから，厳密にはTEM波ではありません．そこで，これらの物理現象を含んだ特性インピーダンスの理論式（近似式）は，かなり複雑な形になります．

ここで「電磁界の気持ち」になれば，空間は光速で，また誘電体内は遅れて進みますから，信号の周波数によっては波長に比べて線路が長くなり，伝送の途中で特

異な現象を起こしてしまうこともあり得ます．

　直流や動作周波数が低い電気回路は製作が楽ですが，マイクロ波回路は自作が難しいので，チャレンジすると高周波の勉強になります．アマチュア無線（ハム）のバンドにも 1.2 GHz や 2.4 GHz 以上があり，アンテナも手に乗るくらいの寸法なので，これらを自作することで，高周波の世界が実感できるでしょう．

第 3 章のまとめ

(1) 技術者は"数値"で評価しよう！
(2) S パラメータの位相角で遅延が計算できる．
(3) S パラメータの位相角が，許容できる最大値を超えるようならば，その線路長を短くする必要がある．
(4) S パラメータの大きさを調べ，許容できるクロストーク値を超えるようならば，それらの線路を離す必要がある．
(5) 線路の特性インピーダンスは，電磁エネルギーをしっかり負荷側へ伝える上で重要である．

参考文献

3-1) 岩﨑 俊；『電磁波計測—ネットワークアナライザとアンテナ—』，コロナ社，2007．
3-2) 市川古都美，市川裕一；『高周波回路設計のための S パラメータ詳解』，CQ 出版社，2008．
3-3) 内藤喜之；『情報伝送入門』，昭晃堂，2002（初版 18 刷）．
3-4) 小暮裕明・小暮芳江；『すぐに役立つ電磁気学の基本』，誠文堂新光社，2008．
3-5) 後藤尚久；『図説・アンテナ』，社団法人電子情報通信学会，1995．
3-6) 小西良弘；『マイクロ波回路の基礎とその応用』，総合電子出版社，2000．

Appendix 3

第3章のポイントを
シミュレーションで確かめよう！

　まずはじめに，本文で述べた不連続線路モデルで，ディエンベディングの手法を試してみます．

● **不連続線路のモデリング**

　図3-21は，本文で説明しているように，途中で線幅が変化する不連続線路のモデルです．

　基板寸法は，**図3-22**に示すように6.4 mm×6.4 mmで，セル寸法は，x, yとも0.2 mmです．

　右下のSymmetryをチェックしているので，基板の中央に点線で水平線が現れます．これは対称図形の場合に使える機能で，この線に沿って垂直に仮想的な壁（磁気壁ともいう）が立ち上がっています．上半分の図形について計算するので，シミュレーションで使うメモリを半分に節約できます．

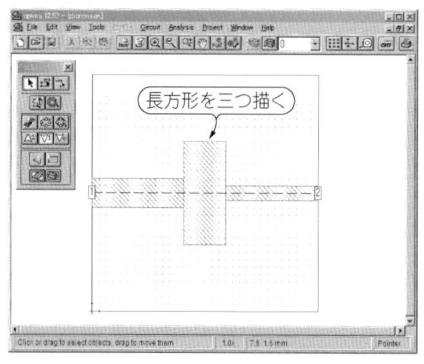

図3-21　3つの長方形で不連続線路を描く（discon.son）

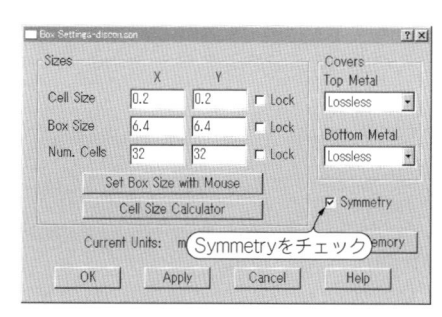

図3-22　Boxの詳しい設定値

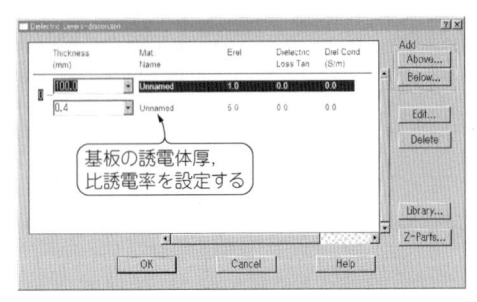

図3-23 誘電体厚と比誘電率の値を設定する 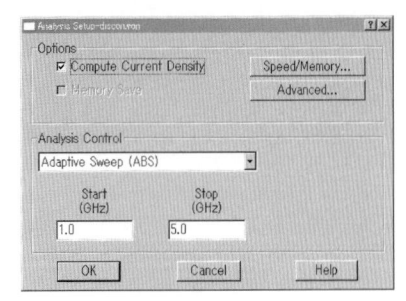　　図3-24　周波数範囲を設定する

次に，図3-23に示すように，基板の誘電体厚を0.4 mm，比誘電率を5.0に設定します．線路を描いた層(Level 0)より上は，100 mm厚の空気層(比誘電率=1.0)です．基板厚の数十倍以上が推奨値ですが，ここではBoxのTopを十分離れた100 mmに置いています．

● ディエンベディング前のシミュレーション結果

「Analysis」→「Setup...」で表示されるダイアログ・ボックス(図3-24)で，例えば1 GHzから5 GHzの範囲を入力します．Analysis Controlは，デフォルトのAdaptive Sweep(ABS)のままで，左上のCompute Current Densityをチェックして，配線の表面電流をグラフィックス表示できるようにします．

「Project」→「Analyze」でシミュレーションを開始して，しばらくするとシミュレーションは終了します．同じ画面で「Project」→「View Response」→「Add to Graph」をクリックすると，グラフが表示されます．

これはS_{11}(反射係数)だけなので，グラフの左上枠のDB[S11]をダブルクリックして表示されるダイアログ・ボックスで，DB[S21]を右側のSelectedに移してOKボタンを押すと，図3-25のようにS_{21}(ポート2への伝達係数)も表示されます．

S_{11}のグラフは，周波数が高くなるにつれて0 dBに近づいていますから，ポート1に戻ってくる信号が大きくなることを示しています．

● 表面電流の分布

「Project」→「View Current」を選ぶかView Currentボタンを押すと，図3-26のような表示が現れます．

左端に表示されているカラー・バーが示すように，赤い部分の電流が強く，青い部分は電流が弱い領域です．エッジの偏りもよくわかりますが，かなり粗いセルを

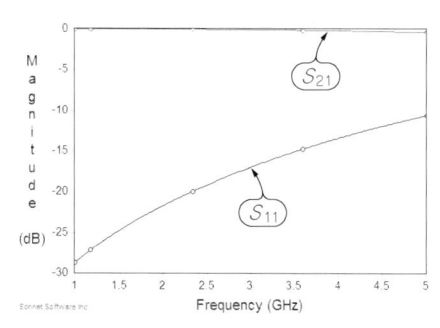

図3-25　Sパラメータを表示する

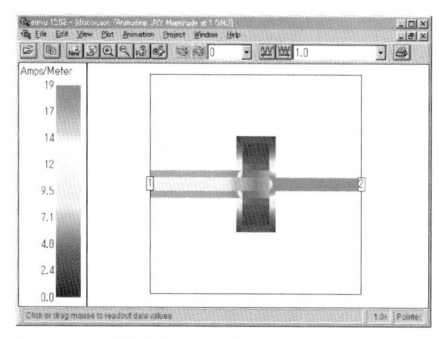

図3-26　表面電流の分布を表示する

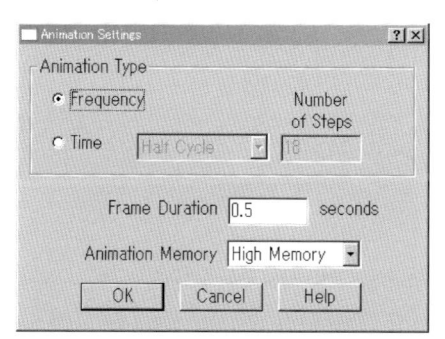

図3-27　アニメーション・タイプを設定する
周波数変化を選ぶ．

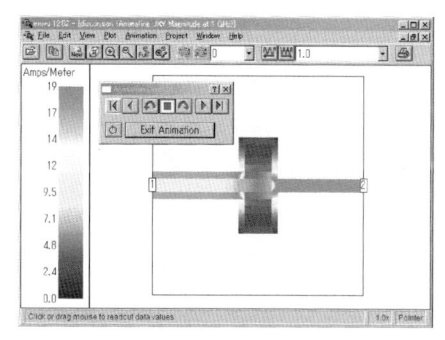

図3-28　Animate Controlsの小さなダイアログ・ボックスが表示される

使っているために，出力側の線路は赤くなっています．セルをもっと細かくすれば，解析の精度もさらによくなりますが，ここではこのまま進みます．

● アニメーション表示

　複数の周波数での結果が得られた場合は，周波数の変化に対するアニメーションが見られます．

　AnimationプルダウンからSettings...をクリックすると，**図3-27**のようなアニメーション・タイプを選ぶダイアログ・ボックスが表示されますが，ここで周波数を変化させるか，時間変化させるかを選択します．

　AnimationプルダウンからAnimate Viewをクリックすると，**図3-28**のようなAnimate Controlsの小さなダイアログ・ボックスが表示されます．

　ここでは周波数を選んだので，1 GHzから5 GHzまで，シミュレーションした途

Appendix 3　第3章のポイントをシミュレーションで確かめよう！　　081

中の周波数も表示されます．

また，図3-27でTimeにチェックを入れると，一つの周波数で，サイン波（正弦波）の0～360度の変化をアニメーション表示します．

● サブセクションの表示

メモリ節約のために粗いセルを設定しており，表面電流の分布が大まかに表示されています．実際に計算で使われる最小領域は，セルをいくつかまとめたサブセクションと呼ばれる領域が対象となり，そのでき方を見るためには，Viewプルダウンの Subsections をクリックします．

図3-29にサブセクションの様子を示しますが，線路の中側にあたる領域は，電流が弱いことがわかります．Sonnetでは，このサブセクションは自動的に設定されます．

● ディエンベディングを指定したシミュレーション

図3-30に示す矢印は，ディエンベディングを設定した後で表示されますが，それぞれの先端に参照面が移されます．

ポート1と2から伸びる矢印部分は，Sパラメータを計算する過程で取り除かれ，グラフ表示されるSパラメータは，矢印の先端から見込んだときの値になります．

これは本文で説明したとおり，ネットワーク・アナライザのキャリブレーションで，被測定回路（DUT：Device Under Test）を見込んだ値を得ることと同じです．

それでは，ここで参照面を設定してみましょう．

「Circuit」→「Ref. Planes/Cal. Length...」を選ぶと，図3-31のダイアログ・ボッ

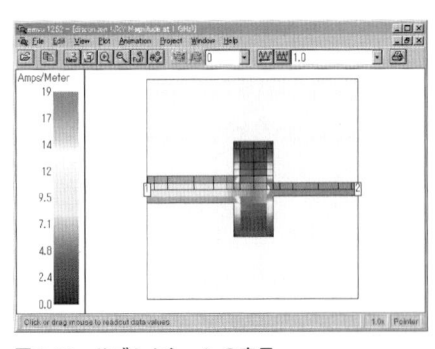

図3-29　サブセクションの表示
Sonnetで実際に離散化される単位．

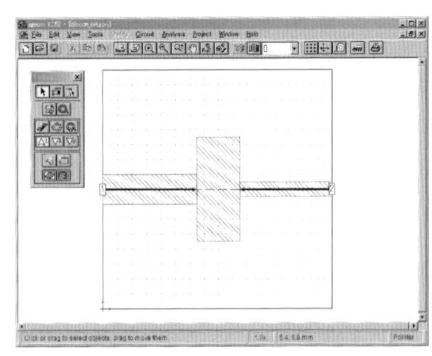

図3-30　ディエンベディングの参照面を設定する
(discon_ref.son)
左右の矢印の先端に参照面が移る．

クスが表示されます.

中段のFixedをチェックして，マウスのアイコンをクリックすると，カーソルが+マークに変わります．そこで，参照面を設定したい線路上でクリックすると，ポートからの距離が測定されて，OKボタンを押すと，参照面が確定されます．

● Sパラメータの結果を比較する

ディエンベディングの参照面設定なしの場合と同様にシミュレーションすると，図3-32のようなS_{11}のグラフが表示されますが，ここで「File」→「Add File(s)...」で，先にシミュレーションしたdiscon.sonを指定して，その結果を追加すると，図3-32のようにグラフ上で両者を比較できます．

● MSLの直角曲がり部の問題

つぎに，MSLの直角曲がり部の問題をシミュレーションしてみます．

図3-33は，本文で説明したMSLを直角に曲げたモデルですが，配線を2本だけ描いています．第2章のシミュレーション課題でモデリングしたmsl_Lbend.sonを別名で保存(Save As...)して，もう一本線路を追加してみましょう．

追加する配線は，Toolbox右下のアイコンをクリックするか，「Tools」→「Add Metalization」→「Ractangle」で，横(Width)と縦(Hight)の寸法を入力します．2本の線間は，線幅と同じ0.3 mmに設定しています．

図3-34にクロストークを示しますが，8 GHz付近からフォワード・クロストークがバックワード・クロストークよりも深刻になることがわかりました．

S_{31}はポート1に電圧1 Vの信号を加えたときのポート3の電圧を表すので，図3-

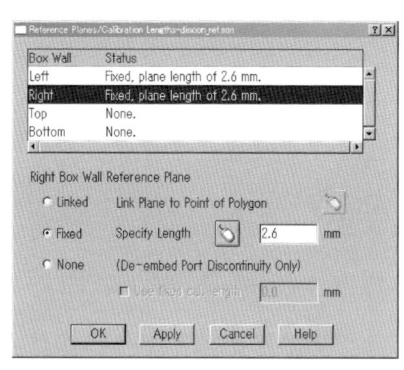

図3-31 ディエンベディングの参照面を設定する
Fixedをチェックし，マウスのアイコンをクリックする．

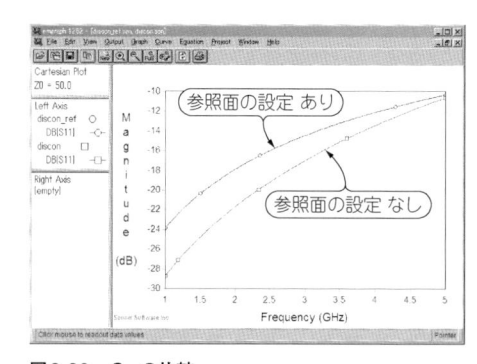

図3-32 S_{11}の比較
ディエンベディングの参照面ありはやや反射係数が大きい．

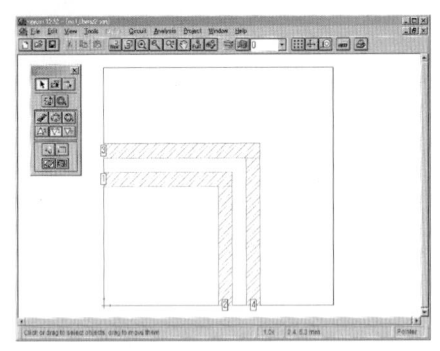

図3-33　直角曲がり部を持つ2本のMSL
(msl_Lbend2.son)

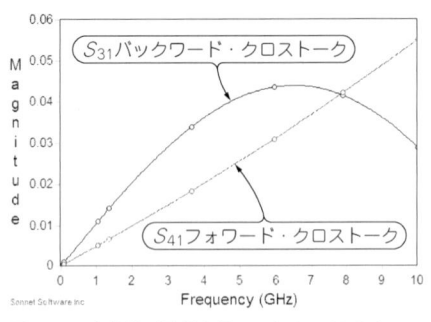

図3-34　直角曲がり部を持つ2本のMSLのクロストーク

34のグラフを直読した数字が1V入力のときのクロストーク電圧値になります。
　クロストークは線路間の近接効果*3-2が原因ですが，図3-33の配線をさらに接近させて，クロストーク量の変化を確認してください．

● クロストークを低減するMSL構造

　MSLの電界ベクトルは，図3-35のように配線とその直下のグラウンド導体の間に分布しますが，近くに別の線路があれば，電界ベクトルの一部はそちらへも向かいます．
　この電界が多くなればクロストーク量も増えるので，低減策として図3-36に示すようなviaを線間に立ち上げるというアイデアがあります．
　各線路からの電界は，立ち上がったviaによる壁面に垂直に引き寄せられ，隣の線路へは至らないという効果を狙っています．
　Sonnetでviaを描く手順は，まずCtrlキーを押したままDをキー・インしてGNDレベルに移動してから，基板に垂直に立ち上げるviaの台座となる金属矩形を，配線と同じ要領で描きます．
　つぎに図3-37に示すUp One Levelボタンをクリックしてから，その上のEdge Viaボタンをクリックして，viaの台座の長手の縁をクリックします（図3-36ではクリックした片側の縁だけ見えるが，実際には1セル分の厚さで立ち上がっている．またviaの金属タイプは台座の金属に設定した材料値が使われる）．

---

*3-2　導体の電流密度分布は，複数の導体が接近している場合，それぞれの導体を流れる電流の大きさや方向，周波数によって影響されるが，これを近接効果(proximity effect)という．

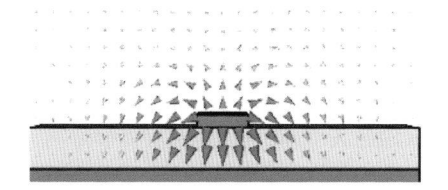

図3-35 MSLの電界ベクトル
進行方向に垂直な断面に沿っている．

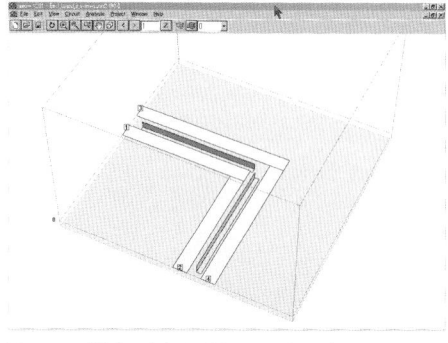

図3-36 線間に立ち上げたviaによる壁
(`msl_Lbend_2_sidevia.son`)

図3-37 Edge Viaボタン

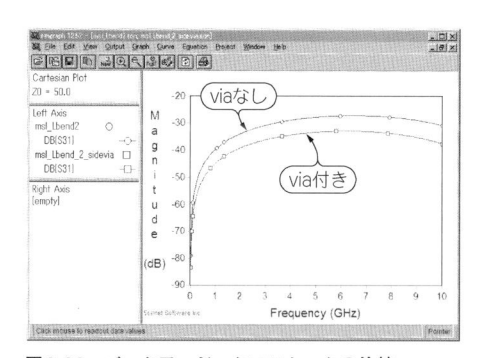

図3-38 バックワード・クロストークの比較
via付き（`msl_Lbend_2_sidevia2.son`）とvia無し（`msl_Lbend2.son`）．

図3-38はバックワード・クロストークを意味するS_{31}の比較で，via付きの配線は最大約7dB低減できています．

周波数によっては，柱状のviaを等間隔に配置して一定の効果が得られるので，viaのバリエーションによる効果の違いを試してください．

● 配線が3本以上のクロストークをシミュレーションする方法

Sonnet Liteは，設定できるポートの数に四つまでという制約があります．数本先の線路への電磁結合を知りたいときには，図3-39に示すように，クロストーク量を知りたい線だけポートを設定して，残りは50Ωの金属で終端するれば何本でもOKです．

図3-40は「Circuit」→「Metal Types...」で表示されるダイアログ・ボックスで，

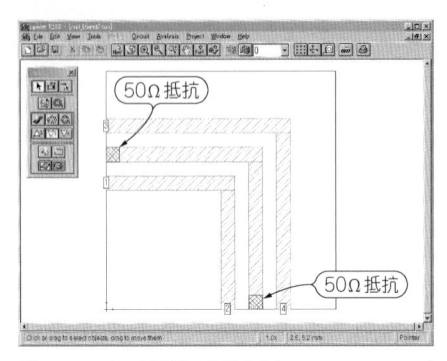

図3-39　50Ωの抵抗で終端する（msl_Lbend3-son）

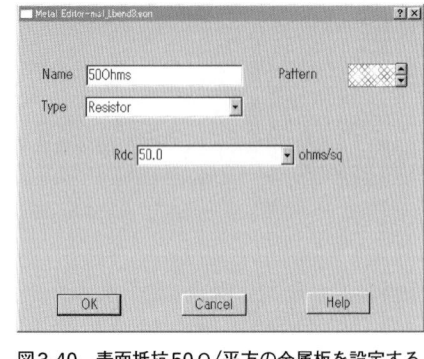

図3-40　表面抵抗50Ω/平方の金属板を設定する

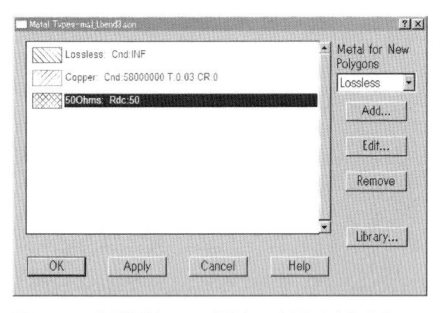

図3-41　表面抵抗50Ω/平方の金属が追加される

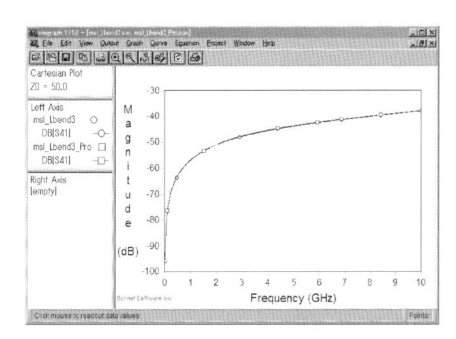

図3-42　製品版でシミュレーションした結果と，金属板で終端したモデルの結果を重ねたS_{41}のグラフ

　TypeをRsistorにしてR_{dc}の値を50Ωに設定します．

　この単位はオーム/平方ですから，金属の表面抵抗値が50Ωということになります．

　OKボタンを押すと，図3-41のように，新たな金属が追加されますから，図3-39の終端抵抗は，正方形の金属を描いてから，Metal Typeをこの表面抵抗値が50Ωの金属に変更しています．

　ここで注意が必要なのは，正方形の金属であれば設定した50Ωの抵抗が作れますが，長方形の金属では値が異なるということです．

　例えば，線路の進行方向へ2倍長い抵抗を描けば，50Ωの抵抗が二つ直列につながったことになり，値は100Ωになっています．

　図3-42は，製品版のSonnet Professionalでシミュレーションした結果と，金属板で終端したモデルの結果を重ねたS_{41}のグラフですが，両者はほとんど重なっています．この方法を使えば，本文のディジタル線路のクロストークを得ることができます．

[改訂]電磁界シミュレータで学ぶ高周波の世界

第4章

高周波回路はどこが違うのか

❖

電磁界シミュレータの機能によりSPICEのサブサーキットを自動生成し，すべての結合を含むSPICEモデルを作成し，SPICEシミュレーションを行う．これにより分布定数回路を含めた回路の解析を行う．分布定数回路のLやCの物理的意味も考察する．また，表面電流分布や電磁界分布，放射パターンをビジュアルに紹介する．

❖

第3章では，高周波回路を"数値"で評価するために，特性インピーダンスやSパラメータがどのような役に立つのかについて学びました．普及しているSPICEなどの回路シミュレータも数値で評価する上で有用なので，使い慣れたSPICEと電磁界シミュレータを併用すれば，理解がより深まることでしょう．

電磁界シミュレータにはSPICEのサブサーキットを自動生成するという便利な機能が付くようになりました．本章では，分布定数回路の考え方で高周波回路を理解しながら，具体的な例をもとに，SPICEの活用法も学びます．

4-1　基板の配線は分布定数回路

● SPICEで回路のシミュレーションをする

PSpiceが付属した書籍[4-1]が出版されるなど(写真4-1)，SPICEが普及しています．SPICEは，高周波回路を分布定数回路として扱うことで，キルヒホッフの法則[*4-1]をコンピュータで解くので，回路を抵抗，コンデンサやコイルなどの集中定数で表す必要があります(第3章を参照)．

[*4-1] キルヒホッフの法則は，回路のノード(節点)に流れ込む電流の総和と閉路の電圧の総和に関する法則．

写真4-1 『電子回路シミュレータPSpice入門編』，
CQ出版社刊
参考文献4-1)．

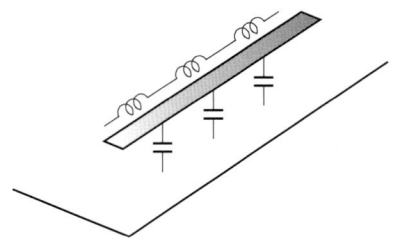

図4-1 分布定数回路として表されるマイクロストリップ線路

　また，同じ回路部分を何度も使うときには，サブサーキットという一つのユニットとして名前を付けておくことができます[4-2]．
　基板上の伝送線路部分は，**図4-1**に示すように分布定数回路として考えられますから，複雑な線路をサブサーキットとして表して，他の回路素子とつないでいくことができれば便利です．
　動作周波数が低いアナログ回路は，SPICEのシンプルな「集中定数モデル」でも，良い答えが得られます．しかし，周波数が高くなると，抵抗器は抵抗ではなくなり，インダクタンスとキャパシタンスとして振る舞います．また，基板のグラウンド層や電源層，回路を構成している各要素間の電磁結合は複雑になります．

● プリント基板上の回路は伝送線路として扱う
　基板上の配線は，先に述べた分布定数回路として考えられ，伝送線路として扱わなければなりません．伝送線路は遅延を生じ，適切に終端されていないと信号のバ

ウンス(跳ね返り)も起こり得ます．また伝送線路間には電磁的な結合も起こります．

　伝送線路はさらに複雑なネットワークのようになり，アンテナの働きをする部分から放射が起こり，問題はさらに難しくなっていきます．数十MHz以上のクロック周波数では，ディジタル回路でも同様の結合や放射の問題が起こります．

　このように，結線が合っていても誤動作するという事故も発生しており，SPICEで用意されているシンプルな集中定数モデルでは，問題箇所が発見できないというケースも数多く出てきます．

4-2　マイクロ波回路の設計

● マイクロ波回路の設計ノウハウを活用

　マイクロ波回路の設計者は，通信やレーダのような業務で，数百MHzから数十GHzの集積度の高い回路を設計してきました．試行錯誤的な方法で，よりよいSPICEモデルをつくって問題を解決してきましたが，非常に時間とコストがかかります．

　そこでマイクロ波回路設計者は，早い時期から電磁界シミュレータを用いています．今や多くの企業では，マイクロ波回路を実際につくる前に電磁界シミュレータで解析し，ものをつくる前に問題箇所の見当をつけています．

　また回路の構成要素や伝送線路をより近づけて，何度も解析を繰り返すことで，回路全体をより小さく設計できます．電磁界シミュレーションの結果，問題となる個所が見つかれば，設計者はそれがつくられる前に直せるというわけです．

　これからの回路設計は，現在マイクロ波回路の設計者が電磁界シミュレータをどのように活用しているかを学び，そのノウハウを会得してしまえば，近い将来必ず役に立つということが容易に想像できるでしょう．

4-3　再び直角曲がり線路

● SPICEモデルの生成

　ここで，第3章で解説した4本の直角曲がり部がある線路のモデルを再びシミュレーションします．

　図4-2はこの線路のSonnetモデルで，8個のポートを設け，入力ポートには1から4の数字が振ってあります．出力ポートは5から8です．

　ポートの数がSonnet Liteの制約である4ポートを超えるので，第3章の課題で説明した50Ωの金属抵抗で終端する必要がありますが，ここでは製品版を使ってシ

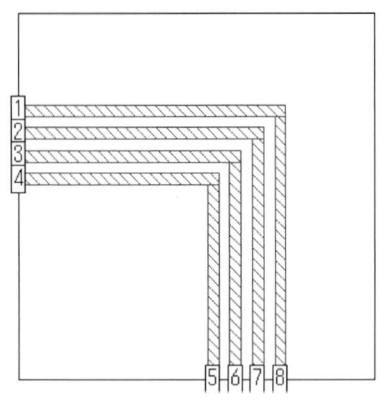

図4-2　4本の直角曲がり線路

リスト4-1　4本の直角曲がり線路のPSpiceサブサーキット

```
* Spice Data
* Limits: C>0.01pF L<100.0nH R<1000.0Ohms K>0.01
*    Analysis frequencies: 100.0, 110.0 MHz
.subckt bend4a_0 1 2 3 4 5 6 7 8 GND
C_C1  1 GND 1.571353pf
C_C2  1 2 0.102519pf
C_C3  1 7 0.049192pf
C_C4  2 GND 1.30278pf
C_C5  2 3 0.092879pf
C_C6  2 6 0.044453pf
C_C7  2 8 0.049192pf
C_C8  3 GND 1.178695pf
C_C9  3 4 0.084424pf
C_C10 3 5 0.039983pf
C_C11 3 7 0.044456pf
C_C12 4 GND 1.151346pf
C_C13 4 6 0.03998pf
C_C14 5 GND 1.151345pf
C_C15 5 6 0.084422pf
C_C16 6 GND 1.178719pf
C_C17 6 7 0.092878pf
C_C18 7 GND 1.302779pf
C_C19 7 8 0.102519pf
C_C20 8 GND 1.571352pf
L_L1 1 8 20.18877nh
L_L2 2 7 18.46781nh
L_L3 3 6 16.73613nh
L_L4 4 5 14.99663nh
Kn_K1 L_L1 L_L2 0.157053
Kn_K2 L_L1 L_L3 0.04465
Kn_K3 L_L1 L_L4 0.018848
Kn_K4 L_L2 L_L3 0.156923
Kn_K5 L_L2 L_L4 0.044569
Kn_K6 L_L3 L_L4 0.156418
.ends bend4a_0
```

ミュレーションします．

　セル寸法は，この例ではx（横）方向1.0 mm，y（縦）方向1.0 mmですが，等間隔でとる必要はありません．誘電体は厚み1.0 mm，比誘電率4.0で，その下の層はベタのグラウンド導体板です．誘電正接（tan δ）などのパラメータも設定できますが，ここではとりあえず無損失でシミュレーションしています．

　SPICEモデルを得るには二つの周波数での解析（ここでは100 MHzと110 MHz）が必要です．出力ファイル名を設定するには，「Analysis」→「Output Files...」で表示されるダイアログ・ボックスで，PI Model...ボタンを押します．

　リスト4-1は，この回路の100 MHzから110 MHzで使えるSPICEのサブサーキットで，PSpiceフォーマットで出力した結果です．

　図4-2のようにシンプルな構造の回路でも，線路間の結合をすべて含んだSPICEモデルを手作りするのは容易ではありません．しかし，最も高いシミュレーション周波数の波長に比べて小さな（1/10程度が限度）サイズの回路という条件は必要ですが，SonnetはSPICEモデルを自動的に抽出できます（製品版には，より汎用的な

Broadband Spice Extractorの機能がある).

　この手法は，Sonnet社の社長，James C. Rautio博士によって考案され，いち早くSonnetに組み込まれました．その後文献4-3)に発表されて以来，多くの商用の電磁界解析ソフトに，この機能が追加されてきました．

● SPICEでの解析

　リスト4-1は，PSpiceのサブサーキット表現になっており，ノード番号は図4-2のポート番号と同じで，グラウンドはノード0です．

　例えばC_C1はポート1とグラウンド間のキャパシタンスで，1.57 pFあります．L_L1はポート1からポート8へのインダクタンスで，20.19 nH，またKn_K1は，L_L1とL_L2の相互インダクタンス[*4-2]を結合係数[*4-3]で表しています．

　このSPICEモデルと図4-2を見比べると，より長い線路導体はインダクタンスがより大きく，また線間のキャパシタンスも大きいことがわかります．

　C_C2は，ポート1と2ポート間のキャパシタンスですが，0.1 pFとキャパシティブ結合が非常に小さいことを示しています．また，すべての相互インダクタンスも表示されており，インダクティブ結合は近接した線路導体で大きくなり得ることもわかります．

4-4　高速ディジタル回路の例

● 高速ディジタル回路のSPICEモデル

　図4-3は，第3章で解説したバイト反転回路です．

　回路には入力ポートが32個，出力ポートが32個，計64個のポートがあります．

　最初の8ビット(左上のポート1から8)は，まず回路上を進み，viaでつぎの層(Level 1)に下がります(図4-4)．

　他のすべての線路の下を通った後，最後の8ビットとして基板の右側に現れます．

　このモデルは，SPICEサブサーキットを得るために，10 MHzと15 MHzの2周波数が設定されています(Sonnet Liteの例題ファイルに収録されているが，ポート数の制約でLiteでは読み込めない)．

[*4-2] 一つのコイルのインダクタンスLは，コイルの電流変化によって発生する誘導起電力を表す誘導係数で，自己インダクタンスともいう．二つのコイルによる相互作用は，相互インダクタンスMで表す．

[*4-3] 結合係数kは，$k=\sqrt{L_1 L_2}$ で表される．

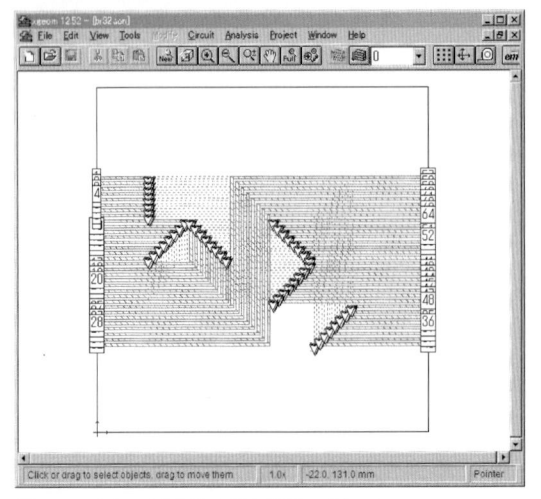

図4-3 バイト反転回路の最上部層のパターン

リスト4-2　バイト反転回路
SPICEサブサーキットの一部.

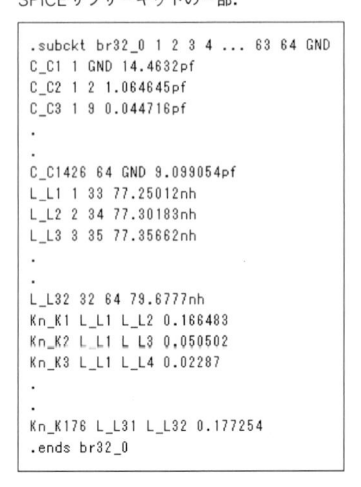

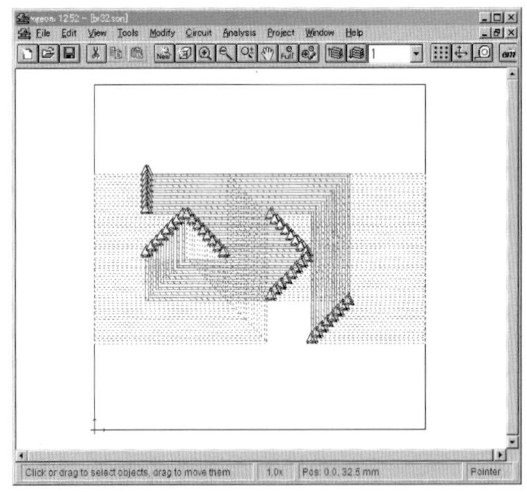

```
.subckt br32_0 1 2 3 4 ... 63 64 GND
C_C1 1 GND 14.4632pf
C_C2 1 2 1.064645pf
C_C3 1 9 0.044716pf
.
.
C_C1426 64 GND 9.099054pf
L_L1 1 33 77.25012nh
L_L2 2 34 77.30183nh
L_L3 3 35 77.35662nh
.
.
L_L32 32 64 79.6777nh
Kn_K1 L_L1 L_L2 0.166483
Kn_K2 L_L1 L_L3 0.050502
Kn_K3 L_L1 L_L4 0.02287
.
.
Kn_K176 L_L31 L_L32 0.177254
.ends br32_0
```

図4-4 バイト反転回路
最上部の次の層のパターン.

　リスト4-2は，このモデルをシミュレーションして得られた自動生成によるサブサーキットですが，素子の記述が1600行以上出力されるので，これらの素子一つ一つの物理的な意味をすべて調べるのは大変な作業です．

　ノード1から64は，図4-3や図4-4のポート番号に一致しているので，このサブ

サーキット・ファイルの相互インダクタンス(結合係数kで表現されている)を調べてみると,結合係数の大きい線路間から判断して,クロストークが大きい線路が分かります.

キャパシタンスは,0.04 pFのように極めて小さい値まで出力されていますが,「Output Files...」で,PI Model...ボタンを押して表示される画面で,`Cmin`の値をデフォルトの0.01 pFよりも大きくすると,無視できる程度のCは表示されなくなります.

● 2周波数解析のガイドライン

Sonnet Liteでは,普及しているOrCAD PSpiceでそのまま使えるフォーマットで出力するオプションも指定できます.先に述べたように2周波数でのシミュレーションが必要ですが,そのガイドラインを示します[4-4].

(1) 少なくとも10%離れた2周波数を選び,それらは求めようとしている最高周波数を超えない.
(2) セルの寸法が0.00001波長以下では,計算上の精度が問題になる.セル寸法(あるいはviaの高さ)が1 mmであれば,1 MHz以下は得策ではない.
(3) シミュレーションが終わったら"リアリティ(真実性)チェック"を行う.おかしな結果の場合は,上記のどれかが該当する可能性が高い.

● SPICEファイルの生成

送電線や平行2線路は,直列にL,並列にCが連続的に分布している分布定数回路と考えられます(第3章を参照).

波長に比べて短い線路は集中定数で表せますが,ここでは,一般の分布定数回路を集中定数素子の組み合わせで等価的に近似する方法を示して,SPICEモデルを生成する手順を調べます.

図4-5はSonnet Liteでモデリングしたマイクロストリップ線路で,viaでグラウンドへ短絡しています.誘電体厚0.25 mm,比誘電率4.9の基板を使い,配線路は,線幅1 mm,線路長5 mmの無損失金属に設定しています.

この分布定数回路を,例えば3 GHzで使用するときの集中定数による等価回路は,図4-6のようなLとCの並列回路で表現できるでしょう.

これは,配線路に流れる電流の周りにできる磁界と,配線の導体とグラウンド間に分布している電荷による電界,つまり磁気エネルギーと電気エネルギーの両方が混在していることからも,容易に推測されます.

図4-5 MSLとviaのモデル

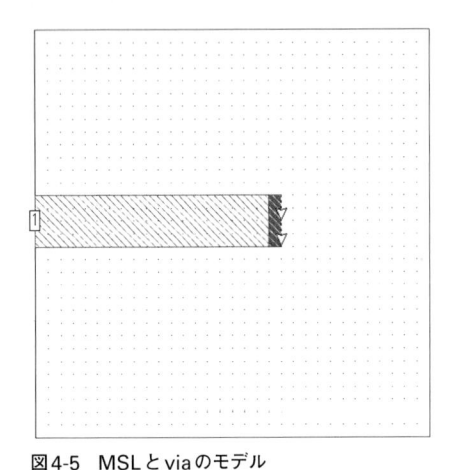

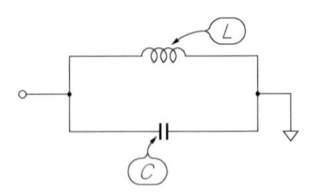

図4-6 MSLとviaのモデルの等価回路

まずこの回路のアドミッタンスYを求めます．

$$Y = j\omega C - \frac{j}{\omega L} = j\left(\omega C - \frac{1}{\omega L}\right)$$

ここで，$\omega(=2\pi f)$は角周波数

次にSonnet Liteで3 GHzにおけるSパラメータを得て，Yパラメータに変換した値を$Y_0 = g_0 + jb_0$とします（ここでは無損失モデルを使っているので，$Y_0 = jb_0$）．
また3 GHz近傍の等価回路なので，例えば10％程度離れた3.3 GHzで得た値を$Y_1 = jb_1$とすれば，上式から以下の式が得られます．

$$b_0 = \omega_0 C - \frac{1}{\omega_0 L}$$

$$b_1 = \omega_1 C - \frac{1}{\omega_1 L}$$

次に両式から，未知数LとCを解くと，つぎのようになります．

$$L = \frac{\frac{\omega_0}{\omega_1} - \frac{\omega_0}{\omega_1}}{b_0\omega_1 - b_1\omega_0}$$

$$C = \frac{b_0\omega_0 - b_1\omega_0}{\omega_0^2 - \omega_1^2}$$

以上から，わずかに離れた2周波数におけるアドミッタンスがわかれば，上式により，等価回路が得られることがわかります．

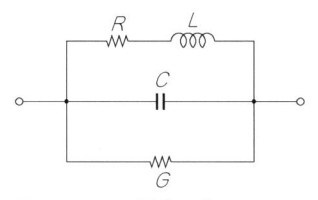

図4-7　RLCG回路モデル

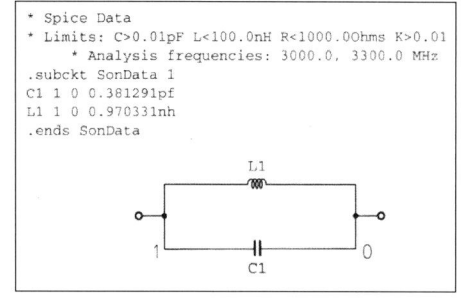

```
* Spice Data
* Limits: C>0.01pF L<100.0nH R<1000.0Ohms K>0.01
      * Analysis frequencies: 3000.0, 3300.0 MHz
.subckt SonData 1
C1 1 0 0.381291pf
L1 1 0 0.970331nh
.ends SonData
```

図4-8　生成された等価回路と各素子の定数

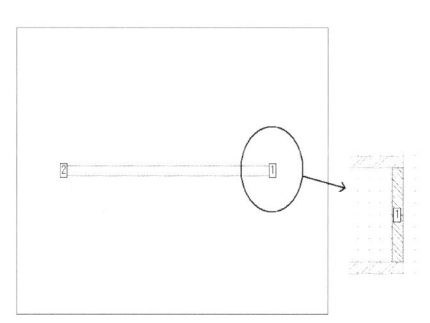

図4-9　Sonnet Liteでモデリングした平行2線路

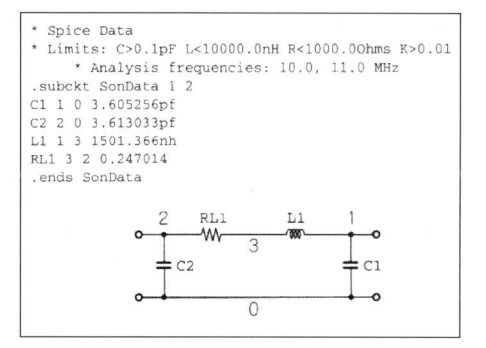

```
* Spice Data
* Limits: C>0.1pF L<10000.0nH R<1000.0Ohms K>0.01
      * Analysis frequencies: 10.0, 11.0 MHz
.subckt SonData 1 2
C1 1 0 3.605256pf
C2 2 0 3.613033pf
L1 1 3 1501.366nh
RL1 3 2 0.247014
.ends SonData
```

図4-10　生成された等価回路と各素子の定数

　ここでは説明を簡単にするために無損失のモデルで解きましたが，一般的には図4-7のような $RLCG$ 回路から同様に導いて，R と G も決まります[4-3)]。

　Sonnet LiteでSPICEのサブサーキットを自動的に生成する機能を使い，図4-8のような L と C の並列回路が得られ，3 GHz付近におけるそれぞれの値が求められました．

　図4-9は，空間にある平行2線路をSonnet Liteでモデリングしたもので，拡大図のような内部ポートを使っています．

　2本の銅線は，線幅5 mm，線路長1000 mmで，線間は50 mmに設定しています．また，各ポートから平行線に至る線は無損失に設定しています．

　このモデルで自動生成した10 MHz付近のSPICEのサブサーキットは図4-10のようになり，π型の等価回路（Add File (s)… で指定したPI Model）になっていることがわかります．

4-4　高速ディジタル回路の例

図4-11 4本の接近線路とその$RLGC$マトリクス

- R_S is series R
- L_S is series L
- C_S is shunt C
- G_S is shunt G
- R_m and L_m are mutual R and L; they are not drawn.
- C_m is "mutual" C
- G_m is "mutual" G

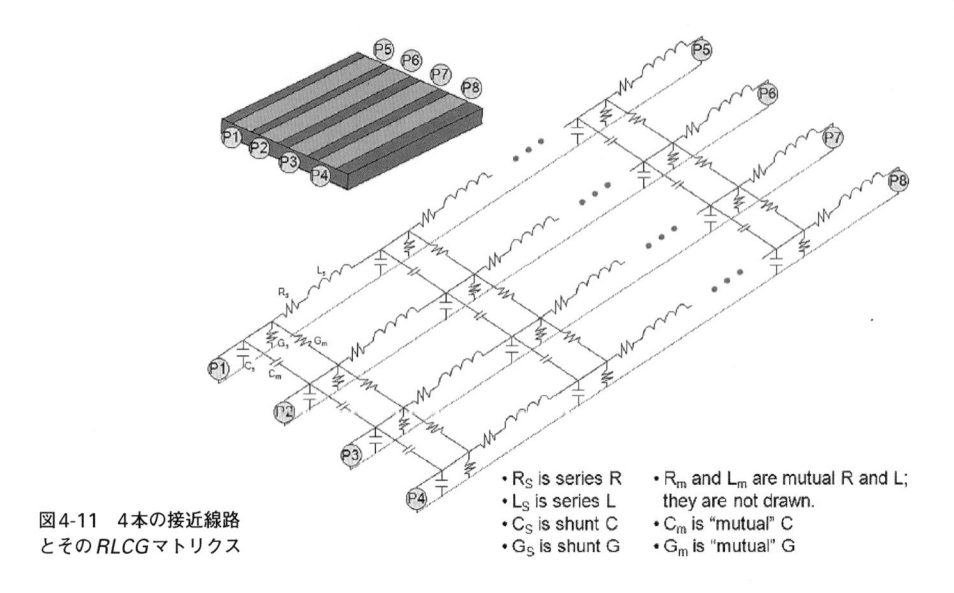

● $RLGC$マトリクス

「Analysis」→「Output Files...」で表示されるダイアログ・ボックスで，N-Coupled Line Model...ボタンを押すと，$RLGC$マトリクスが出力されます。

図4-11は，4本のMSLの$RLGC$マトリクスをもとに描いた等価回路のイメージで，図4-1の分布定数回路のイメージが複数並んだ構造になっています（Sonnet User's Guideから引用）．

4-5　フィルタのシミュレーション

● バンドパス・フィルタの解析

図4-12のような，少し複雑な線路形状のバンドパス・フィルタ[*4-4]を調べてみます．この例題ファイルは，Sonnet Task BarのManualsボタンをクリックして表示されるApplication Examplesの中にあるFiltersのモデルです．右上のCOPY EXAMPLEボタンを押すと，コピー先のフォルダを指定する画面が表示され，この例題に関連するすべてのファイルを含むbpfilterフォルダがコピーされます．

[*4-4] バンドパス・フィルタは，ある周波数帯を通過させて，それ以外の周波数の信号は通さないフィルタ回路である．

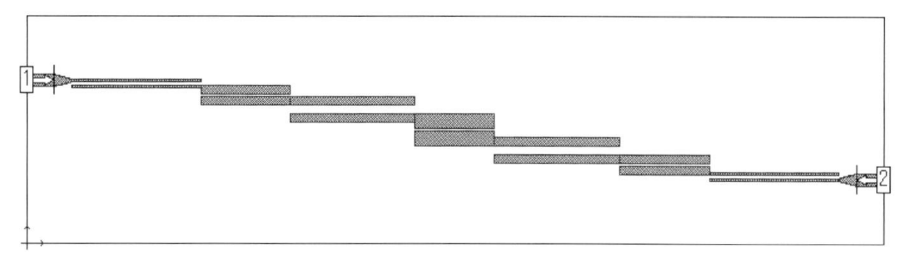

図4-12 バンドパス・フィルタの例題（bpf_whole.son）

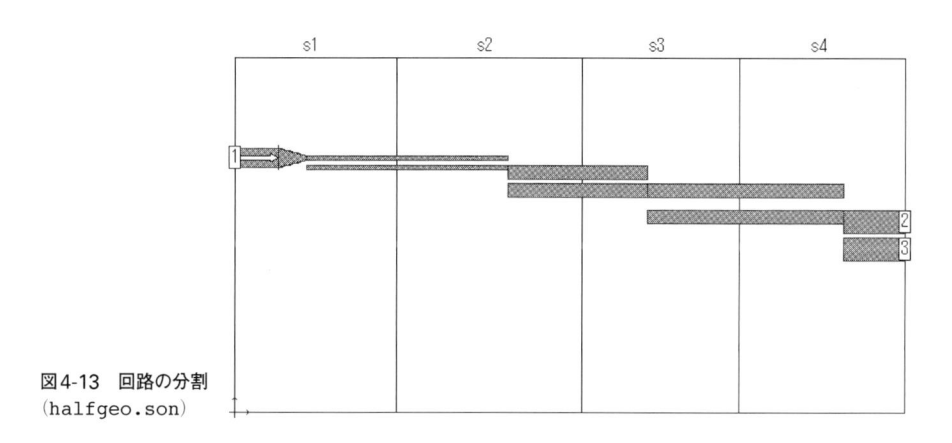

図4-13 回路の分割
（halfgeo.son）

　このままシミュレーションすると，Sonnet Liteのメモリ制限を超えてしまうので，基板を分割して個別にシミュレーションした後で，それらをすべてつなげた結果を得るという方法を使います．

● 回路の分割

　同じパターンの回路部分が複数あることをうまく利用して，回路を分割する手法をとってみます．まず回路をどのように切り分けるかを決めますが，考慮しなければいけないのは，結合の作用が最小である場所で回路を分割するということです．つぎに，対称性や波長なども考える必要があります．

　このフィルタは対称性があるので，最初の切り分けは，図4-13のように，回路を半分に分割します．このモデルをシミュレーションした後で，分割した二つのファイルを，Sonnet Netlist Projectでつなげると，全体の結果が得られるというわけです．

　しかし，Sonnet Liteの使用メモリの制約で，図4-13のモデルのままでは使えない

ので，これを4分割して，それぞれを個別でシミュレーションした後でつなげます．

ところで，この回路はy軸（縦軸）について対称で，x軸（横軸）について対称ではなく，ポートは対称面上にはありません．したがって，Boxを設定するダイアログ・ボックスのSymmetryをチェックして対称性を設定するのは正しくありません．

回路の分割は，電磁的な結合が重要な要因とならないところで行います．回路上では，電磁結合の度合が高いところは，それぞれのモデル・ファイル内にとどめなくてはいけません．そうすれば，電磁結合の作用を正確に計算に入れられます．

● 分割ファイルの作成

全体のモデルを分割するには，「Tools」→「Add Subdivider」で，図4-13に示すような位置で，四つのモデルに分割します．

分割された各モデル・ファイルは，分割部分のどちら側でもファイル同士が接続できるように，ポートを付けなくてはなりません．図4-14(a)から(d)は，図4-13に示したフィルタを構成する4分割されたファイルです．これらのファイルは，コピーしたbpfilterフォルダの中にあります．

分割した場合のセルの寸法は，回路の物理的な寸法・形状が保たれる限り，ファイルごとに異なってもかまいません．したがって，精度をそこなわずに最も効率のよいシミュレーションができるように，それぞれの回路の部分に，適切なセル寸法を選びます．

(a) 分割された回路 (halfnet_s1.son)
(b) 分割された回路 (halfnet_s2.son)
(c) 分割された回路 (halfnet_s3.son)
(d) 分割された回路 (halfnet_s4.son)

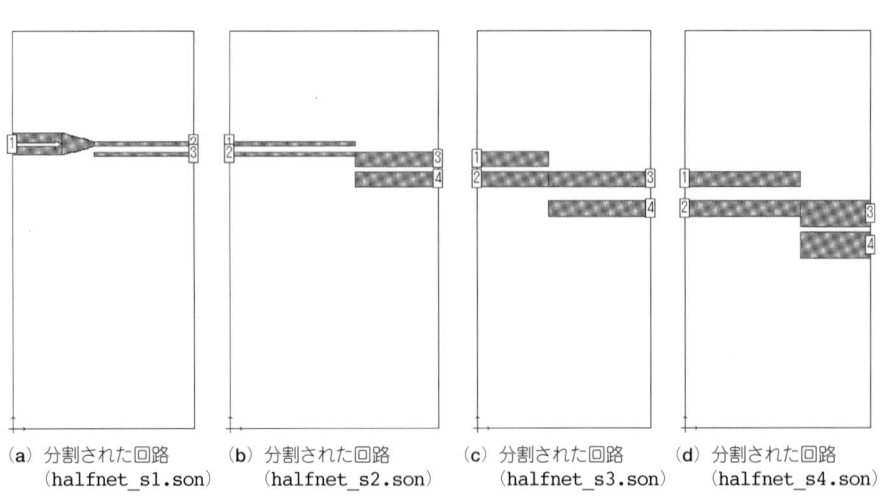

図4-14 分割された四つの回路

● 分割されたファイルをシミュレーションする

　この例題では，分割された各ファイルは，Adaptive Sweep（ABS）で6 GHzから12 GHzまでシミュレーションしています．

　それぞれのファイルをシミュレーションしたら，次にネットリスト・プロジェクトのファイルを作成しますが，それは分割されたファイルの結果をつなげて，回路全体の応答データを出力します．

　図4-15は，図4-13に示すフィルタの半分モデルにつなげるためのネットリスト・プロジェクトです．最終的にはこれを二つつなげるので，ここでは四つのプロジェクト・ファイルのポート番号と，それらをつなげるための記述方法を理解してください．

　図4-16は，分割して得たすべての結果をつなげて，フィルタ全体の結果を得るためのネットリスト・プロジェクトで，最上行からつぎの順番に実行します．

(1) 分割されたプロジェクトから得たデータを取り込む
(2) フィルタの半分だけを定義するネットワークhalfnetを定義する

```
PRJ 1 4 5 halfnet_s1.son Use sweep from halfnet_s1.son
PRJ 4 5 6 7 halfnet_s2.son Use sweep from halfnet_s2.son
PRJ 6 7 8 9 halfnet_s3.son Use sweep from halfnet_s3.son
PRJ 8 9 2 3 halfnet_s4.son Use sweep from halfnet_s4.son
DEF3P 1 2 3 halfnet Main Network
```

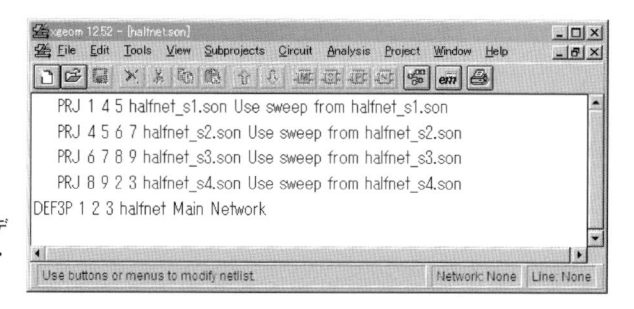

図4-15　フィルタの半分のモデル（図4-13）を得るネットリスト・プロジェクト（halfnet.son）

```
PRJ 1 4 5 halfnet_s1.son Use sweep from halfnet_s1.son
PRJ 4 5 6 7 halfnet_s2.son Use sweep from halfnet_s2.son
PRJ 6 7 8 9 halfnet_s3.son Use sweep from halfnet_s3.son
PRJ 8 9 2 3 halfnet_s4.son Use sweep from halfnet_s4.son
DEF3P 1 2 3 halfnet

halfnet 1 3 4
halfnet 2 4 3
DEF2P 1 2 whole Main Network
```

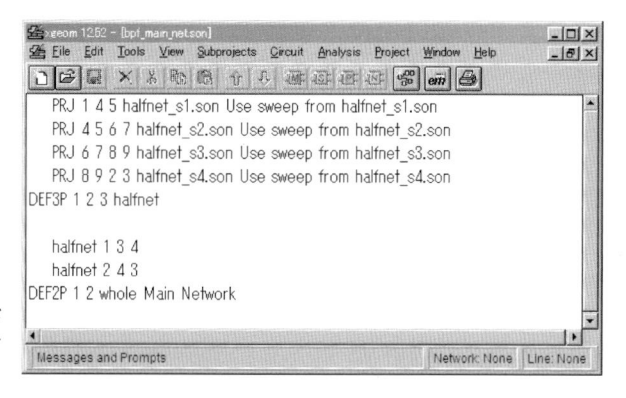

図4-16　フィルタ全体の結果を得るネットリスト・プロジェクト（bpf_main_net.son）

(3)　結合された二つのhalfnetで構成される回路wholeを定義する
　(4)　Linear Frequency Sweepで，6.0 GHzから12.0 GHzまで0.05 GHz刻みで出力

● 分割位置の注意

　このネットリスト・プロジェクトでは，既に出力されているSパラメータ・データをつなげているだけなので，シミュレーションは非常に早く終了します．この例のように，扱う問題によっては，いくつかに分割することで，無償版のSonnet Liteでもシミュレーションできるメモリ容量になります．

　このように分割による方法は，分割作業の労をいとわなければ，フィルタ回路全体をシミュレーションするアプローチよりも，シミュレーション時間と使用メモリを節約することができます．しかし，分割する位置に関しては，図4-17，図4-18に示すような注意が必要です．

　右側の例は，それぞれスタブ(伝送線路から枝分かれした線分)線間の電磁結合が分断されたり，曲がり部の電磁界も正しくシミュレーションできなくなる悪い

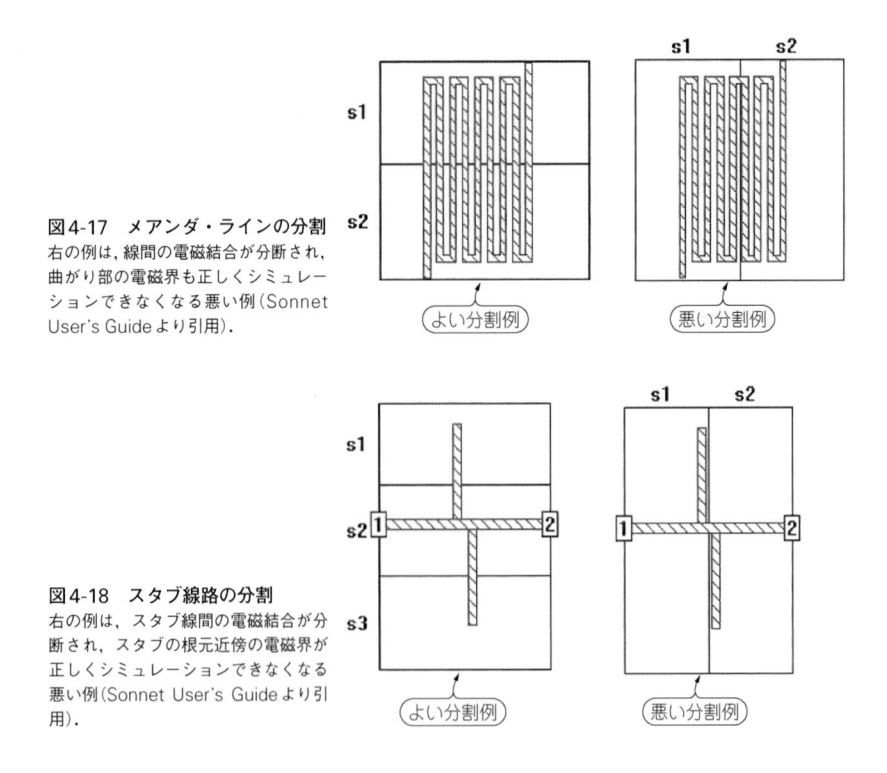

図4-17　メアンダ・ラインの分割
右の例は，線間の電磁結合が分断され，曲がり部の電磁界も正しくシミュレーションできなくなる悪い例(Sonnet User's Guideより引用)．

図4-18　スタブ線路の分割
右の例は，スタブ線間の電磁結合が分断され，スタブの根元近傍の電磁界が正しくシミュレーションできなくなる悪い例(Sonnet User's Guideより引用)．

例です[*4-5].

● シミュレーション結果の評価

図4-19は，このバンドパス・フィルタのシミュレーション結果で，S_{11}（反射係数）とS_{21}（伝達係数）のグラフです．S_{21}の結果から，入力信号は約8 GHzから10 GHzの範囲で出力側のポート2に伝わっており，この帯域をパス・バンド（通過帯域）ともいいます．

ここでバンドパス・フィルタのしくみを考えてみます．図4-20は6 GHzにおける線路の表面電流分布ですが，左上の入力ポートがある線路だけ強い電流が流れていることがわかります．この線路の先端はオープン（開放端）なので，入力信号は全反射でポート1にもどることになります．つぎの図4-21は9 GHzですが，全ての線路が電磁結合して，右下の出力ポートに強い電流が流れているのが確認されます．

図4-20の入力ポート付近を詳しく調べると，2本目の線路にも電磁結合して縁部に強い電流が認められますが，その次の線路にまでは電磁結合していません．

2本目の線路は，左右が開放端なので，線路長が1/2波長に近づくと共振現象が発生します．線路長は6.1〜6.4 mmなので，9 GHzの1/2波長約17 mmより短いですが，これはアルミナ基板の比誘電率が9.9と大きいため，波長短縮効果[*4-6]も大きいからです．

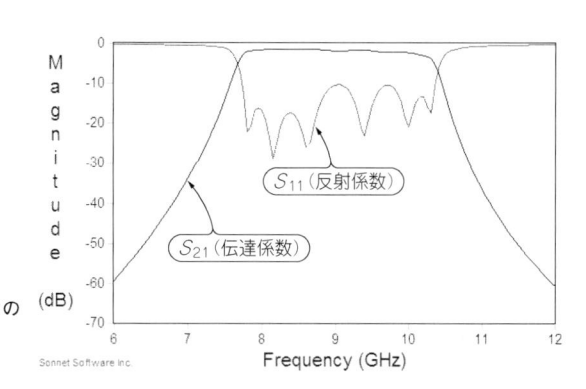

図4-19 バンドパス・フィルタのシミュレーション結果
S_{11}（反射係数）とS_{21}（伝達係数）．

[*4-5] Sonnet User's Guideより引用した．
[*4-6] マイクロストリップ線路は，配線とベタ・グラウンドの間にある誘電体を通過する電磁界の割合によって，信号（電磁波）の伝わる速度が空間よりも遅くなり，同じ周波数でも共振する1/2波長の長さは短くなる．

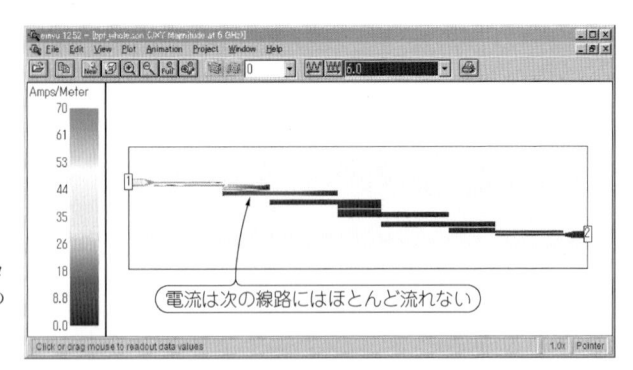

図4-20 バンドパス・フィルタのシミュレーション結果（巻頭のカラー口絵iv頁も参照）
6 GHzでは出力されない．

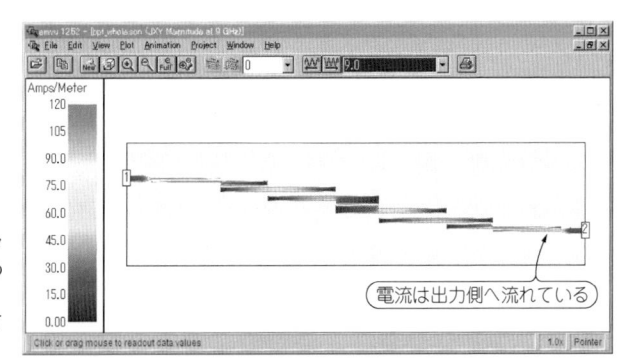

図4-21 バンドパス・フィルタのシミュレーション結果（巻頭のカラー口絵iv頁も参照）
9 GHzでは出力側に電流が流れている．

共振周波数では，共振物の周りに強い電磁エネルギーが集中するため，隣の線路に電磁結合して，信号はバケツ・リレーのように出力側へ伝わります．それぞれの線路はわずかずつ長さが異なりますが，複数の共振周波数を持つ線路を連ねることで，所望の帯域幅を設計します．

4-6　集中定数の設定方法

● T型減衰器のシミュレーション

ネットリスト・プロジェクトでは，回路の中にR（抵抗器），L（コイル），C（コンデンサ）の集中定数素子を挿入することができます．

集中定数素子の使い方を説明するために，T型減衰器をシミュレーションしてみますが，ここでは三つの抵抗器をネットリスト・プロジェクトで集中定数素子として挿入します．

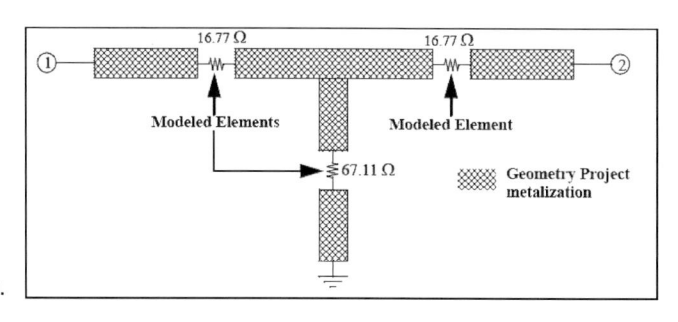

図4-22 T型減衰器
集中定数の抵抗を持つ回路例．

● 回路の構成

図4-22は集中定数の抵抗をもつ回路のレイアウトです．伝送線路で構成されているプロジェクト・ファイルをシミュレーションして，つぎに三つの抵抗を挿入し，回路全体の2ポートSパラメータを計算するためにネットワーク・ファイルが使われます．

これは，SonnetのApplication Examplesの中にあるCircuit Theoryのモデルです．

右上のCOPY EXAMPLEボタンを押すと，コピー先のフォルダを指定する画面が表示され，この例題に関連するすべてのファイルを含むattという名前のフォルダをコピーします．

図4-23は，図4-22の回路をシミュレーションするためのモデルで，集中定数素子(ここでは抵抗)が挿入される三つの端子対を設けています．

ポート3と4，ポート5と6，ポート7と8は，すべて白い三角マークで示されていますが，これらはグラウンドとの間に自動的に適切なポートをつくってくれるオート・グラウンド・ポートを設定しています．

ネットリスト・プロジェクトで集中定数素子が挿入されると，対応する組のオート・グラウンド・ポートの間に，それぞれの集中定数素子(ここでは抵抗器)がつながります．

● ネットワーク・ファイルの作成

図4-24は，この例題で使われるネットリスト・プロジェクトで，シミュレーションでは次のステップを実行します．

(1) att_lgeo.geoで電磁界シミュレーションを行う(事前に単独でシミュレーションが済んでいれば，つぎのステップへ進む)
(2) ノード3とノード4の間に16.77Ωの抵抗を挿入する(ネットリスト・プロジェクトで，直接抵抗値を指定する．残りの抵抗も同様)

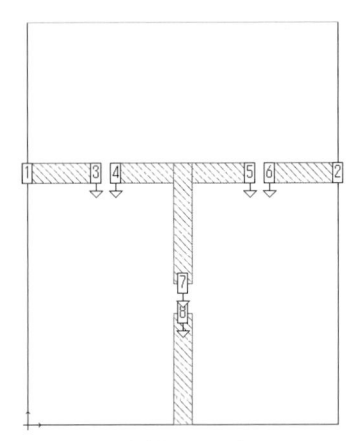

図4-23 T型減衰器のモデル
(att_lgeo.son)

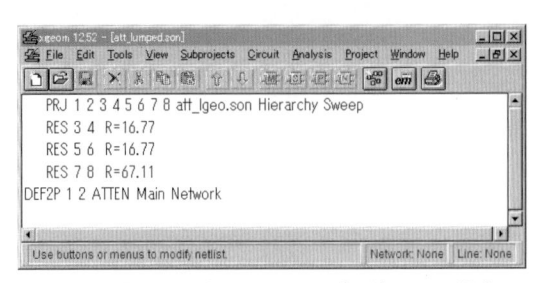

図4-24 T型減衰器のネットリスト・プロジェクトの記述
(att_lumped.son)

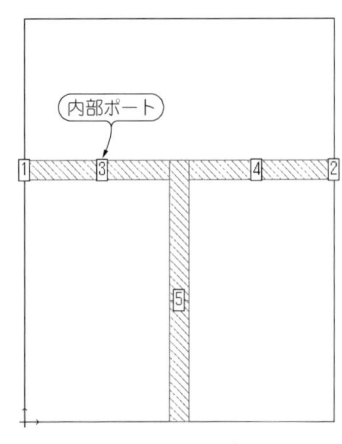

図4-25 T型減衰器のモデル
(att_lgeo2.son)

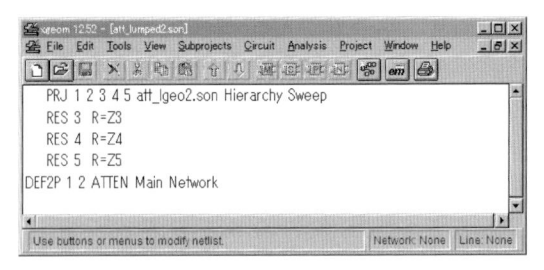

図4-26 T型減衰器のネットリスト・プロジェクトの記述
(att_lumped2.son)

(3) ノード5とノード6の間に16.77Ωの抵抗を挿入する
(4) ノード7とノード8の間に67.11Ωの抵抗を挿入する
(5) T型減衰器のSパラメータを出力する

● 内部ポートによる方法

図4-25は，抵抗器が入る位置に内部ポートを設定する方法です．また図4-26は，

このモデルのネットリスト・プロジェクトです.

　三つの抵抗は，具体的な値ではなくZ3，Z4，Z5のように変数として記述されています．「Circuit」→「Add Variable...」で変数を定義できますが，同じ値を複数の箇所で使う場合には，このような方法は便利です．

　これらの方法では，いずれもポートの数が4を超えるのでSonnet Liteではシミュレーションできませんが，章末のAppendix 4では，ネットリスト・プロジェクトの工夫で解決する方法を説明しています．

4-7　メタマテリアルのシミュレーション

● メタマテリアルとは何か

　最近メタマテリアルの研究・開発が活発になり，伝送線路やアンテナなどの分野で実用化が進んでいます．

　メタマテリアルとは，金属や誘電体，磁性体で規則正しい構造を周期的に並べることで，電磁波の波長に関係して現れる特異な物理現象を人工的につくりだす媒質[*4-7]のことです．自然界には存在しないという意味で，人工媒質とも呼ばれています．

● 左手系とは

　図4-27は，媒質中を伝わる電磁波の電界 E，磁界 H，群速度(エネルギーが伝わる速度) v_g，位相速度(波の山や谷が移動する速度) v_p を，右手の親指，人差し指，中指で表しています．3本は互いに直交しており，フレミングの右手の法則を思い出します．

　平行2線路をガイドラインとして伝わる電磁波は，第1章で調べたとおり，図4-27の関係があり，これを「右手系」といいます．自由空間を伝わる電波(電磁波)をはじめ，自然界の媒質を伝わる電磁波は，すべて右手系です．

　一方，図4-28は「左手系」を表しており，位相速度は群速度とは逆向きであることがわかりますが，これは人工媒質すなわちメタマテリアルを伝わる電磁波に現れる，特異な現象です．

[*4-7]　媒質とは波が伝わる場の物質のことで，たとえば音波は空気を媒質として伝わる．また当初，電磁波はエーテルを媒質として伝わると考えられたが，特殊相対性理論によってエーテルの必要性はなくなった．

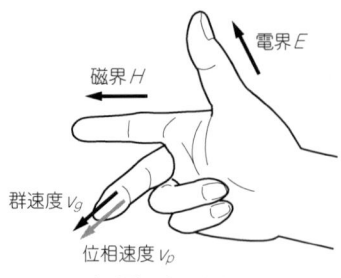

図4-27　右手系の各ベクトル 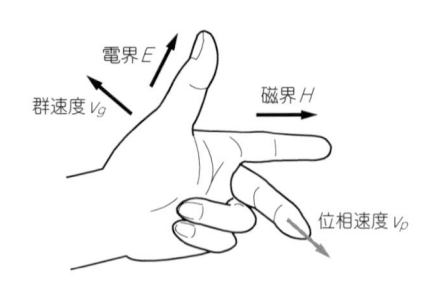　　　　図4-28　左手系の各ベクトル

図4-29 [4-6]　金属のスプリット・リングと細線によるメタマテリアル〔米国Sonnet社のWebより引用（http://www.sonnetsoftware.com/）〕

● メタマテリアルの実現

　図4-29は，リング状の金属を組み合わせたスプリット・リングと，細長い金属線で構成されているメタマテリアルで，特定の周波数のマイクロ波を照射すると，負の屈折率が発現するというものです[4-5], [4-6]．

　電磁波を受けると，金属のスプリット・リングには電流が流れて，ある周波数で共振します．また，金属の細線も共振しますが，それぞれの共振周波数を調整することで，このメタマテリアルの等価的な透磁率と誘電率が，共に負の値になる帯域が現れます．

　このとき，メタマテリアルは負の屈折率になり，電磁波を通過させると波動を集めることができ，平板なのにレンズのように働くというわけです[4-6]．

図4-30 左手系の回路

図4-31 左手系の伝送線路の実現方法

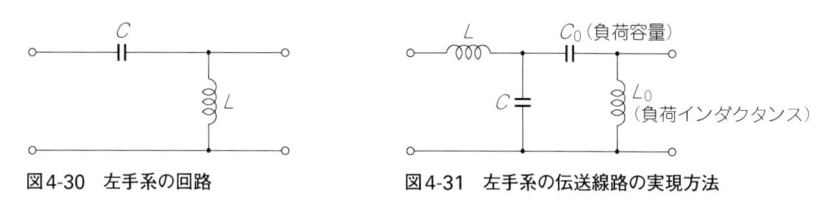

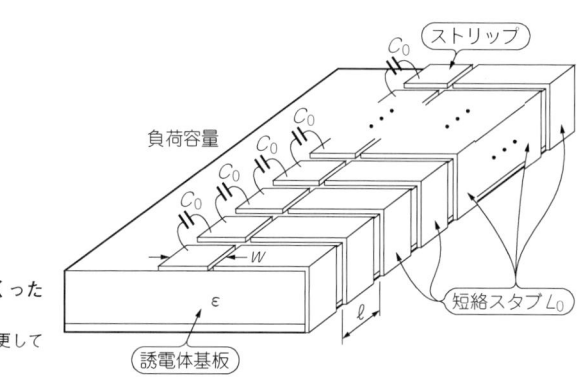

図4-32 [4-5] MSLでつくった左手系の伝送線路
見やすくするために多少変更している.

● 左手系の線路

図4-30に示す回路は，一見ヘビサイドが考案した分布定数回路（第3章の3.5項を参照）のようですが，直列にC，並列にLがあるので，彼の電信方程式に対応する等価回路とは逆の関係になっています．この回路は図4-29の等価回路がもとになっていますが，Cは負の透磁率を，またLは負の誘電率を表しています．

実際の配線路では，図4-30をどのように実現するかが問題ですが，図4-31の左半分の回路のような従来の直列Lと並列Cに，さらに直列C_0と並列L_0を追加するというアイデアが提案されました[4-6]．図4-32は，マイクロ波帯用に設計された左手系線路の構造を図解していますが，マイクロストリップ線路（MSL）に負荷容量C_0を，また短絡（ショート）スタブでL_0を構成しています．また図4-33は，Sonnetでモデリングした例で，C_0は文献4-6)の値と同じ2 pFです．タブ長は5 mm，線路幅は1 mm，周期のlは6 mmです．

図4-34は，図4-33のモデルをSonnetでシミュレーションした結果です．基板寸法は87.5 mm×32 mmで，基板の比誘電率=2.6，$\tan \delta = 0.01$です．文献4-6)の論文は基板厚が不明なので厚さを400 μmにしたため，論文の結果とは若干異なりました．

1～2.5 GHzの範囲は左手系メタマテリアル（LHM）が発現しているのがわかります．

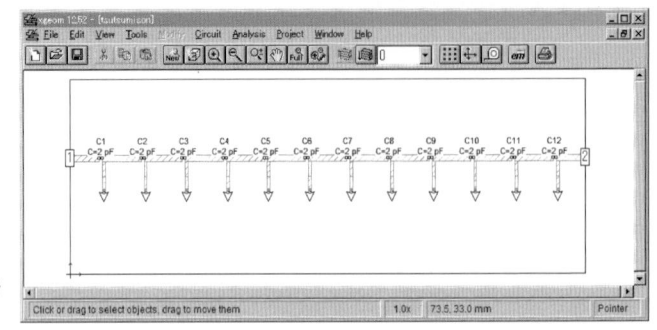

図4-33 左手系の伝送線路
(tsutsumi.son)

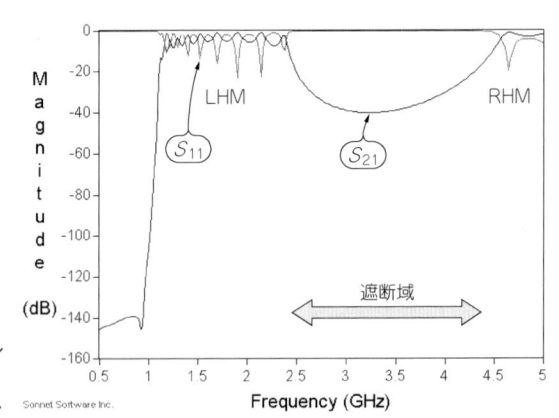

図4-34 Sonnetのシミュレーション結果
1〜2.5 GHz は LHM、4.5 GHz 以上は RHM。

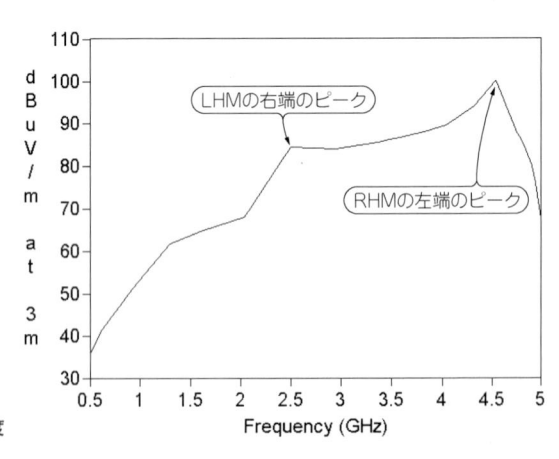

図4-35 基板から3 m先の電界強度

また4.5 GHz以上の領域は右手系(RHM)で，これらの中間は遮断域になっています．

左手系メタマテリアル(LHM)の特性の一つに，波長短縮の効果が大きい点が挙げられますが，図4-34のようにMSL上に構成されたLHMには電磁波の放射領域があります．そこで，これをアンテナの小型化に応用しようという研究も盛んです．

図4-35は，基板から3 m先の電界強度を表すグラフで，LHMの右端の周波数に放射のピークが発生しています．RHMの左端の共振周波数でも放射のピークが見られますが，こちらのレベルの方が大きくなりました．この線路はアンテナを意図していませんが，周波数が低い前者の放射を応用すると，アンテナの小型化が図れます．

第4章のまとめ

(1) 電磁界シミュレータには，SPICEのサブサーキットを自動生成する機能がある．
(2) 100を超えるポートがある回路でも，電磁界シミュレータのおかげで，すべての結合を含むSPICEモデルが生成される．
(3) 大規模な回路は，分割して解析することで時間とメモリの節約ができる．
(4) 電磁界シミュレータは，回路に集中定数を含んだ解析ができる．
(5) 規則正しい構造を周期的に並べることで，メタマテリアル(人工媒質)がつくれる．

参考・引用＊文献

4-1) 棚木 義則；『電子回路シミュレータPSpice入門編』，CQ出版社，2003．
4-2) 遠坂 俊昭；『電子回路シミュレータSPICE実践編』，CQ出版社，2004．
4-3) J.C.Rautio ; "Synthesis of Lumped Models from N-Port Scattering Parameter Data", IEEE Trans. Microwave Theory Tech., pp.535-537, Vol.42, No.3, March 1994.
4-4)＊ Sonnet User's Guide Chapter 21 SPICE Model Synthesis, 付属CD-ROMに収録．
4-5)＊ 堤 誠；「負の屈折率伝送媒質とマイクロ波回路への応用」，電子情報通信学会誌，pp.23-27, Vol.88, No.1, 2005.
4-6)＊ 米国Sonnet社のWeb　http://www.sonnetsoftware.com/
4-7) 森下 勇；『電子回路シミュレータPSpiceリファレンス・ブック』，CQ出版社，2009．

[改訂]電磁界シミュレータで学ぶ高周波の世界

Appendix 4

第4章のポイントを シミュレーションで確かめよう！

　高周波回路は，電界と磁界による電磁エネルギーが移動することによって仕事をすると理解できます．電界は電荷が分布しているキャパシタンスCに対応します．また磁界は電荷の移動，すなわち電流によって生じる磁束と電流の比であるインダクタンスLに対応します．そこで，分布定数回路のCやLの物理的な意味を考えることで，高周波回路をより深く理解できるようになるでしょう．

● 直角曲がり部があるMSLのSPICEサブサーキット

　図4-36は，第3章末のAppendix 3でシミュレーションした，MSLを直角に曲げたモデルですが，この回路のSPICEサブサーキットを出力してみます．

　図4-37は，「Analysis」→「Output Files...」で表示されるのダイアログ・ボックスで，PI Model...ボタンをクリックすると，図4-38が表示されます．

　図4-38は，左上にあるFormatにPSpice（デフォルト）を指定していますが，

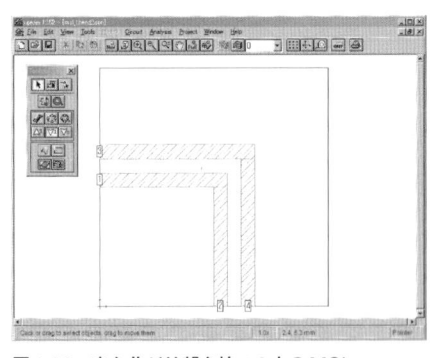

図4-36 直角曲がり部を持つ2本のMSL
（msl_Lbend2.son）

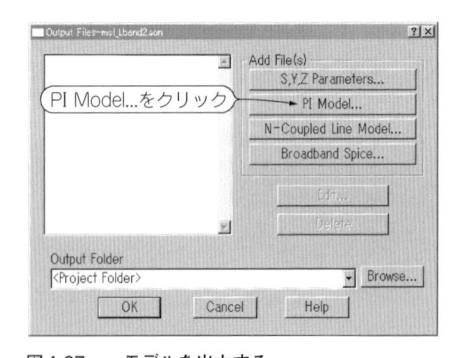

図4-37 πモデルを出力する
「Analysis」→「Output Files...」で表示されるダイアログ・ボックスで，PI Model...ボタンをクリック．

Cadence社SpectreのフォーマットもŹべます．

　Data TypeのDe-embeddedは，ポートのディエンベディングです．第3章末のAppendix 3のような参照面を設定しない場合でも，この例題のように基板縁のポート（SonnetではBoxwall portと呼ぶ）周辺の電磁結合を取り除くために，De-embeddedが選ばれています．

　中段の**Rmax**や**Cmin**などは，本文でも説明したとおり，等価回路に出力する必要のない素子の範囲を設定しますが，ここでは図4-38に示すデフォルトのままにしておきます．

　図4-39は，SPICEサブサーキットを生成するときに必要な二つの周波数を指定しています．Analysis Controlでは，さまざまな周波数範囲の設定ができますが，ここではLinear Frequency Sweepを選んで，1 GHzと，その10％離れた1.1 GHzを指定しています．

　リスト4-3は，出力されたPSpiceのサブサーキットです．まず四つのCは，いずれも各ポートとグラウンド間のキャパシタンスで，配線とグラウンド板との間に分布している電荷に対応しています．

　Lは二つありますが，例えば**L_L1**は，1.58 nHのLに直列に0.14 Ωの抵抗**R_RL1**がつながっています．

　L_L1は，直角曲がりの線路に流れる電流によって，線路の周りに発生している磁界に対応しています．また，**R_RL1**は，銅でできている配線の抵抗値に対応しています．

　最後の**Kn_K1**は，2本の配線のLが電磁結合している度合いを表す結合係数です．変圧器（トランス）の一次コイルと二次コイルの結合係数は1に近い値を持ちますが，

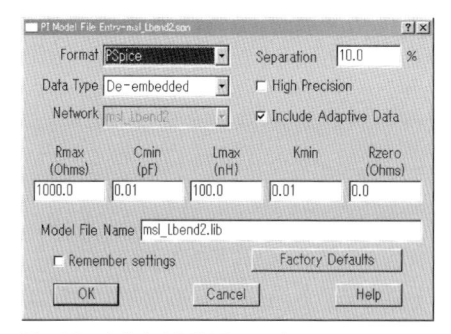

図4-38　出力するSPICEファイルのフォーマットを指定する
FormatにPSpiceを指定している．

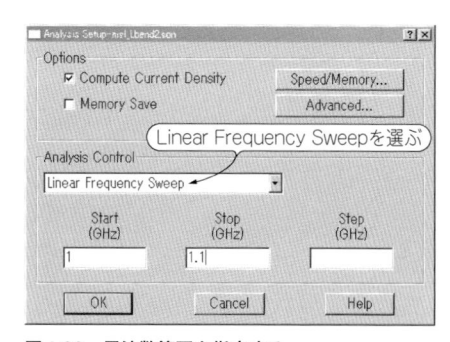

図4-39　周波数範囲を指定する
ここでは1 GHzと，その10％離れた1.1 GHzを指定している．

この課題のような接近線路では，0.07のように小さい値になります．

● SPICEサブサーキットをシンボルとして作成

　リスト4-3のPSpiceのサブサーキットをPSpiceの回路図で使うためには，回路図の「シンボル」として保存しておく必要があります〔ここでは文献4-1)に添付されているOrCAD PSpice Lite Editionを使用する〕．

　リスト4-3の.subcktのモデル名「msl_Lbend2_0」は，Sonnetが自動的に生成した名前です．「LBEND2」のように変更しておくと便利ですが，.subcktの行と.endsの行に，2箇所あります．OrCAD Liteのインストール・ディレクトリをたどって，`C:¥Program Files¥OrcadLite¥Capture¥Library¥PSpice`の中に，例えば`User_Lib`というフォルダをつくり，`LBEND2.lib`として保存します．

　それでは，独自のシンボルを作成してみます．まずOrCAD Captureのメニュー・バーから「File」→「New」→「Library」をクリックすると，ライブラリ・マネージャが表示されます．ここで，図4-40のように，`library1.olb`を選択します．

　次にCaptureのメニュー・バーから「Design」→「New Part...」をクリックすると，

```
* Spice Data
* Limits: C>0.01pF L<100.0nH R<1000.0Ohms K>0.01
    * Analysis frequencies: 1000.0, 1100.0 MHz
.subckt msl_Lbend2_0 1 2 3 4 GND
C_C1 1 GND 0.324801pf
C_C2 2 GND 0.324801pf
C_C3 3 GND 0.402241pf
C_C4 4 GND 0.402241pf
L_L1 1 5 1.578284nh
R_RL1 5 2 0.141044
L_L2 3 6 1.940506nh
R_RL2 6 4 0.172347
Kn_K1 L_L1 L_L2 0.06951
.ends msl_Lbend2_0
```

リスト4-3　出力されたPSpiceのサブサーキット(`msl_Lbend2.lib`)

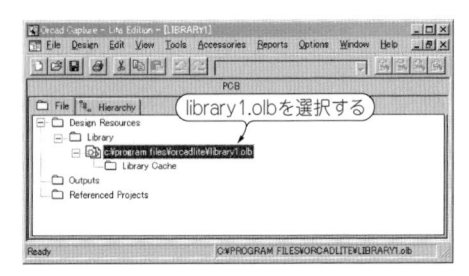

図4-40　ライブラリ・マネージャでlibrary1.olbを選択する

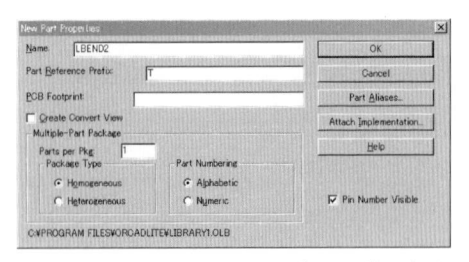

図4-41　New Part Propertiesダイアログ・ボックスでパーツ名としてLBEND2を入力

図4-41のようにNew Part Propertiesダイアログ・ボックスが表示されるので，パーツ名としてLBEND2をName欄に入力します．

また，図4-42のPart Reference Prefix：には，伝送線路を表すTを入力しておきます．右中ほどにあるAttach Implementボタン押すと，図4-42のAttach Implementationダイアログ・ボックスが表示されるので，Implementation TypeにPSpice Modelを選択して，Implementation nameには，LBEND2を入力します．

OKボタンを押して，New Part PropertiesダイアログもOKボタンを押すと，図4-43のようなパーツ・エディタがオープンされます．

ここでは，図4-44のように直線を引いて直角曲がり部のあるMSLを表現します．つぎに「Place」→「Pin」で表示されるダイアログ・ボックスでピンの名前と番号を付けて，Shape:はLineを選び，図4-45に示すように，パーツの5箇所にピンを配置します．

図4-45で，パーツが描かれていない空白をマウスの左ボタンをダブル・クリックして，Newボタンをクリックすると，図4-46のようなダイアログ・ボックスが現れます．

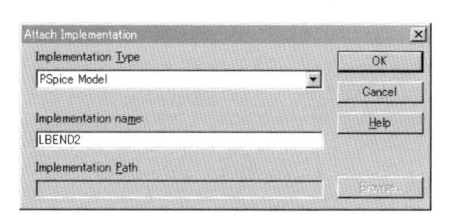

図4-42 Attach Implementationダイアログ・ボックスでSPICEモデルと関連づける

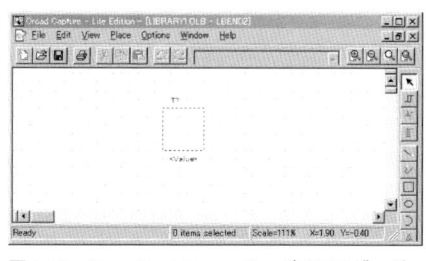

図4-43 New Part Propertiesダイアログ・ボックスのOKボタンを押すとパーツ・エディタが表示される

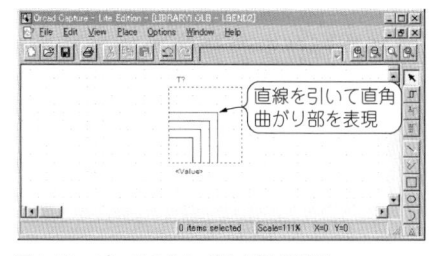

図4-44 パーツのシンボルを描く画面

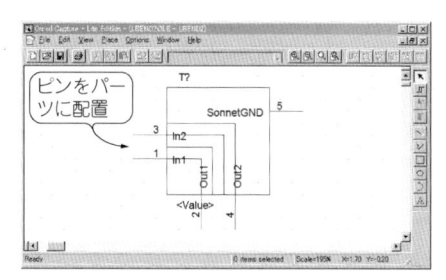

図4-45 ピンの名前を付けてパーツに配置する

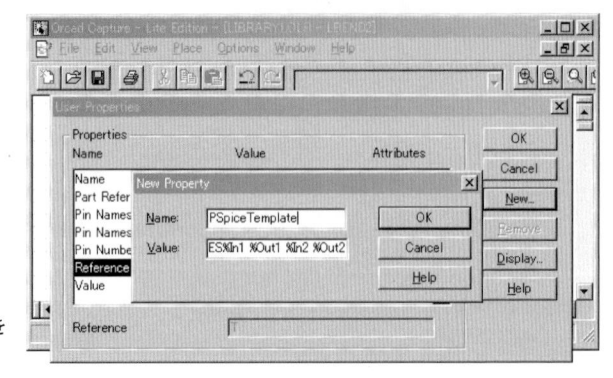

図4-46 モデルのピンとの接続を
設定するダイアログ・ボックス

　図4-46のNew Propertyダイアログ・ボックスで，Nameの欄にPSpiceTemplate
を入力し，Valueには`X^@REFDES %In1 %Out1 %In2 %Out2 %SonnetGND
@MODEL`と入力します．Xは，このパーツがサブサーキットであることを示し，%
の次にくる名前は，「Place」→「Pin」で付けたピンの名前を入力します．ここで重
要なのは，ピンの順番をリスト4-3の.subckt LBEND2に続く番号と同じ順に記述
することです[4-7]．

　図4-40のライブラリ・マネージャ画面では，ライブラリ名の初期値が`library1
.olb`になっていますから，これをクリックしてから「File」→「Save As...」でLBEND2
.OLBといった名前に変更して，先に作成した`User_Lib`フォルダに保存します．

● パーツを使ってみる

　「File」→「New」→「Project」で表示されるダイアログ・ボックスにプロジェクト名
を入力して，プロジェクトを保存するフォルダを指定します．Create a New Project
Usingの欄で，Analog or Mixed-A/Dを選択してOKボタンを押すと，Create PSpice
Projectダイアログが表示されるので，Create a brank projectを選択します．

　OKボタンを押すと回路図を描くウィンドウが表示されますが，図4-47は，こ
のウィンドウに描いた回路です．モデルの動作を確認する簡単な回路なので，直角
曲がり部のあるMSLに信号を入れて観測するだけです．

　「Place」→「Part...」をクリックして表示されるPlace Partダイアログ・ボックス
で，登録したモデルのライブラリからLBEND2を選んでOKボタンを押すと，図
面上の適当な位置に，このモデルを置くことができます．

　Libraries：の中からANALOGを選んで，Part List：で，抵抗器Rを選択して，四
つの終端抵抗を描きます．電源は，Libraries：の中からSOURCEを選んで，Part

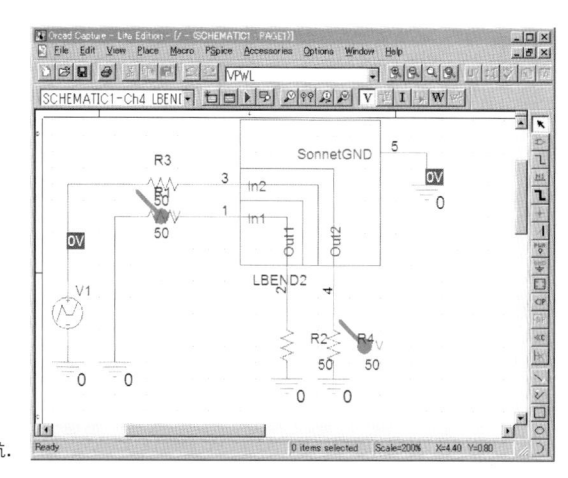

図4-47 モデルの動作を確認する回路
線路端の50Ωの抵抗器は，MSLの終端抵抗．

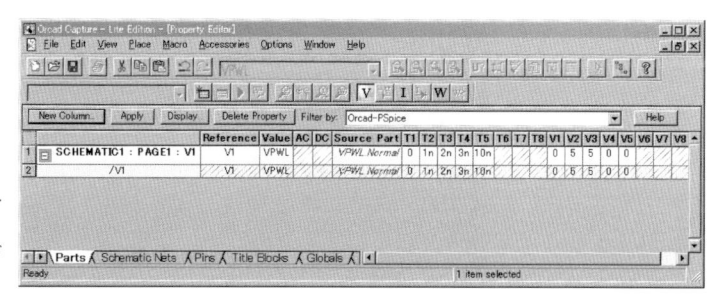

図4-48 パルス信号源の設定
立ち上がりと立ち下がりが0.5 nsで5 V振幅．

List：で，VRWLを選択しますが，これはパルス信号源なので，図4-48のように，立ち上がりと立ち下がりが0.5 n秒で5 V振幅のパルスを一つだけ設定しています．

また「PSpice」→「Markers」→「Voltage Level」で電圧のマーカを，2箇所設定しておきます．

● 回路図にサブサーキットLBEND2.libを登録する

「PSpice」→「Edit Simulation Profile」で表示されるSimulation Settingsダイアログ・ボックス(図4-49)のLibrariesタブをクリックします．

次にBrowse...ボタンをクリックして，既に**User_Lib**フォルダに保存してある**LBEND2.lib**を選択します．

さらに，右中のAdd to Designボタンをクリックして，このモデルを登録します．これで，この回路からモデル・ファイルの**LBEND2.lib**が参照されますが，Add

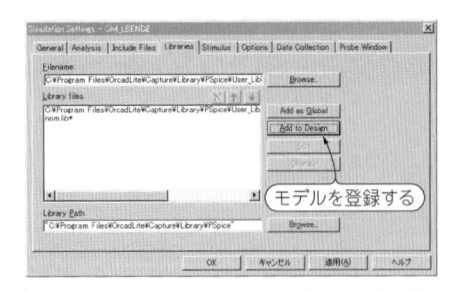

図4-49 Simulation Settingsダイアログ・ボックス
Add to Designボタンで登録する．

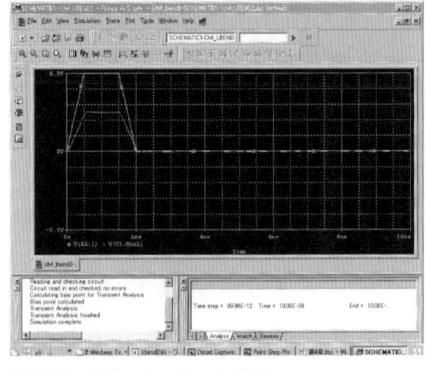

図4-50 シミュレーション結果
出力端の信号（振幅2.5 V）には遅延が見られる．

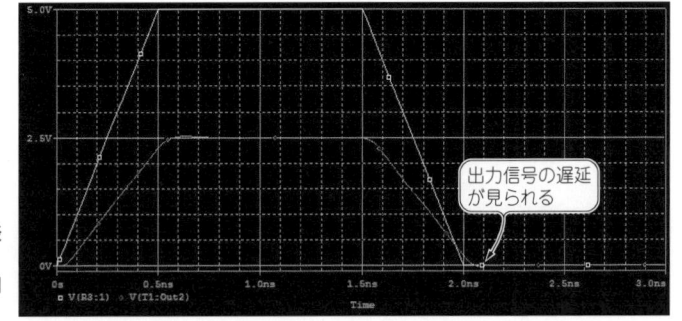

図4-51 X軸とY軸の表示範囲を調整
「Plot」→「Axis Settings...」で行う．

　as Globalボタンをクリックすると，すべての回路図で`LBEND2.lib`を参照できるようになります．
　それでは過渡応答解析を実行してみます．メニューから「PSpice」→「Edit Simulation Settings」をクリックして表示されるダイアログ・ボックスで，Analysis type：Time Domain(Transient)を選択し，右側のRun to time：は10nに，また，Start saving data after：は0に，それぞれ設定します．
　最後に，メニューから「PSpice」→「Run」をクリックすると，図4-50のようなシミュレーション結果が表示されます．
　「Plot」→「Axis Settings...」で，X軸とY軸の表示範囲を調整すると，図4-51のように波形の細部がわかりやすくなります．振幅が5 Vの波形は，ポート3（In2）に入力した信号です．また振幅が2.5 Vの波形は，ポート4（Out2）の波形で，わずかに右にずれているのは，出力信号の位相遅延を表しています．

第5章 高周波と不要輻射の密接な関係

❖

　回路基板の周囲の電磁界について考察する．基板上の回路パターンのインピーダンス不整合やベタ・グラウンドに設けられたスリットによる不要輻射の発生について電磁界シミュレーションにより考察する．また，電波吸収の方法や電磁シールドの効果について検証する．

❖

　第4章では，電磁界シミュレータでSPICEのサブサーキットを出力して，分布定数回路のCやLの物理的な意味を考えることで，高周波回路がより深く理解できることを学びました．本章では，シミュレーションで得られるビジュアルな情報である表面電流分布や電磁界分布，放射パターンを調べます．基板周辺の電磁界分布や，空間を移動する電磁界を調べることで，基板全体からの不要輻射の元を見つける手順を学びます．

5-1　基板の配線上の電流

● インピーダンス整合の必要性

　CPUのクロック周波数が高くなるにつれて，従来の両面プリント配線板ではさまざまな問題が生じてきました．

　第1章でも学んだように，もともと両面プリント配線板の配線パターンはインダクタンスと考えられるので，特性インピーダンスを一定に保つことができません．また，第3章でも学んだとおり，線路のインピーダンスと整合（マッチング）がとれていないと，そこで信号が反射してしまい，送出した信号の一部が戻ってしまいます．

　そこで，配線の下にグラウンド・プレーンを置いた，いわゆるマイクロストリッ

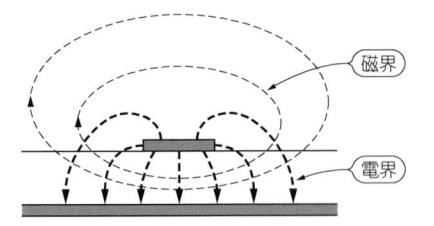

例：20〜110Ω　近似式の例：

$$Z_0 = 30 \ln \left[1 + \frac{4h}{W_0} \left\{ \frac{8h}{W_0} + \sqrt{\left(\frac{8h}{W_0}\right)^2 + \pi^2} \right\} \right]$$

h：誘電体厚
W_0：線幅（線厚ゼロの等価幅）

図5-1　マイクロストリップ線路（MSL）の特性インピーダンス

プ線路（MSL）の構造を使用するようになってきました．

このMSLの特性インピーダンスは，**図5-1**に示すように，線路幅Wと誘電体の厚さh，誘電体の比誘電率ε_rによって決まりますから，接続するデバイスのインピーダンスと配線のインピーダンスを整合させる設計が理想的です．

● MSLのシミュレーション

図5-2は，直線のMSLの周りの電界ベクトルを示しています．このシミュレーションでは，配線の両端を50Ωの抵抗で終端していますが，MSLの寸法が50Ωの特性インピーダンスになるように設計されていれば，入力信号は出力側の負荷で気持ちよく100％消費されて，まったく反射のない理想的な伝送線路といえます．

有線のイーサネットLANの同軸ケーブルは，両端に50Ωの終端抵抗器がつけてあり，パケット・データが反射して戻ってこないようになっていますが，終端抵抗器がはずれるとデータ・パケットが両端で反射し合って，LAN上のコンピュータは，すべて動かなくなります．

● 基板のベタ・グラウンド面上の電流

ベタ・グラウンド（ベタ一面のグラウンド板）に注目すると，配線路の電流パターンを投影したように強い電流が流れていることがわかります．電流の向きは，線路とグラウンドでは逆になっており，グラウンドの電流をリターン電流ともいいます．

第2章でも述べたように，電磁界シミュレータでは導体の厚さがゼロの表面に分布する電流を扱うので，これを表面電流と呼び，単位はA/m（アンペア・パー・メートル）を使います．

この表面電流分布は，グラウンド面の両縁まではカラー・グラフィックスの水色がだんだん濃くなって，縁部では電流が極めて弱いことを示す濃い青色になっています．細かく調べると，縁に沿ったわずかな幅の領域では，むしろ水色がかった，より強い電流も認められることがあり，グラウンドの表面電流分布は一様ではない

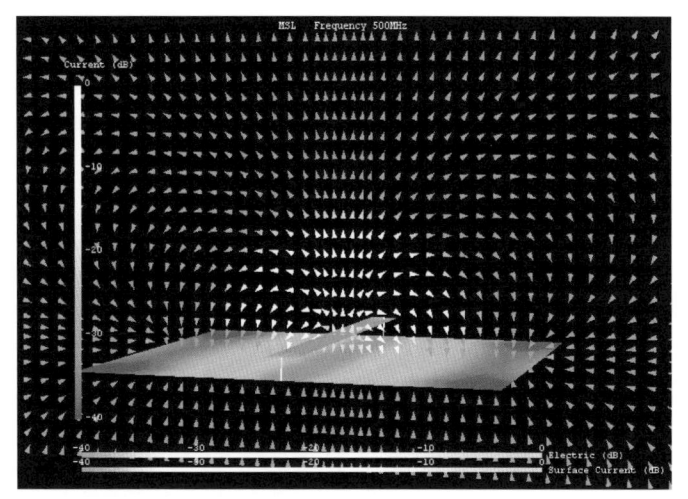

図5-2 直線のMSLの周りの電界ベクトル
MSLの特性インピーダンスは，配線周りの電界と磁界の強度の比で決まる．

こともわかります．ときには，グラウンド縁部に強い電流が流れることもあり，これが不要輻射の元になることがあります．

5-2　シンプルなMSLモデル

● 不整合の影響

　図5-2のような直線のMSLをシミュレーションしてみます．基板寸法は，30 mm×30 mm，線路幅1 mm，誘電体厚300 μmで，誘電体の比誘電率は4.8です．

　これらの値は適当に決めたもので，特性インピーダンスは50 Ωではありません．直線のMSLは，図5-1の近似式をはじめ，特性インピーダンスを計算する式がいくつか提案されています．

　図5-3はAgilent社のAppCAD[*5-1]で，線路幅や誘電体厚，比誘電率を入力すると，近似式を使って特性インピーダンスを計算してくれます．

　図5-4はSonnet Liteのモデルで，1 GHzの特性インピーダンス値は，図5-5に示すように，34.5 Ωでした．

[*5-1] AppCADは，つぎのWebサイトから無償でダウンロードできる．
　　　http://www.hp.woodshot.com/

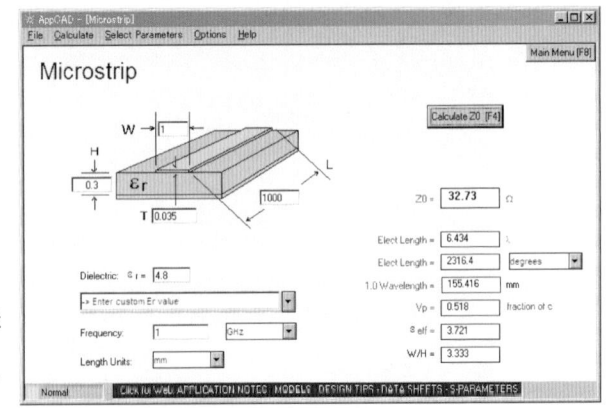

図5-3 AppCADでMSLの特性インピーダンスを計算
右上のCalculate Z0ボタンを押すと,$Z_0 = 32.73\ \Omega$と表示された.

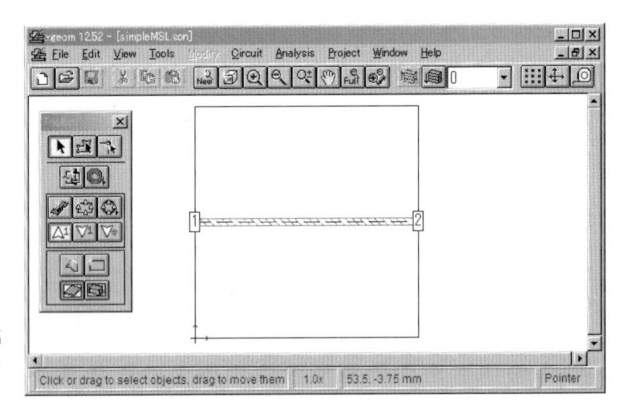

図5-4 Sonnet Liteのモデル(simpleMSL.son)
基板寸法30 mm×30 mm,線路幅1 mm,誘電体厚300 μm,比誘電率は4.8.

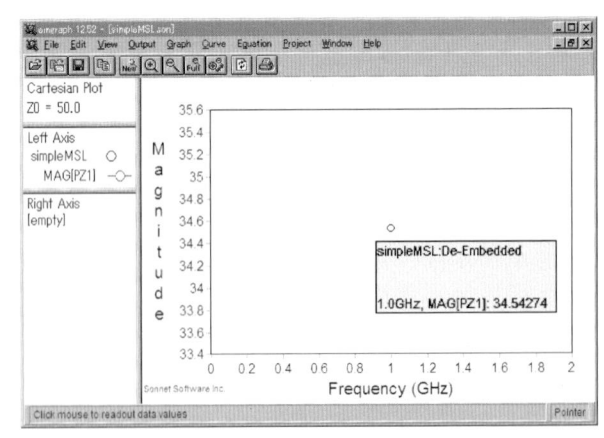

図5-5 Sonnet Liteによる特性インピーダンスの表示
1 GHzで34.5 Ωになった.

第5章 高周波と不要輻射の密接な関係

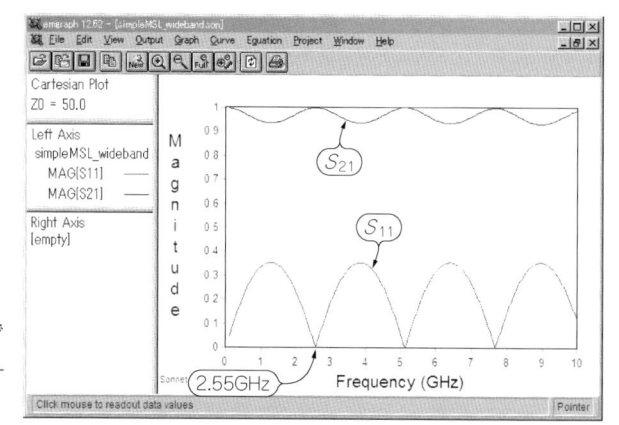

図5-6　0.1GHzから10GHzまでのSパラメータ(`simpleMSL_wideband.son`)
周期性が観られる.

　図5-6に広帯域のシミュレーション結果を示します．Sonnetをはじめ，多くの電磁界シミュレータでは50Ωで終端したときのSパラメータを求めます．このMSLは線路の特性インピーダンスが約35Ωなので，不整合のために全域にわたって反射(S_{11})が大きいように思われますが，ある周期で反射がほとんどない，つまり（偶然？）整合がとれてしまっている周波数があります．

　これらはよく知られているように，線路長が半波長の整数倍に相当する周波数です．線路長が30 mmなので，これが半波長であれば1波長は60 mmです．自由空間における電磁波の速度3億m/sを60 mmで割ると5 GHzとなり，図5-6の反射がない最初の周波数である2.55 GHzとは異なりました．

● 真空中での波長と誘電体中での波長

　前項では，電磁波がMSLをたどるときの波長短縮効果を忘れていました．図5-2を見ると，線路とグラウンドの間にかなり強い電界が分布しているのがわかります．また，空間にいったん出てから，誘電体基板を貫いてグラウンドに向かう電界ベクトル（電気力線）もあります．いずれにせよ誘電体中を電磁波が移動するために，その速度は真空中よりも遅くなり，したがって波長も短くなるというわけです．

　波長短縮率は短くなる度合いを表しますが，この値は誘電率の平方根の逆数です．材料の誘電率（この例では4.8）がそのまま使えれば便利なのですが，電界がすべて誘電体の中に納まっているわけではないので，空間にもれる分を加味した実効的な値，つまり実効比誘電率の平方根の逆数を使うというのが正解です．

　この例では，図5-7に示すように実効比誘電率は約3.8なので，波長短縮率は0.51となります．波長短縮されている状況下で60 mmの線路長であれば，60 mmを0.51

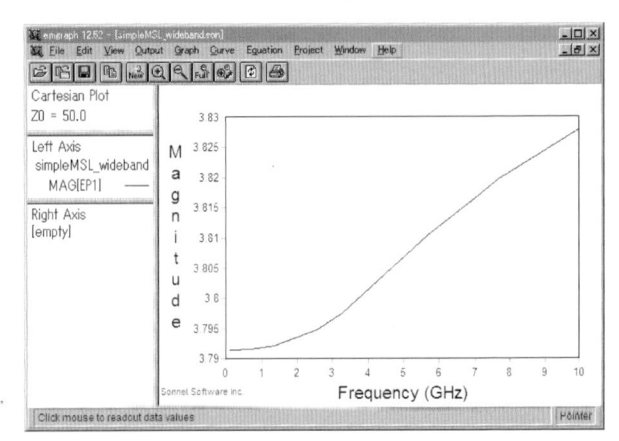

図5-7　実効比誘電率
周波数によってわずかに異なる．
2.55 GHzでは約3.8．

で割った117.7 mmに相当する周波数2.55 GHzで反射が少なくなり，**図5-5**のようなグラフになると考えられるわけです．

　これで一件落着といいたいのですが，そもそも半波長の整数倍ではなぜ反射がなくなるのか？という謎が残ります．伝送線路の教科書[5-1]にある無損失伝送線路の基礎公式にあてはめると，伝送線路長が半波長の整数倍のときには，入力インピーダンスは，伝送線路の特性インピーダンスによらず，出力側の負荷の値に等しくなります．

　また，線路に半波長の波が乗っている絵をイメージすると，入力ポートと出力ポートにある波の振幅は同じなので，線路の特性インピーダンスによらず，入力ポートには負荷の50 Ωがそのまま見える，というのが直感的な説明です．したがって50 Ωで正規化した反射係数はゼロになります．

5-3　グラウンドにスリットがある基板からの不要輻射

● グラウンドにスリットがある場合

　ベタ・グラウンドや電源プレーンは，配線のインダクタンスを小さくすることができるので，スイッチングノイズを小さくできるなどのメリットがあります．

　実際の基板では，部品取り付けのための穴が随所にあけられ，場所によっては配線の直下にスリット（細長い孔）ができてしまうことも考えられます．

　図5-8は，**図5-4**のMSLのグラウンド中央部に幅1 mm，長さ7 mmのスリットがあるときに，反射特性がどのように悪化するかをシミュレーションしたモデルです．

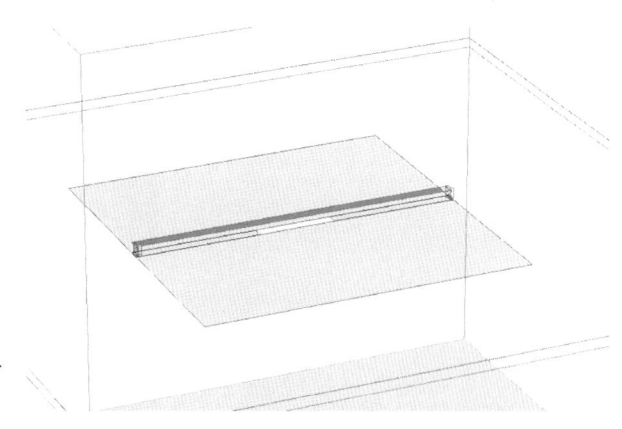

図5-8 グラウンドにスリットがあるMSLモデル

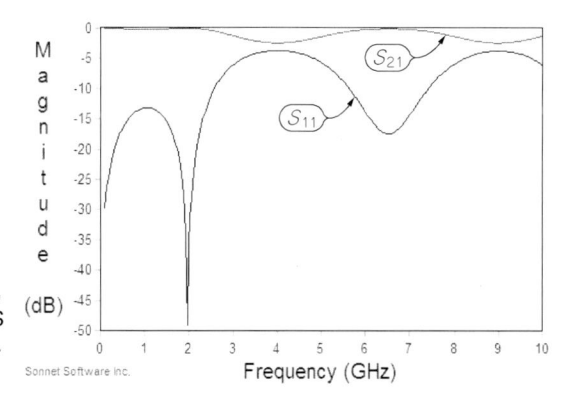

図5-9 グラウンド中央部に幅1mm，長さ7mmのスリットがあるMSLのSパラメータ（simpleMSL_7mm_slit.son）

● Sパラメータの解析

図5-9にSパラメータのグラフを示しますが，グラフの縦軸はdB（デシベル）で表したリターン・ロス（反射減衰量）です．

このようなスリットがベタ・グラウンド面にあるとき，表面電流はどのように分布しているのでしょう．SonnetでMSLをシミュレーションするときには，一般に解析空間の底（Box Bottom）をグラウンド導体に見立てますが，ここでは配線の直下に新たな層をつくり，自前でスリット付きのグラウンドをモデリングしています．

図5-10は2GHzにおける結果ですが，スリットの縁に沿って強い電流が流れていることがわかります．しかし図5-9を見ると，4GHz前後や9GHz前後の領域では反射が大きいこともわかりました．

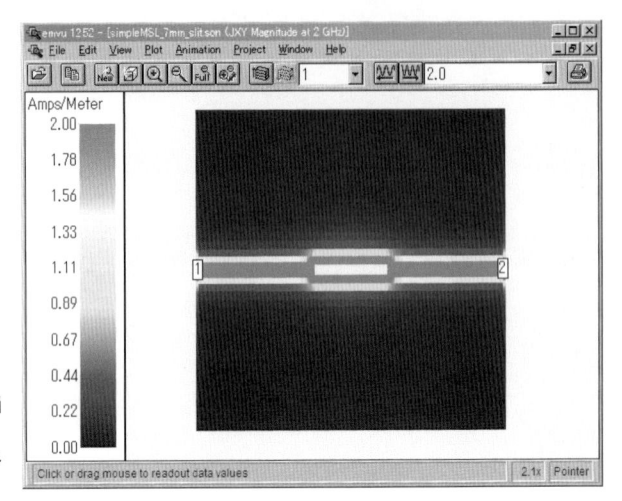

図5-10 2 GHzにおける表面電流分布
スリットの縁にも強い電流が流れている.

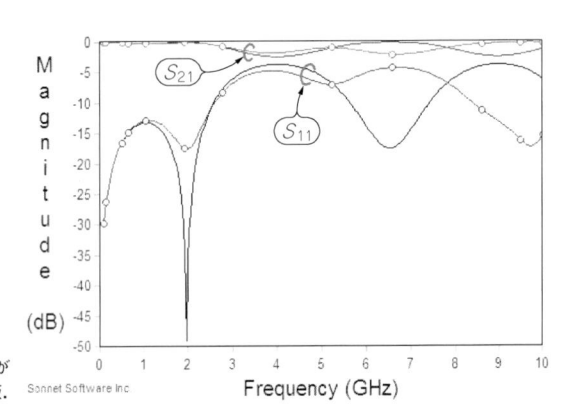

図5-11 Sパラメータ
スリットの端が中央にある基板(マーカが白丸)と,スリットが中央位置にある基板.

● スリットの位置による違い

　次にスリットの位置を変えた場合,反射特性にどのような変化を生じるのかを解析してみました.図5-11は,スリットが中央位置にある基板と,スリットの端が基板の中央にある場合の2種類で,Sパラメータの違いを示しています.

　5 GHzあたりまではほぼ同じ特性ですが,7 GHz付近では特性が悪くなっていることがわかります.また10～11 GHz付近では,スリットの位置が違うのにもかかわらず,反射が小さいこともわかりました.

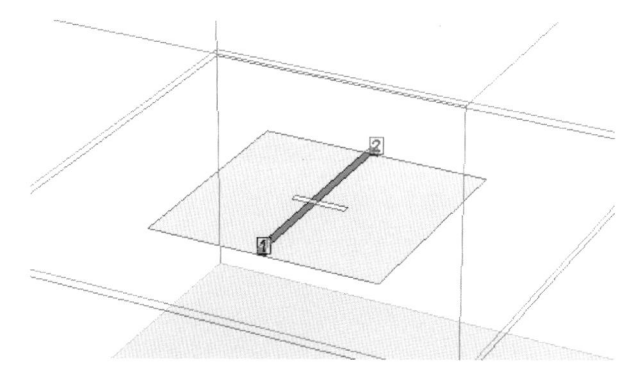

図5-12 スリットが線路に対して直交している基板
(simpleMSL_7mm_cross_slit.son)

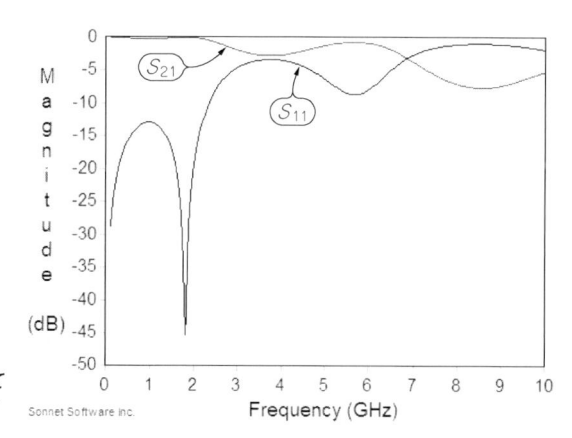

図5-13 スリットが線路に対して直交している基板のSパラメータ

● スリットの向きによる違い

　図5-12は，スリットが線路に対して直交しているモデルです．リターン電流はスリットによって分断されるので，スリットの縁に沿って迂回するように流れるでしょう．そこで，さらに反射が大きくなることが想像されますが，図5-13のSパラメータのグラフで確認すると，8 GHz付近以上は極めて反射が大きくなりました．

　図5-14と図5-15は，グラウンドの表面電流分布です．反射の少ない1.8 GHzでは，リターン電流は迂回しながらも十分流れている様子がわかります．

　8.4 GHzは，図5-13のグラフからも反射が大きい周波数とわかりますが，図5-15を見ると，スリットの右側のリターン電流は弱く，しかも電流の節が認められるので，定在波が立っているようです．また，スリットの左側では，スリットまでの部分に強い定在波のパターンが確認できます．

5-3　グラウンドにスリットがある基板からの不要輻射 | 125

定在波は，進行波と反射波が合成されることで発生します（第2章を参照）．左側のポート1に入射された電磁波は，右側へ向かう進行波ですが，スリットという不連続点があるので，そこから反射波がポート1に戻ります．このように，スリットの左側の線路では進行波と反射波が混在しており，図5-15のような定在波が発生しています．

　進行波は，さらにスリットの縁に沿って両側へ分かれて進みますが，その先の合

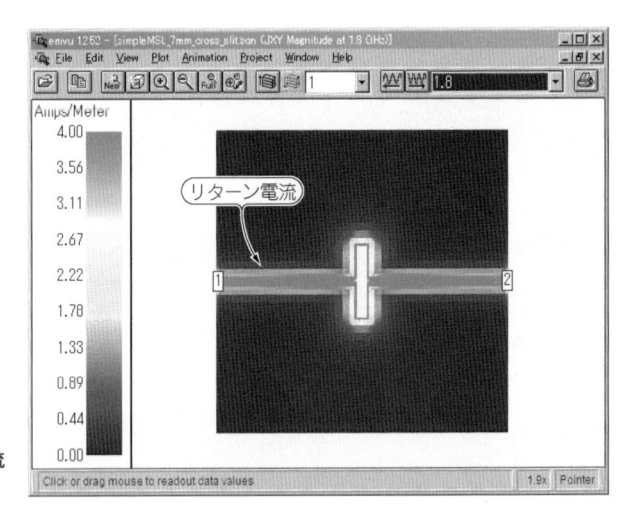

図5-14　グラウンドの表面電流
（1.8 GHz）

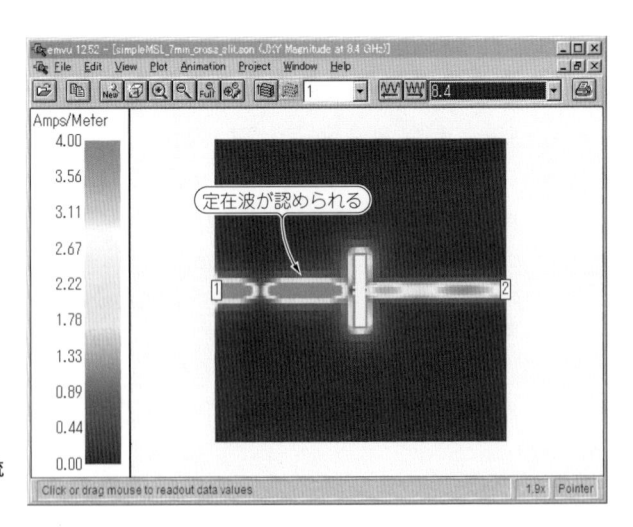

図5-15　グラウンドの表面電流
（8.4 GHz）

流も，電流の流れが急変する不連続点です．この地点は，時間が変化しても常に電流の節になっているので，二つに分岐した電流路がそれぞれ半波長であれば，やはり定在波が立っていると考えられます．

● **基板のまわりの電磁界**

グラウンドにスリットがある基板のまわりの電磁界分布は，どのようになっているのでしょうか．図5-16は，線路に対してスリットを直交させたモデルのシミュレーション結果で，S_{21}（伝達係数）が小さい9.5 GHzにおける電界強度をカラー・スケールで表示しています（米国Remcom社のXFdtd7による）．

線幅方向の中点を通る平面の電界分布ですが，線路とグラウンドの間の電界が強く，線路から少し離れると弱くなっています．

またスリットからやや離れた空間を詳しく調べると，電界はスリットを抜けて，グラウンド・プレーンの下側にはみ出ているのがわかります

このように空間に電界と磁界が拡がることによって，そこには電磁エネルギーが広く分布していると考えられます．

スリットの近傍から離れた空間では，電界の強い領域があたかも浮かんでいるひとかたまりの雲のように見えます．図5-16は電界強度を表しているので，これは電気エネルギーが分布している領域といえます．また磁気エネルギーも同時に存

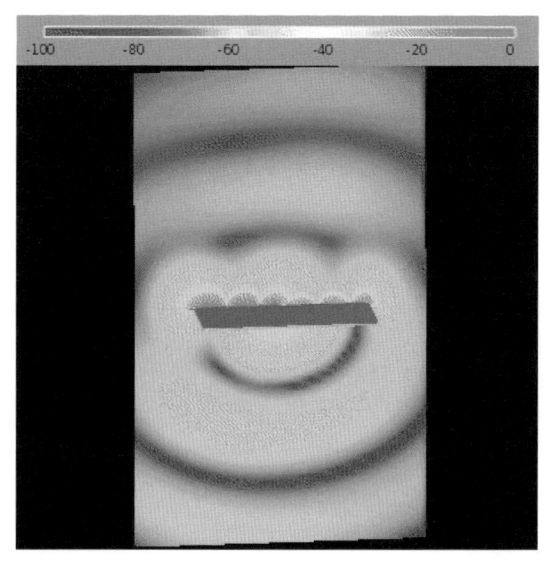

図5-16 スリットを直交させたモデルの電界分布（巻頭のカラー口絵 v 頁も参照）
S_{21}（伝達係数）が小さい9.5 GHzの電界強度．

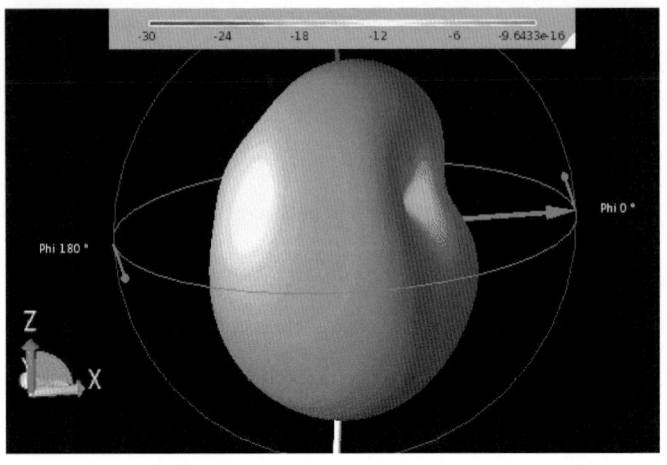

図5-17 スリットを直交させたモデルの放射パターン(巻頭のカラー口絵v頁も参照)
9.5 GHzにおけるシミュレーション結果.

しているので,電磁エネルギーがその先の空間へ移動している,つまり電磁波が不要輻射されている様子を想像できるでしょう.

図5-17は,この基板からの不要輻射を調べた結果で,アンテナの放射パターンを表示する機能を使っています.

放射効率は基板から放射された電力と入力電力の比なので,アンテナの性能を表す指標の一つです.シミュレーション結果は1.6%で,アンテナとしては低効率ですが,基板から不要輻射があることを意味しています.

● 反射が小さい周波数で何が起きているか

最後に,S_{11}(反射係数)が小さい値を示している周波数1.7 GHzで何が起きているか調べてみましょう.この周波数ではポート1への反射が少なく,S_{21}もほぼ1なので,スリットがあるにもかかわらず,入力ポートに加えた電気は,ほぼ出力ポートに伝送されています.従って,基板全体から空間に輻射される電磁エネルギーは,非常に少ないと考えられます.

図5-14に示すグラウンドの表面電流ように,この周波数付近におけるリターン電流は,スリットの縁を回り込んだ後もきちんと流れています.直線路に比べ,迂回によって電流路はやや長くなり,基板に半波長が乗る周波数が低くなったと考えれば,不連続部があっても電磁エネルギーが空間に出ることなく,ほとんど出力ポートに伝わるでしょう.

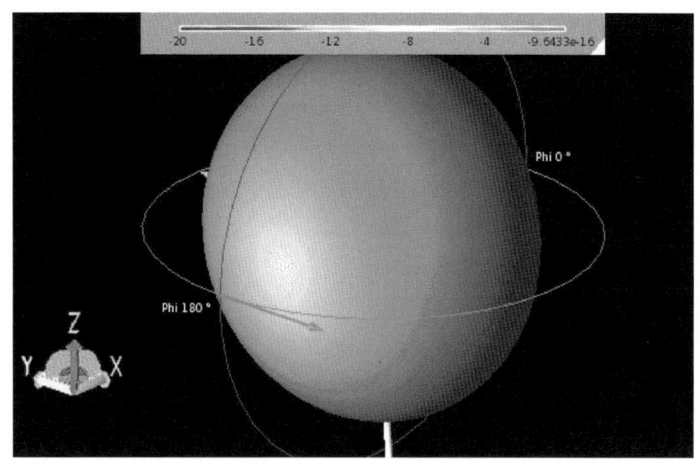

図5-18　スリットを直交させたモデルの放射パターン
S_{11}（反射係数）が小さい1.7 GHzにおけるシミュレーション結果．

　図5-18は，S_{11}（反射係数）が小さい1.7 GHzにおける放射パターンです．図5-17に比べ球体に近く，線路方向の放射に弱いヌル点があるので，ヘルツ・ダイポール*5-2の放射パターンを思い浮かべます．全方向へ平均的な放射があるように見えますが，放射効率は0.02％と極めて小さい値なので，近傍の回路に影響するレベルの電磁エネルギーではありません．

5-4　電磁波のシールドと電波吸収

● 静電シールドとは

　図5-19は，外側の導体2で内側の導体1を完全におおい，導体2をグラウンドにつないでゼロ電位にしています．導体2の電位は一定であればよいのですが，実用的には接地すれば容易にゼロ電位にできます．

　このようなときには，導体2の外側にある電界の影響は，導体1にはまったく及ばなくなり，この状態を静電シールド，または静電遮蔽（しゃへい）と呼びます．

　電磁シールド・ルームは，部屋全体を金属製の壁で覆うことで静電遮蔽を実現し

---

*5-2　ヘルツ・ダイポールは，ドイツの物理学者ハインリッヒ・ヘルツ（1857-1894年）が1888年頃実験に成功したアンテナの元祖である．給電する導線の両端に金属球を二つ付けて，左右に異なる電荷（＋極と－極）を分布させたところから，ヘルツのダイ（二つ）ポール（極）と呼ばれている．より詳しくは第8章を参照．

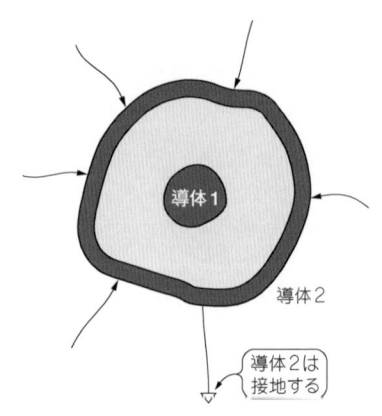

図5-19　静電シールド
導体2をグラウンドにつないでゼロ電位にする.

て，外界の電気的なノイズを遮断する設備です．部屋の中では，生物が発生する微弱な電気を検出して測定したり，バイオ・センサの技術開発などにも使われています．

● シールドの効果を表す物理量

　シールドの効果を表すために用いられる値に，シールド効果（SE：shielding effectiveness またはshielding efficiency）があります．この値はある観測点でシールドを施す前の電磁界を(E_0, H_0)としたとき，シールドを施して入射波の進路を遮ったときの電磁界を(E, H)とし，つぎの式で定義されます[5-2]．

$$SE_E = -20 \log_{10} \frac{|E|}{|E_0|}$$

$$SE_H = -20 \log_{10} \frac{|H|}{|H_0|}$$

$$SE_P = -10 \log_{10} \frac{|P|}{|P_0|}$$

　ここでPとP_0は，シールドを施す前と施した後における空間内の特定の面を通過する電力を表す．

● 磁気シールドの効果

　静磁界や周波数が低い場合，磁気をシールドするには磁性体や超電導体の覆いが必要になります．例えば半径R，厚さtで比透磁率μ_rの球殻による一様磁界のシールド効果は，近似的につぎの式で表されます．

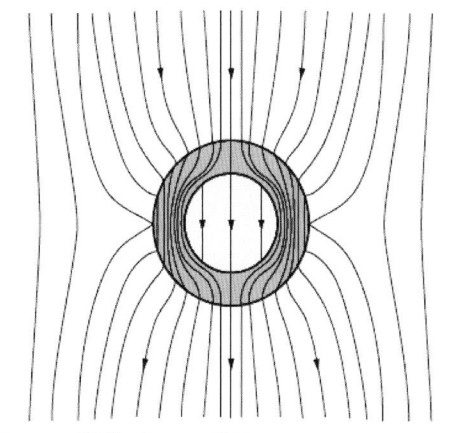

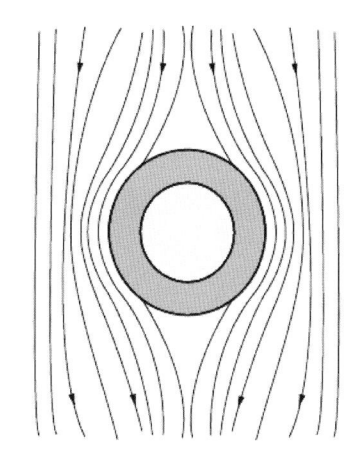

図5-20 磁性体のシールド効果
左は高透磁率の磁性体，右は超電導シールドの様子．

$$SE_H \approx 20 \log_{10}\left(1+\frac{2\mu_r t}{3R}\right) \text{[dB]}$$

図5-20に磁性体シールドの様子を示します．高透磁率磁性材の比透磁率はたかだか10^6程度で，左図のような一層では高いシールド効果は期待できず，多層構造のシールドを用いる場合があります[5-2]．また，静磁界のシールドでは，強磁性体の残留磁化[*5-3]の影響を除くために，シールド層に交流電流を流して消磁することもあるようです．

超伝導体には，外部から加えられた磁界を完全に排除する性質（完全反磁性の性質）があり，マイスナー効果[*5-4]と呼ばれています．図5-20の右は超伝導シールドの様子を示していますが，磁力線はこのように超伝導体の内部に入り込むことはできません．一般に超伝導シールドは，強磁界あるいは逆に極めて弱い磁界を扱う場合の磁気シールドに用いられます．

ロンドン兄弟（フリッツ・ロンドンとハインツ・ロンドン）は，1935年，ロンドン方程式によりマイスナー効果を説明する理論を提唱しました．

● 高周波磁界のシールド効果

アルミニウム，銅などの金属は，これらの原子を構成する電子のスピンの向きが

[*5-3] 強磁性体は，磁界をゼロにしても磁化が無い状態には戻らず残留磁化として磁化が残る．
[*5-4] マイスナー効果は，電気伝導度が無限大という考え方（オームの法則の極限）では説明できない．1935年，London兄弟はこれを説明する現象論的な理論を提案した．

右回りと左回りで対になっています．このため，磁気はちょうど打ち消し合って磁化されません．これら非磁性金属は，低周波の磁界に対するシールド効果はほとんどありませんが，周波数が高くなるとシールド効果が現れます．

これは，金属表面に磁界の変化を弱める向きに誘導電流（渦電流）が発生するためで，ファラデーの電磁誘導の法則によって，時間的に変化する磁界（高周波磁界）が，金属表面に電流を発生させます．

金属には抵抗があるので損失を生じ，これを渦電流損といいますが，磁気エネルギーの一部は，渦電流によって発生する熱エネルギーとなって失われます．

● 空間にできる定在波

空間は電磁波として電磁エネルギーを伝えるので，伝送線路と考えられます．

空間の電界と磁界の比は377Ωで，これは電波インピーダンスまたは波動インピ

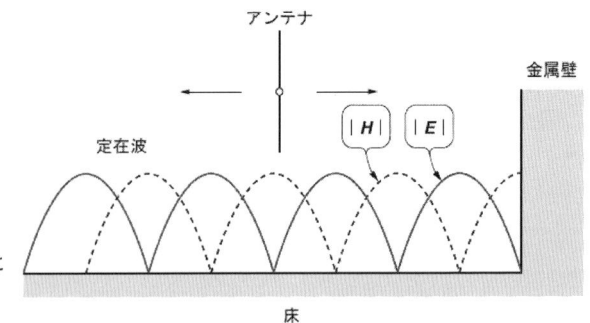

図5-21 金属壁で囲まれた部屋内に発生する定在波の振幅
左の先にも金属壁がある．

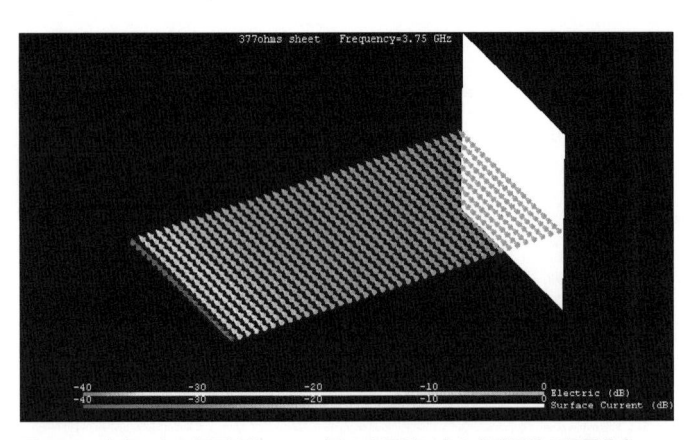

図5-22 右奥にある表面抵抗377Ω/□の金属壁に向かう平面波の電界分布

第5章 高周波と不要輻射の密接な関係

ーダンスと呼ばれています．

図5-21のように，金属壁で囲まれた部屋はシールド・ルームになりますが，その中で電波を出すと定在波が立ち，電界検出型のダイポール・アンテナは，電界の節にあたる領域では通信できなくなることもあります[5-3]．

● 電波吸収の方法

図5-22は，右手奥にある表面抵抗が377Ω/□（平方）の金属壁に，垂直に入射する平面波の電界分布で，図5-23は，これに直交する磁界の分布です．

空間は，右の壁を境界に不連続な状態になりますが，これらの図の電磁界は，壁がないような，あたかも連続状態を保っている分布に見えます．

図5-24は，壁の手前の空間に観測点（ポート）を設けたときの反射係数（return [dB]）ですが，反射が非常に小さいことがわかり，表面抵抗377Ω/□の壁が無反射終端になっていることがわかります．

また図5-25は，壁の手前1mmの観測点で得た水平方向の電界E_xと，垂直方向の磁界H_yの大きさを表すグラフです．

下側のグラフが電界で，ほとんどの周波数で1[V/m]（縦軸右の指標）を示しています．

また上側のグラフが磁界で2.65[mA/m]（縦軸左の指標）ですから，$|E|/|H|$の値は377Ωになっています．

「空間という名の伝送線路」は，特性インピーダンスが377Ωなので，377Ω/□の壁で終端することで，無反射が実現できるというわけです．

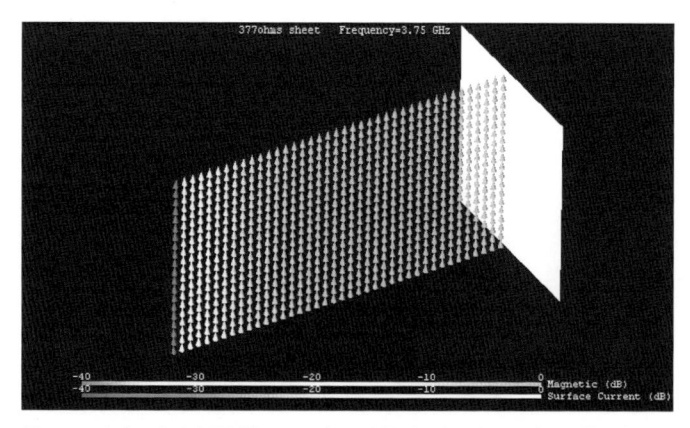

図5-23　右奥にある表面抵抗377Ω/□の金属壁に向かう平面波の磁界分布

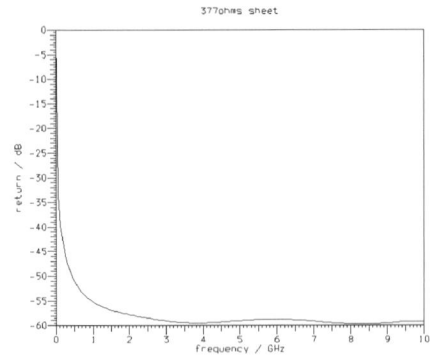

図5-24　壁の手前の空間の反射係数（return［dB］） 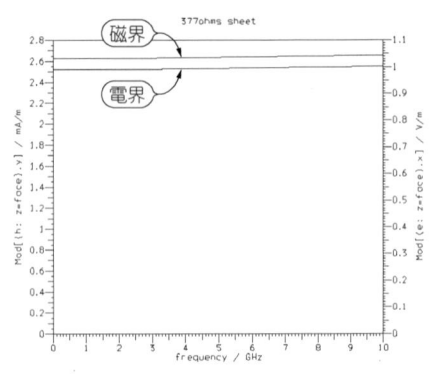　　図5-25　壁の手前の空間の電界強度と磁界強度

第5章のまとめ

(1) MSLのグラウンド面は，線路上の電流パターンを映したようなリターン電流が流れる．
(2) リターン電流を横切る方向のスリットからは，空間に電磁エネルギーが放射されやすく，基板からの不要輻射の要因になり得る．
(3) グラウンド面のスリットに原因がある不要輻射の大きさは，スリットの位置や周波数によって大きく異なる．
(4) グラウンド面にスリットがあっても，電磁エネルギーが空間にほとんど放射されずに，出力側へそのまま伝わるケースがある．
(5) 高周波磁界のシールドは，渦電流損を利用している．
(6) 表面抵抗が377Ω/□の壁は，遠方から到来する電磁波を吸収する（反射させない）．

参考文献

5-1) 清水俊之，三原義男；『マイクロ波工学』，東海大学出版会，1967.
5-2) 仁田周一，上芳夫，佐藤由郎，杉浦 行，瀬戸信二，藤原 修 編集；『環境電磁ノイズハンドブック』，朝倉書店，1999（初版第1刷）.
5-3) 小暮裕明・小暮芳江；『すぐに役立つ電磁気学の基本』，誠文堂新光社，2008.

[改訂]電磁界シミュレータで学ぶ高周波の世界

Appendix 5

第5章のポイントを シミュレーションで確かめよう！

　マイクロストリップ線路のベタ・グラウンドにスリットがあると，周波数によっては近傍の配線路を移動する電磁エネルギーが結合します．また，スリットの周囲長が波長に近づき縁に沿った電磁波が共振すると，最悪のケースとして不要輻射が発生します．
　ここでは，スリットのあるベタ・グラウンド上にMSLの配線を引いて，Sパラメータを調べます．

● MSLのスリットを描く
　図5-26は，本文でも解説している，スリットが線路に対して直交している基板のモデルです．モーメント法は，金属表面の電流分布を求める手法なので，空間に浮いたベタ・グラウンドをモデリングすると，使用メモリが増えます．無償版のSonnet Liteは使用メモリの制限があるので，ここではセルをx, yとも2 mm，Boxは64×64 mmに設定しています．

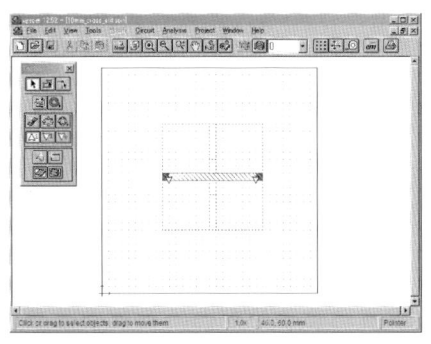

図5-26　スリットが線路に対して直交している基板 (10mm_cross_slit.son)

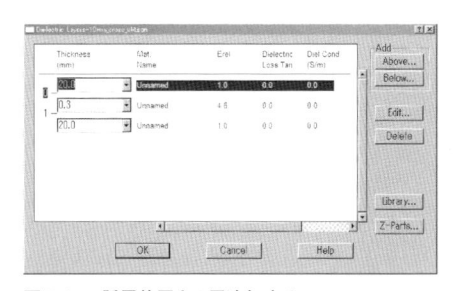

図5-27　誘電体層を1層追加する

図5-27は,「Circuit」→「Dielectric Layers...」で表示される誘電体層のダイアログ・ボックスです.デフォルトでは,二つの層が定義できますが,右上のAddボタンをクリックして,1層追加します.

最上層と最下層は20 mm厚の空気層なので,比誘電率とtan δはデフォルトのままです.

真ん中の層は基板の誘電体なので,厚さを0.3 mmに設定して,Erel(比誘電率)を4.6に,Loss Tan(tan δ)は無損失の0のままにしておきます.

Ctrl+D(Ctrlキーを押したままDを押す)で,配線の下の層Level1に移ったら,図5-28のように長方形を四つ描いて,スリット付きのベタ・グラウンドを描きます.

次に,図5-29の拡大図のように,viaを立ち上げる基礎となる1セルの正方形を

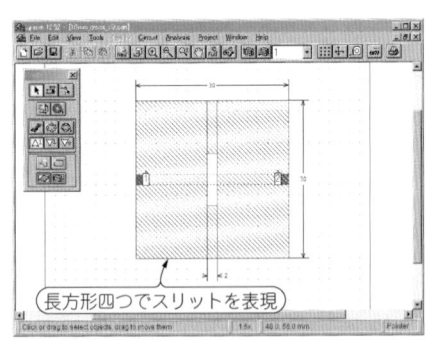

図5-28　Level1にスリット付きのベタ・グラウンドを描く

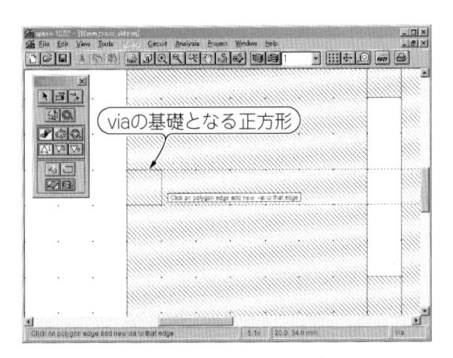

図5-29　Viaの基礎となる金属を描く

図5-30　ToolBoxの左中ほどにあるEdge Viaのボタンをクリック

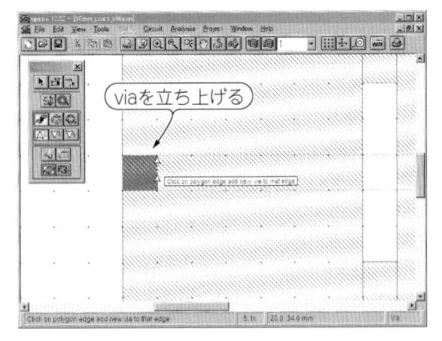

図5-31　上向きのviaを立ち上げる

グラウンドに重ねて描きます.

ToolBoxの左中ほどにあるEdge Viaのボタン(図5-30)をクリックすると,カーソルが変わって,図5-31のように1セルの正方形の右辺上でクリックすると,上向きの△マークが付いたviaが立ち上がります.もし,下向きの▽マークになったら,下の層へ向かうviaになってしまうので,クリックしてDeleteキーで削除します.「Tools」→「Add Via」→「Up One Level」をチェックすると,上の層へ向かうviaになります.

さらにToolBoxで,Edge Viaのボタンの上にあるAdd Portボタンをクリックして,△マークが付いた辺上でクリックすると,図5-32のようにポート1が設定されます.

このポートはviaポートと呼ばれ,グラウンド面に設定していますが,計算上はviaの高さの中点に取られます.

次に,線路の右端にも同様のviaポートを設定します.このとき,基礎となる正方形の右辺の上でクリックすると,viaがグラウンドの縁全部に沿って立ち上がってしまうことがあるので,正方形の左辺の上をクリックするとよいでしょう.

このモデルは,スリットからの放射が想定されるので,図5-33のようにBoxのTopとBottomをFree Space(自由空間)に設定します.

空気層の厚さは,図5-27のように基板の上と下にそれぞれ20 mmです.アンテナのモデルでは,Sonnetのガイドラインによれば1/4〜1/2波長が望ましい距離です.

これは,アンテナをはじめ放射物からこの程度離れると,電磁波の特性インピーダンスが377 Ωになるからです.Sonnetで設定するFree Spaceとは,表面インピ

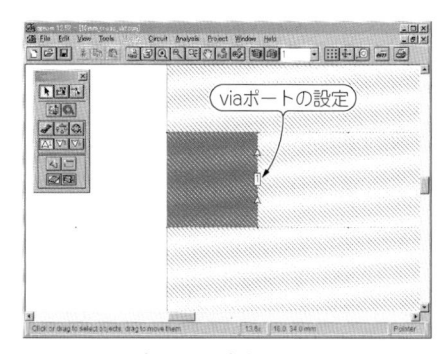

図5-32 Viaポートを設定する

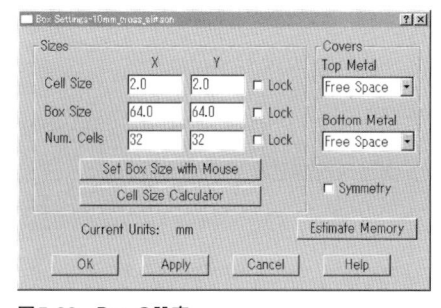

図5-33 Boxの設定
Boxの天井と底はFree Spaceに.

ーダンスが377Ω/□の壁と考えられます．

　それでは周波数範囲を決めてシミュレーションしてみます．「Analysis」→「Setup...」で表示されるダイアログ・ボックスで，デフォルトのAdaptive Sweep（ABS）の周波数範囲を，0.1 GHzから4.0 GHzとします（図5-34）．

　図5-35はSパラメータの結果です．「Graph」→「Marker」→「Add」→「Vertical Line Marker」で垂直の点線が表示されるので，左右の矢印キーで移動させて周波数を表示させます．

　S_{11}（反射係数）が最小の周波数は1.43 GHz付近です．ABSはスタートとストップの周波数を設定するだけで，途中の周波数は指定できません．

　そこで，図5-36のように，「Analysis」→「Setup...」で表示されるダイアログ・ボックスで，Analysis ControlをFrequency Sweep CombinationsにしてAdd...ボ

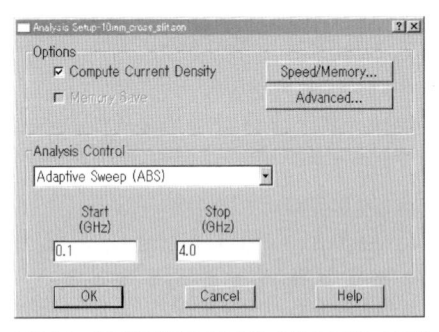

図5-34　周波数範囲を0.1 GHzから4.0 GHzとする

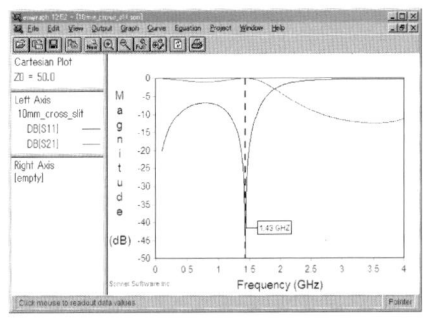

図5-35　マーカを表示して周波数を読む

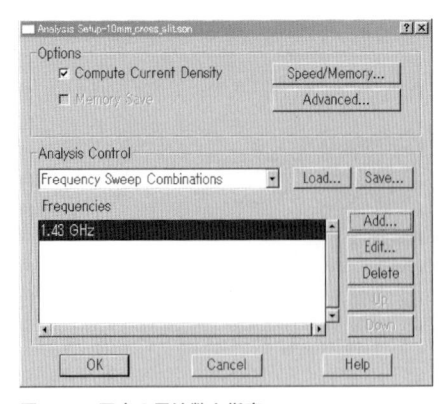

図5-36　固定の周波数を指定

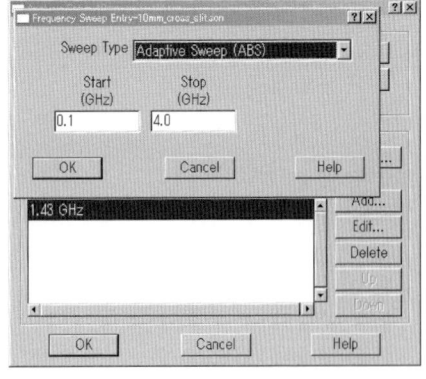

図5-37　さらにABSで0.1～4.0 GHzを指定

タンをクリックすると，Single Frequencyで固定の周波数を指定することができます（図5-36）．

さらにAdd...ボタンでABSを設定すると，図5-37のように設定方法を自由に組み合わせることができます．固定の周波数を複数設定するときには，このダイアログ・ボックスの右下にあるUpとDownのボタンで，固定周波数を上の行に移動してください（図5-38）．

こうすることで固定周波数を先にシミュレーションすることになり，多くのケースでABSのスウィープが早く終了します．

図5-39は，1.43 GHzにおけるリターン電流の分布です．S_{11}（反射係数）が最小の周波数では，スリットという不連続部があっても，リターン電流はスリットの縁に沿ってきちんと流れていることがわかります．

Sパラメータのグラフは，デフォルトでは縦軸がデシベル表示になっています．グラフ表示の左枠のDB [S11]の上で，マウスの左ボタンをダブルクリックして表示される図5-40のダイアログ・ボックスで，Data FormatをMagnitude (dB)からMagnitudeに換えると，縦軸は0から1の等間隔目盛になります．

Unselectedの中にあるMAG [S21]をダブル・クリックするか，右向き3角ボタンをクリックして，Selectedの欄へ移してOKボタンを押すと，画面にS_{11}とS_{21}が表示されます．

さらに，＋の虫眼鏡アイコン（Zoom In）で，反射係数の大きい3.4 GHz付近を拡大してみます．

グラフは図5-41のようになりますが，ここで「Graph」→「Marker」→「Add」→

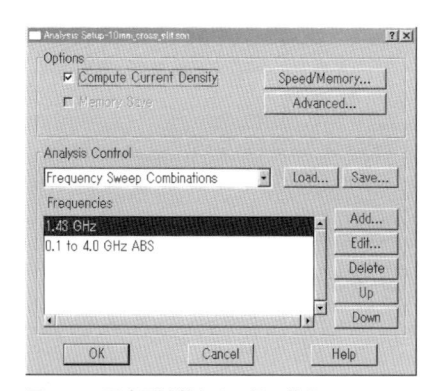

図5-38　固定周波数を上の行に移動

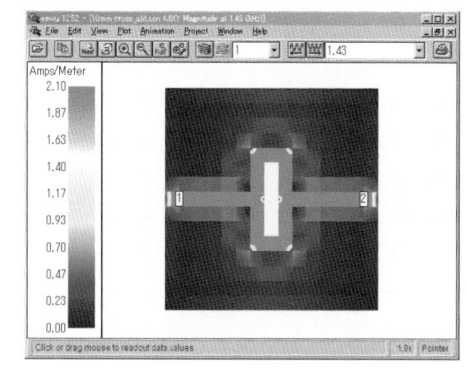

図5-39　1.43 GHzにおけるリターン電流分布

Appendix 5　第5章のポイントをシミュレーションで確かめよう！

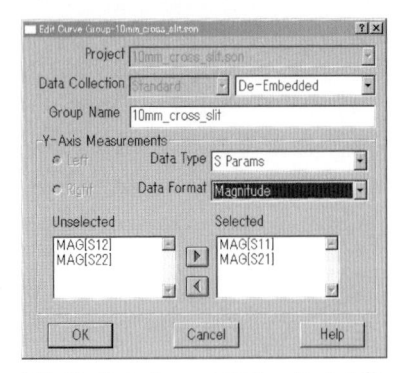

図5-40　Data FormatをMagnitudeに換える

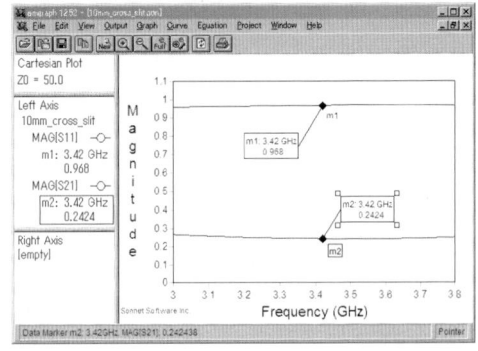

図5-41　データ・マーカで，プロットの値と周波数を表示する

「Data Marker」の新しいカーソルの先端で，グラフ・プロットの上をクリックすると，マーカの近くに図5-41のようなデータが表示されます．

図5-41では，3.42 GHzのS_{11}が0.2424，S_{21}が0.968です．Sパラメータは電圧比ですから，放射や損失がなければ反射電力比と透過(伝達)電力比の和は1になり，$|S_{11}|^2 + |S_{21}|^2 = 1$が成り立ちます(エネルギー保存の法則)．

3.42 GHzでは0.0588 + 0.937 = 0.9958となって，1との差0.0042が放射や損失で失われたエネルギー分を表しています．このシミュレーションでは，金属や誘電体を無損失でモデリングしているので，これは不要輻射だけの割合と考えられます．

[改訂]電磁界シミュレータで学ぶ高周波の世界

第6章

差動線路を理解する

❖

基板上の配線にストリップ線路やデュアル・ストリップ線路の差動線路構造を用いることにより,クロストークやコモン・モード・ノイズの発生を改善することができる.電磁界シミュレーションを行いながらそのメカニズムと問題点について詳細に検討する.マイクロストリップ線路と動作比較を行う.

❖

　携帯電話の基板は新たな機能が追加されるたびに小型・薄型化が進み,配線もますます細くなっています.接近した複数の配線は,周波数によっては電磁的な結合(クロストーク)が強くなることは第3章で学びました.マイクロストリップ線路はベタ・グラウンドを共用するので,本質的にグラウンドを介して電磁結合しやすい構造とも言えます.そこでグラウンドを個別に分けた配線と信号線のペア線が使われるようになり,差動線路とも呼ばれていますが,その元祖は第1章に登場した平行2線です.

　本章では,差動線路を電磁界シミュレーションすることで,なぜクロストークが改善されるのかを調べます.また,差動線路は万能薬なのか,いかなる場合も期待通りの効果が得られるのかも探ります.

6-1　差動線路とは

● 差動線路の配線構造

　差動伝送線路の配線構造は,図6-1に示すような3種類が代表的です.
　また両面基板で図6-2のような互いに逆相の信号ペアを用いる線路を,差動(ディファレンシャル)ペア線路と呼んでいます.
　第1章から第5章に登場したマイクロストリップ線路(MSL)は,帰路を共通のグ

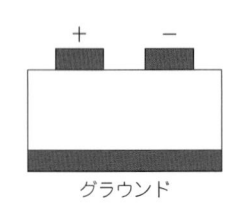

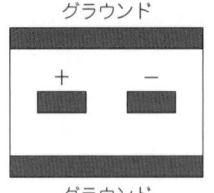

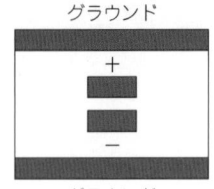

図6-1 差動線路の代表的な配線構造
＋と－の記号は，電流が互いに逆向きであることを示す．

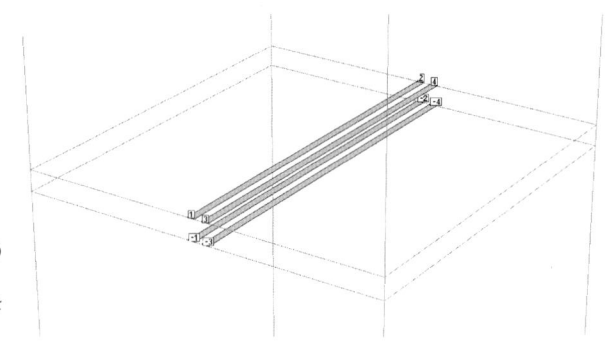

(a) マイクロストリップ線路
(b) ストリップ線路
(c) デュアル・ストリップ線路

図6-2 差動(スタックト・ペア)線路のモデル(spl.son)
両面基板で互いに逆相の信号ペアを配線．Sonnetによるモデル．

ラウンドとするシングルエンド信号伝送ですが，グラウンド幅が十分であれば往復の信号電流は振幅が等しくなります(向きは逆)．これをノーマル・モード電流と呼んでいますが，信号線の電流と帰路の電流から放射される電磁波は互いに打ち消し合うので，不要輻射は小さくなります．

　ノーマル・モード電流はディファレンシャル・モード電流とも呼ばれていますが，差動(ディファレンシャル)線路系の電流と区別するときには，あえてノーマル・モード電流と呼んでいます．

6-2　差動線路は万能薬か

● 差動線路とクロストーク
　差動線路はクロストークの低減に効果があるといわれています[6-1]．そこで，まず図6-3のような同じ基板材料を用いた二つの線路をシミュレーションして，クロストークを比較してみます．

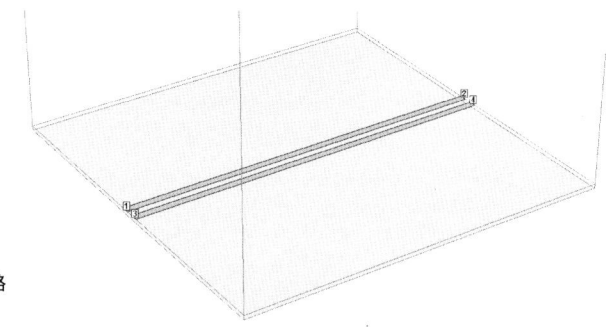

図6-3 マイクロストリップ線路のモデル(msl.son)

　差動ペア線路とマイクロストリップ線路をモデリングしますが，二つの線路は構造が異なるため，クロストーク量を比較するために何を一致させるか迷います．
　ここでは，線間の距離を1mmに固定し，線幅も1mmに固定しています．もし特性インピーダンスを50Ωに揃えることが重要と考えれば，厚さが異なってしまい，逆に厚さを固定すれば，こんどは線幅が異なってしまうので，ここでは前者の方法を採用しました．
　第3章で学んだように，図6-2や図6-3のようにポート番号を設定したとき，Sパラメータの結果を調べることで，直接クロストーク量を評価できます．
　S_{31}はポート1に信号(例えば1[V])を与えたときにポート3に現れる電圧との比率なので，バックワード(近端)クロストークを表します．またS_{41}はポート1とポート4の電圧比で，フォワード(遠端)クロストークを表します．
　図6-4はSパラメータの結果ですが，50Ω線路に設計したので，100MHzから2GHzまでS_{11}(反射係数)は小さい値になっています．
　通過特性を示すS_{21}(伝達係数)は1(100%)から徐々に下がっており，周波数が高くなるとポート2には電圧降下が起きているのがわかります．これはおもに線路の損失によるもので，電流Iと配線抵抗Rの積の電圧降下(IRドロップ)として知られています[6-2]．
　マイクロストリップ線路の損失は三つの周波数レンジで把握する必要があるという報告[6-3]があり，図6-4の周波数範囲では，エッジの特異性が現れるにつれて損失はしだいに増加していきます．また，誘電体は$\tan\delta$による損失があり，これらによりS_{21}(伝達係数)は，周波数が高くなるにつれて徐々に小さくなっています．
　Sonnetはモーメント法による周波数領域の解法[5-2]なので，入力信号はサイン波です．また図6-4の広帯域にわたるデータは，ABS機能を用いて数百点のデータを補間した結果で，実際に計算した周波数は8点でした．

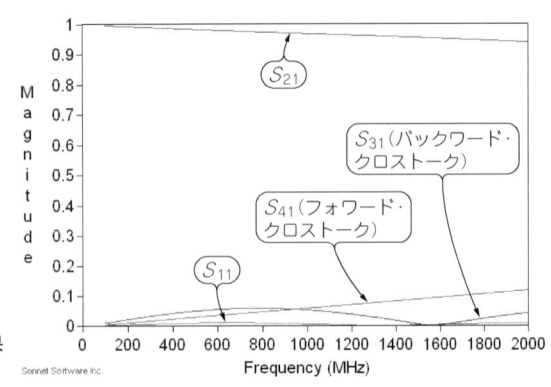

図6-4 Sパラメータの結果
縦軸は等間隔目盛.

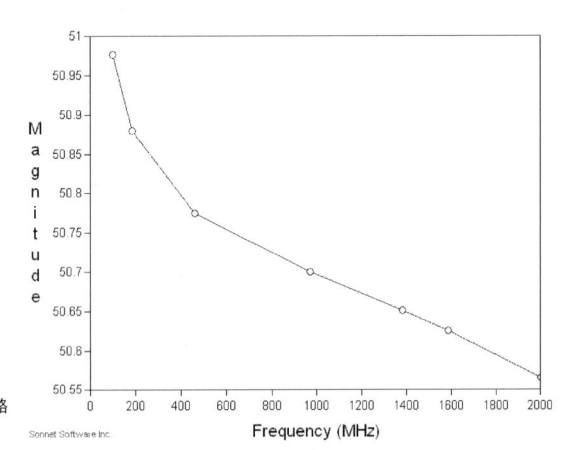

図6-5 実効比誘電率
1本のマイクロストリップ線路モデルから得た結果.

● **クロストークの比較**

1 GHz付近までS_{31}（バックワード・クロストーク）はS_{41}（フォワード・クロストーク）を上回っていますが，2 GHzより手前で小さくなっています．S_{11}もこの傾向があり，これは線路の電気長が1/2波長になる周波数に相当しています．

図6-5は1本のマイクロストリップ線路から得た実効比誘電率ε_{eff}ですが，波長短縮率はつぎの式から求められます．

$$波長短縮率 = \frac{1}{\sqrt{\varepsilon_{eff}}}$$

線路長は50 mmなので，電気長が1/2波長の周波数f_0は，以下のように計算されます．

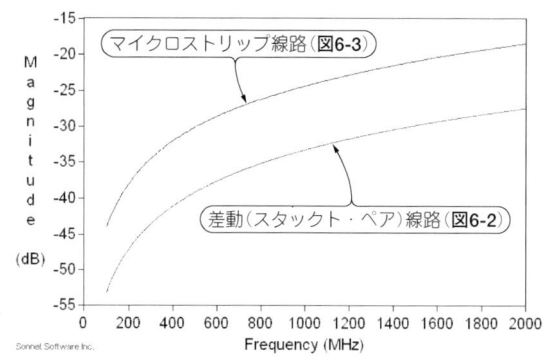

図6-6 フォワード・クロストークの比較
差動線路のほうがマイクロストリップ線路よりも5〜10 dB小さい.

$$f_0 = \frac{3 \times 10^8}{2 \times 50 \times 10^{-3} \times \sqrt{3.66}} = 1.57 \,[\text{GHz}]$$

線路はこの周波数で1/2波長に相当しますが，このときポート1では負荷のインピーダンス50 Ωが直接見えることになり，無反射状態になります．

S_{41}は，周波数が高くなるにつれて単調に増加していますが，ここで差動ペア線路の結果と比較してみます．

図6-6はS_{41}をdB（デシベル）表示にして，差違をわかりやすくしています．これはフォワード・クロストークの比較ですが，差動ペア線路の方がマイクロストリップ線路よりも5〜10 dB小さいことがわかりました．

● 差動線路でクロストークを低減

図6-7は，時間領域のTLM法（第9章を参照）によるMicroStripesで，図6-3と同じマイクロストリップ線路をシミュレーションした結果で，線路のまわりの電界ベクトルを小さい円錐形で表しています．

信号は左側の線路を伝わっていますが，共通のグラウンドを介して，右側の線路とグラウンドの間にも，やや強い電界が認められます．また右側の線路の縁に沿ってやや強い電流が流れているのがわかりますが，これらがクロストークの発生している状況を示しています．

図6-8は，ポインティング電力[*6-1]（単位 $[\text{W/m}^2]$）の時間平均値をカラー・スケールで表示したもので，右側の線路にも電力が伝わっていることがわかります．

[*6-1] ポインティング電力とは，ある領域を囲む表面を通って，その領域内に毎秒流入する電力である．

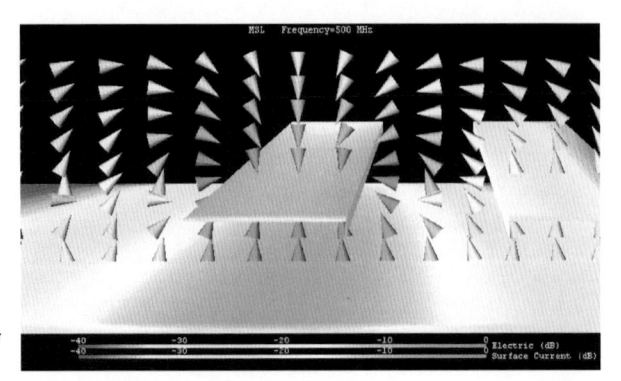

図6-7 マイクロストリップ線路の周りの電界ベクトル

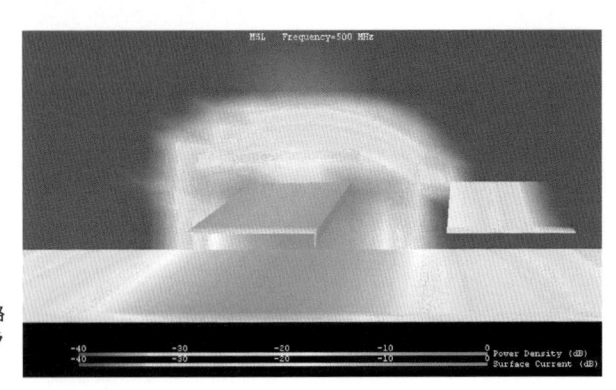

図6-8 マイクロストリップ線路の周りの電力時間平均値をカラー・スケールで表示

　図6-9は，差動ペア線路のまわりの電界ベクトルで，右側の線路間の電界は$-40\,\mathrm{dB}$程度を示しています．図6-7のマイクロストリップ線路の右側では$-30 \sim -20\,\mathrm{dB}$なので，差動ペア線路に比べて強いことがわかります．

　差動ペア線路では，励振している左側の線路間の電界が強く，近接のペア線に結合する電磁界が弱くなっています．図6-10は磁界ベクトルで，こちらも右側の線路に結合する量はかなり少ないことがわかります．

　また図6-11は，図6-8と同様に，電力の時間平均値をカラー・スケールで表示しています．分布を見やすくするために最小スケールを$-60\,\mathrm{dB}$にして強調表示していますが，右側の線路付近の電力は縁部に限られています．

　以上から，差動線路は線間に電磁界を集中させる能力に優れており，このことから近接の線路に引き寄せられる電磁エネルギーは，共通グラウンドがあるマイクロストリップ線路よりも少なくなることがわかりました．

図6-9 差動線路の周りの電界ベクトル

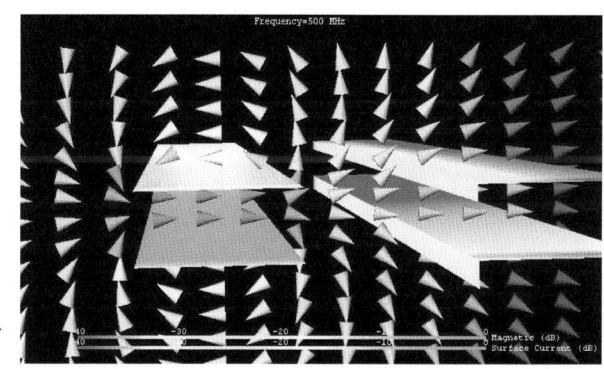

図6-10 差動線路の周りの磁界ベクトル

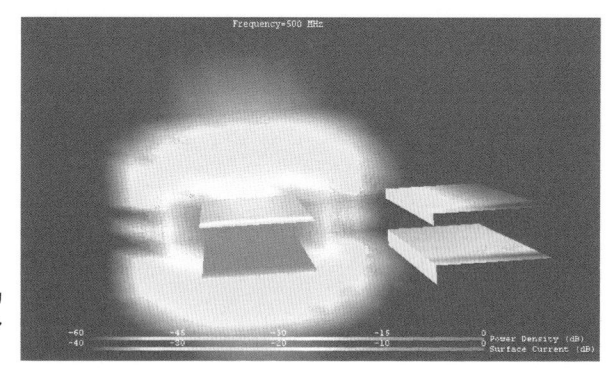

図6-11 差動線路の周りの電力時間平均値をカラー・スケールで表示

● マイクロストリップ線路構造の場合

　図6-12のような，マイクロストリップ線路構造の差動線路のペアを二つ接近させたときのクロストーク量を求めました．

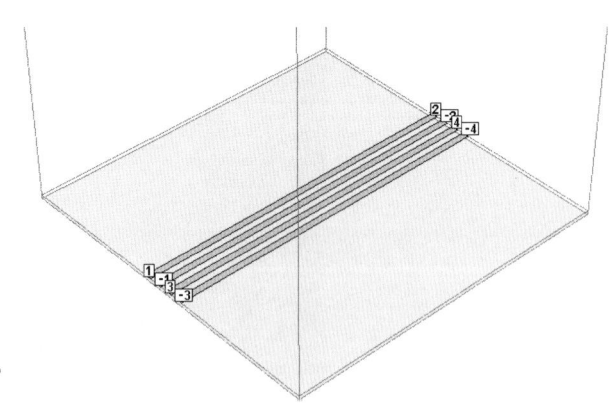

図6-12 MSL構造の差動線路
ペアの線間は1mm,線幅も1mm,ポートは100Ω終端.

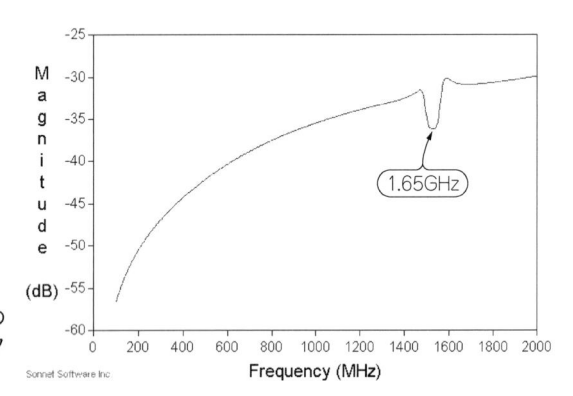

図6-13 MSL構造の差動線路のペアのフォワード・クロストーク
1.65GHzに特異点が見られる.

　ポート番号は,+1,-1,+2,-2,+3,-3,+4,-4のように設定して,二つのペア線間の距離を1mmに固定し,線幅も1mmにしました.ポートは100Ωのブリッジ終端となるように,Sonnetのデフォルト値を50Ωから100Ωに変更しています(Sonnet Liteでは変更できない).

　図6-13はフォワード・クロストークですが,図6-6の差動(スタックト・ペア)線路よりもやや小さくなっていることがわかります.

6-3　　差動線路は万全か

● ノーマル・モード,コモン・モードとノイズの関係

　ノーマル・モードを直訳すれば「普通のモード」ですから,一般的な端子による二つの電極間に信号を加えた形態をいいます.ノーマル・モード・ノイズは,このよ

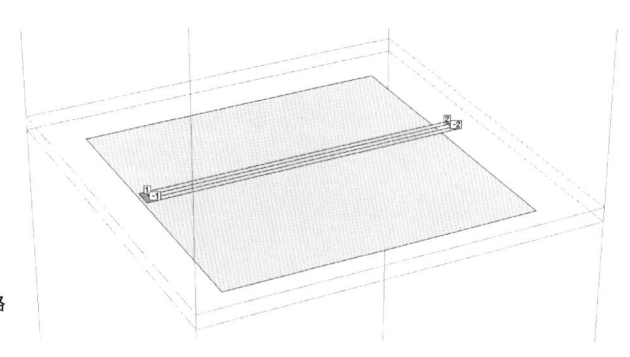

図6-14　MSL構造の差動線路モデル(diff.son)

うな2本の信号線の間に発生するノイズですから，両線路のノイズ電圧が等しければ，ノイズは負荷側のデバイスに現れないと考えられます．

　一方，コモン・モードのコモンは「共通の」という意味で，信号源や電源とグラウンド間に共通にノイズが乗れば，コモン・モード・ノイズを発生します．

　このようにコモン・モードは2本の往復線路とグラウンド間に共通に加わる形態ですが，両線路のノイズ電圧が等しくない場合，その差分がコモン・モード・ノイズとして現れるとも考えられます．

● 線路の表面電流によりコモン・モードの発生を調べる

　図6-14は，マイクロストリップ線路構造の差動伝送路モデルです．線路や誘電体は図6-3をベースにしていますが，基板からの放射も求めるので，基板のグラウンドをSonnetのBox側壁から離して描き，2本の線の端に余計な金属を付けて，図6-15に示すようなポート1とポート-1を設定しました．

　図6-16は表面電流表示ですが，ポート1から右側へ同じ距離だけ移動した対向する2点では，電流の値が同じ(向きは逆)になるはずです．線上をマウスでクリックすると，画面の左下に表面電流値が表示されます．この機能を使って得た両電流の差はほとんどゼロになり，ノーマル・モードになっていることがわかりました．

　そこで，図6-17のように差動伝送路を基板の縁に移動してみました．実際にはこのような位置に線路を置くことはありませんが，ここでは最悪ケースを想定して得た結果から考察してみます．

　表面電流の差をわかりやすくするために表示スケールの上限を調整して，図6-18のように，違いがわかる程度に両電流の差を表示しました．また，表6-1はマウスでクリックした値を読んでつくった差分ですが，ほぼ同じ値(0.46[A/m])が得られました．

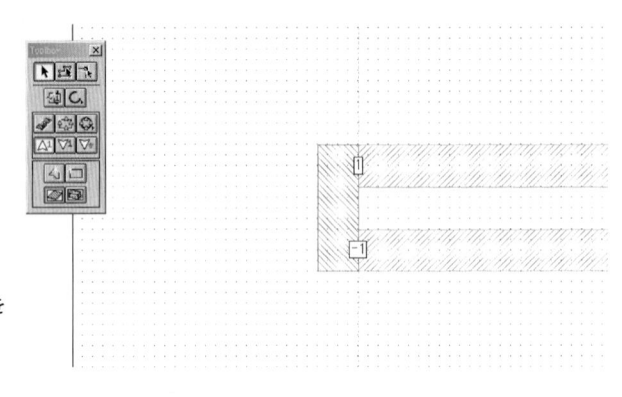

図6-15 ポート1とポート−1を設定
右側のポートも同じ方法を使う．

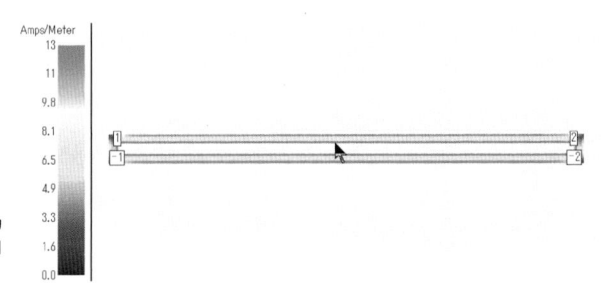

図6-16 配線路の表面電流分布
ポート1から右側へ同じ距離だけ移動した対向する2点では，電流の値が同じである．

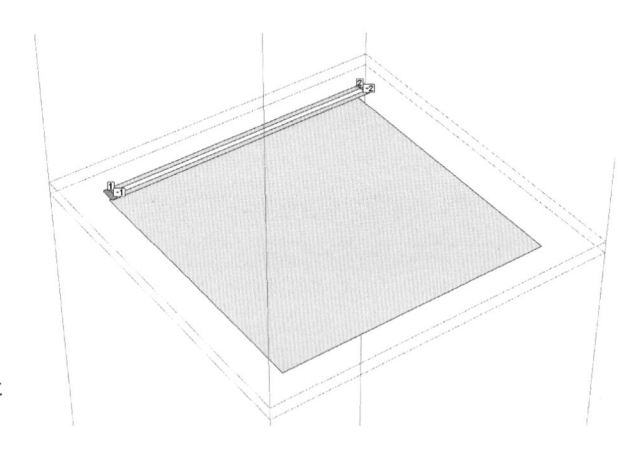

図6-17 差動線路を基板の縁に移動したモデル(diff3.son)

表6-1 両線路に流れる電流とその差分

ポート1からの距離 [mm]	10	20	30	40
上側線路の表面電流 [A/m]	14.38	14.42	14.46	14.49
下側線路の表面電流 [A/m]	13.92	13.97	14	14.03
差分　　　　　　　[A/m]	0.46	0.45	0.46	0.46

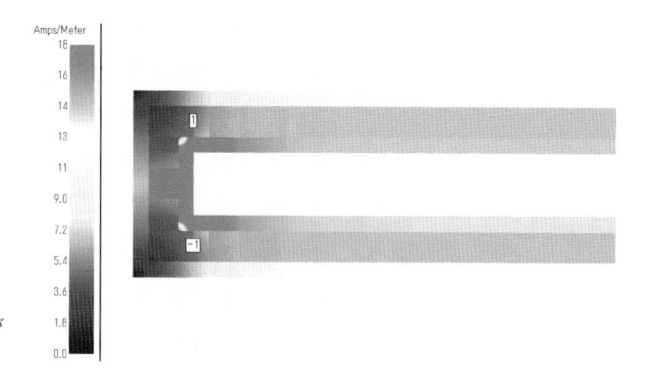

図6-18 表面電流分布
色の違いから電流に差があることが
わかる.

　差動信号の終端方式には，ブリッジ終端(図6-15)，シングルエンド終端，最適終端があります．ブリッジ終端では線間を100Ωの抵抗で終端しますが，Sonnetでは50Ωがデフォルトです．100Ωに変更して調べたところ，差分はほぼ0.23[A/m]になりました．
　以上の結果から，差動伝送路を基板の中央に位置したときには発生しなかったコモン・モード成分は，線路を基板の縁に置くことで最大値になることがわかりました．

6-4　差動線路からの放射問題

● 3m先で観察される電界

　図6-19は，基板の中央に線路を置いたモデルで得た電界強度を，カラー・スケールで表示したものです．これは500MHzにおける分布ですが，線路から空間へ向かってわずか離れれば，電界は急に弱くなることがわかります．従ってこのモデルでは，空間へ放射される電磁波はほとんど認められません．
　図6-20は，Sonnetの3m先の電界を求める機能で得たデータをもとに，差動伝送路が基板中央にあるモデルと基板縁にあるモデルの結果を比較グラフに再編集したものです．ほとんどの周波数範囲で，線路が基板縁にある場合に電界が強くなっています．
　放射の主因をコモン・モード成分と考え，これをダイポール・アンテナ相当とすれば，3m先は遠方界です．この領域では空間へ旅立つ電磁波が伝搬[6-4]していますから，図6-20は不要輻射と考えられます．
　そもそも放射は，図6-21のような微小ダイポールの電荷が励振されることに起

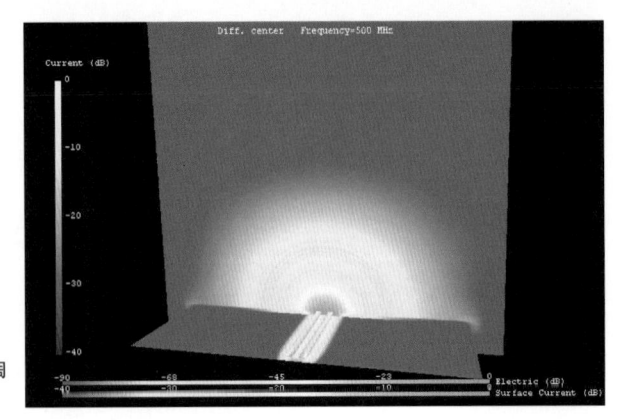

図6-19 MSL構造の差動線路周りの電界強度

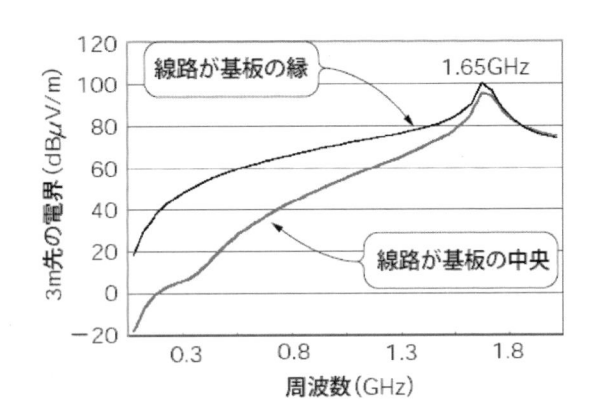

図6-20 3m先の電界
Sonnetで得た結果を再編集した．

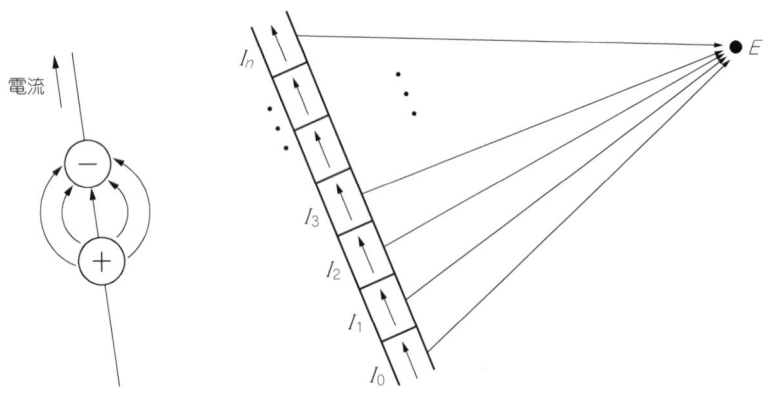

図6-21 微小ダイポールの電荷の励振と微小電流の連続から空間で観測される電界 E

因しています．線路の導体を微小部分に分けると，線路に流れる電流Iは，全電荷Qの時間変化としてつぎのように表されます．

$$I = \frac{dQ}{dt} = n\frac{dq}{dt}$$

ここでqは微小ダイポールの電荷，nは微小部分の分割数を表します．つまり図6-21の微小ダイポールが無数に連なって，電流を生み出しているとするのです．

ところで空間で観測される電界Eは，この電流Iとの間につぎの関係があります（図6-21の右図）．

$$E \propto \frac{dI}{dt} \quad (\propto は比例関係を表す)$$

上式によれば，例えば3m先にある観測点の電界強度は電流の変化に対する時間変化の割合に比例しますから，高周波ほど（dtが小さいほど）電界が強く，電磁波を放射しやすくなることがわかります．図6-20のグラフが右肩上がりになっているのはこのためだと考えられます．

図6-20はモーメント法のシミュレーション結果なので，サイン波信号の場合は右肩上がりの傾向が見られますが，デジタル回路で台形パルス波の場合は，このような単調増加ではなくなることに注意してください．

また電流Iは，図6-21に示すように一方向へ流れているので，これはコモン・モード成分です．ノーマル・モードでは，連続する微小ダイポールが互いに平行に配置されており，線間が小さいときは，電流が互いに反対方向に流れていることでキャンセルされ，電磁波は空間に放射されないようになります[5-2]．

線路はブリッジ終端100Ωですが，これは線間の結合を考慮していない簡易終端です．例えば終端を50Ωに変えると3m先の電界（ピーク値）は5dBほど大きくなりました．このことから，終端が不整合になるとコモン・モード成分が発生すると考えられます．

● 線路のまわりの磁界

図6-20は1.65GHz付近にピークが現れていますが，図6-22に示す線路の表面電流を調べると，ちょうど中央に電流の弱い場所があり，1/2波長の波が認められます．線路長50mmから直接得られる共振周波数は3GHzですが，ここで6-2項で述べた波長短縮の効果を考慮する必要があります．

差動ペア線路は不要輻射を押さえられるはずなのに，なぜ1.65GHzで強い放射が観測されたのでしょうか？

図6-22 線路の表面電流分布（1.65 GHz）
中央に電流の弱い場所（節）が見られ，1/2波長の波が認められる．

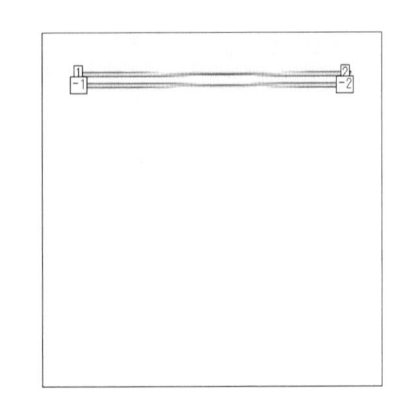

図6-23 グラウンドの表面電流分布
（1.65 GHz，巻頭のカラー口絵 vi 頁も参照）
縁に沿って強い電流が認められる．

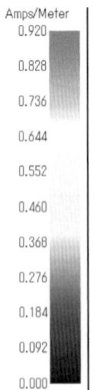

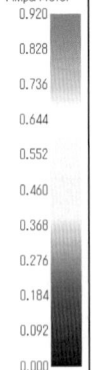

図6-24 グラウンドの表面電流分布
（1.55 GHz）
縁部の電流は弱くなった．

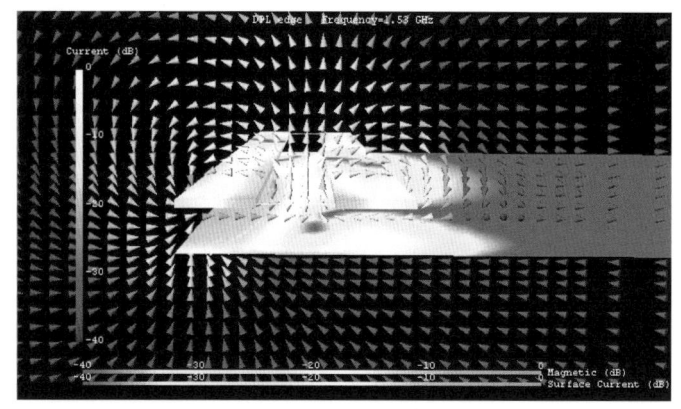

図6-25　空間の磁界ベクトル（巻頭のカラー口絵 vi 頁も参照）
線路のまわりには「アンペアの右ネジの法則」による磁力線がイメージできる．

　図6-23はグラウンドの表面電流分布ですが，縁に沿って強い電流が認められました．例えば100 MHz低い1.55 GHzでは，縁部の電流はかなり弱くなっています（図6-24）．このことから，波長が基板の寸法に近づいてくれば，グラウンドの縁から放射が起こることも考慮しなければならないでしょう．

　図6-25は，空間の磁界ベクトルを表示した例です．線路のまわりには「磁界の向きに右ネジを回転させると，ネジの進む向きが電流の向きになる」というアンペアの右ネジの法則による磁力線がイメージできます．

　ここではグラウンドの縁部にも強い磁界が認められることに着目してください．磁界の向きは金属表面に平行ですが，磁力線密度が高い領域ほど金属表面の誘導電流が強くなります．これによってグラウンドの縁に沿った電流が発生すると考えられますが，その長さが1/2波長やその整数倍に相当する周波数で共振現象を引き起こし，不要輻射のピークを示すでしょう．

● 電界のループ発生とEMI（電磁妨害）

　図6-26はさらに高い周波数7.49 GHzで，より広い空間の電界強度をカラー・スケール表示したものです．これは10 GHzまでの範囲内で3 m先の電界が最大値を示した周波数です．

　7.49 GHzの電磁波の波長は40 cmですが，電界強度の弱い部分を表す青い縞（しま）は，1/2波長（20 cm）おきに現れており，アニメーション機能で確認すると，基板から空間に向かって移動していることがわかりました．

6-4　差動線路からの放射問題

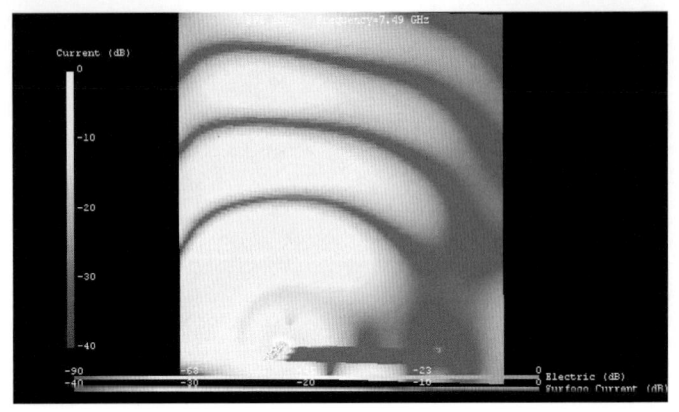

図6-26 広い空間の電界強度(7.49 GHz)
電界強度の弱い部分を表す青い縞は，1/2波長(20 cm)おきに現れている．

　線路の周りに発生した電界ベクトルは，図6-9で調べたようにグラウンドの表面に垂直に向きます．これらが線路近傍で完結していれば放射はなく，伝送線路として機能しています．しかし図6-26のように空間へ拡がってしまったループ状の電界ベクトルは，もはや基板には戻らずつぎつぎに押し出されます．そして，この状態が電磁波が放射されるメカニズムと理解できます[5-4]．

　もちろん磁界も発生していますから，電界と磁界が空間を移動することによって，6-2項で述べたポインティング電力が運ばれ，EMI（電磁妨害）の元凶になるわけです．

● 遠方への放射
　図6-27は，送信アンテナの評価に使用する遠方界放射パターンですが，差動線路が基板中央にある場合，この機能を使って得た全放射電力は，7.8 μW です．
　一方，基板縁に差動線路がある場合は，図6-28に示すように72.4 μW と，約10倍大きくなりました．
　一般に差動線路はEMIが少ないという利点がありますが，コモン・モード成分が重畳したときには逆にEMIが増大する，いわば両刃の剣ともいえることがわかりました．
　コモン・モード・ノイズ信号がEMIの一因であるという認識もよく知られるようになりました．不要輻射の実体は基板から放射される電磁波なので，電磁界シミュレータで差動線路と一般線路を比較すれば，差動インターフェースのメリットが見えてきます．

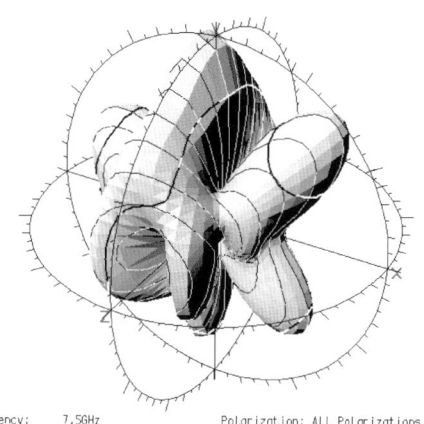

図6-27 遠方界放射パターン
（線路が基板中央）

Frequency: 7.5GHz
Directivity: 5.099dBi = 3.338dBd
Total Power: 7.843uW
Polarization: ALL Polarizations
Radial Scale: Lin: -inf to 0dB-directivity
Contour at: -3 dB-directivity

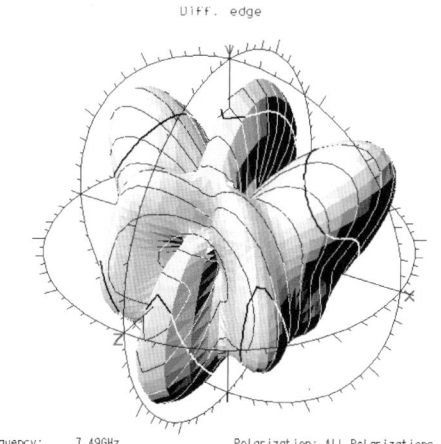

図6-28 遠方界放射パターン
（線路が基板の縁）

Frequency: 7.49GHz
Directivity: 4.689dBi = 2.928dBd
Total Power: 72.392uW
Polarization: ALL Polarizations
Radial Scale: Lin: -inf to 0dB-directivity
Contour at: -3 dB-directivity

　図6-1(a)のマイクロストリップ構造でグラウンド幅が狭かったり，差動線路の近傍に金属筐体や別のグラウンドなどがあれば，これらと電磁界結合が生じることによって信号電流以外の電流が発生します．これがいわゆるコモン・モード電流で，信号線電流と帰路電流による電磁界は十分打ち消されないので，遠方への放射は大きくなります．

また，コモン・モード電流は，高周波になるとグラウンドの縁に沿って強い電流分布を発生させることもあり，EMIをさらに大きくする要因にもなります．

図6-1(b)や図6-1(c)のような差動線路構造は，2枚のグラウンドの効果によってコモン・モード成分が発生しづらいという特徴があります．しかし線間が接近すると相互の電磁結合が強くなり，線路の終端が不整合になれば不平衡状態をつくる要因にもなるでしょう．

第6章のまとめ

(1) ストリップ線路やデュアル・ストリップ線路の差動線路構造は，2枚のグラウンドの効果によってコモン・モード成分が発生しづらいという特徴がある．
(2) マイクロストリップ線路よりも差動線路のほうがクロストークが小さい．
(3) 差動線路は線間に電磁界を集中させる能力に優れており，近接の他の線路に引き寄せられる電磁エネルギーは，マイクロストリップ線路よりも少ない．
(4) 差動線路を基板の縁に置くと，中央位置では発生しなかったコモン・モード成分が最大になる．
(5) 差動線路を基板の縁に置くと，特定周波数ではグラウンド縁部のコモン・モード電流が原因で共振して電磁波が放射される．

参考文献

6-1) 小暮裕明；「シグナル・インテグリティと電磁界解析―クロストークの解析―」，デザインウェーブマガジン，pp.111-116，2000年12月号，CQ出版社．
6-2) 小暮裕明・小暮芳江；『すぐに役立つ電磁気学の基本』，誠文堂新光社，2008．
6-3) 小暮裕明；「シグナル・インテグリティと電磁界解析（後編）―線路の導体損失/三つの周波数レンジ―」，デザインウェーブマガジン，pp.135-141，2001年1月号，CQ出版社．
6-4) 小暮裕明・小暮芳江；『小型アンテナの設計と運用』，誠文堂新光社，2009．

Column 3

MSL（マイクロストリップ線路）とストリップ線路

いろいろな線路や付随する言葉が出てきましたので基本的な用語を整理します．
　　MSL：片面が空間の線路．
　　ストリップ線路：2枚のグラウンドでサンドイッチされた線路．
　　ストリップ：MSLのむき出しになった配線すなわちストリップ導体のこと．

:::banner
［改訂］電磁界シミュレータで学ぶ高周波の世界
:::

Appendix 6

第6章のポイントを シミュレーションで確かめよう！

　本章で述べた差動線路のポートは，Sonnet Liteによるモデルでは1と−1のようなペアで設定できます．マイクロストリップ線路のモデルでは，Boxwall Portを設定するのが一般的です．グラウンドの縁に強い電流が流れる現象を知りたければ，解析空間に浮いたグラウンド板をモデリングするために，Boxwall Portは使えません．そこでポートに一工夫が必要になりますが，これら2種類のポートを使って，差動線路をシミュレーションしてみます．

● マイクロストリップ線路構造の差動ペア

　基板の誘電体材料は，Sonnetに内蔵されているライブラリからFR-4を選び，比誘電率4.9，$\tan \delta$ 0.025の値をそのまま用います．また線路の金属は30 μm厚の銅（導電率58,000,000［S/m］）に設定しました．

　線路の特性インピーダンスを50 Ωにするために，まず1本の線路でモデリングしました．線路幅を1 mmに固定して，誘電体厚を可変したところ，0.55 mmでほぼ50 Ωが得られました（図6-29）．

　つぎにこの線路を2本，1 mm間隔で配置し，近接する線路へ漏れる信号，すなわちクロストークをシミュレーションします．厳密には線路を接近させると特性インピーダンスも変動しますが，再調整はしていません（図6-30）．

　配線の材質は，「Circuit」→「Metal Types...」で，ライブラリから銅を選び，厚さを0.03 mmに設定しました．

　図6-30は，本文の図6-3と同じなので，100 MHzから2000 MHz（2 GHz）までをABSスウィープでシミュレーションして，図6-4の結果が得られるか，確認してください．

　図6-31は，同じ寸法の基板でもう一層追加して，下の配線にマイナスのポートを付けたスタック・ペア線路です．構造は本文の図6-2のとおりで，線路幅を1 mm，

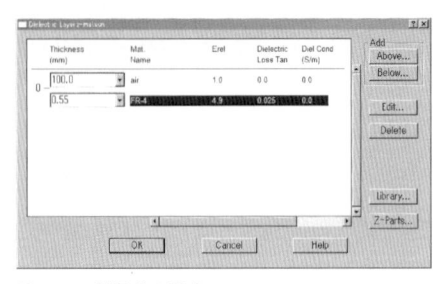

図6-29 誘電体の設定
ライブラリからFR-4を選ぶ.

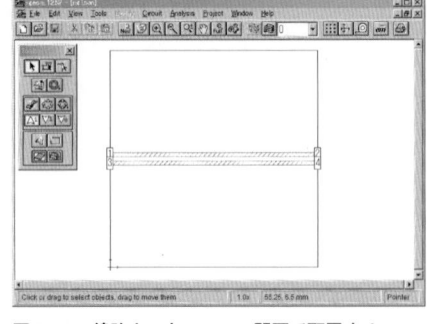

図6-30 線路を2本，1mm間隔で配置する(msl.son)

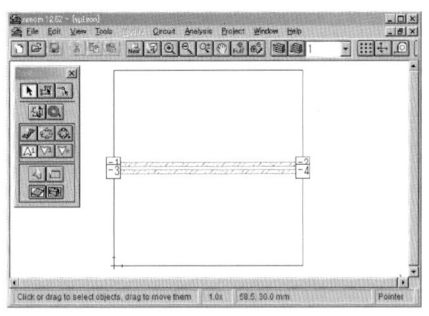

図6-31 スタックト・ペア線路の2層目（Sonnetの Level1）
ファイル名はspl.sonだが，ポートの数の制約でSonnet Liteではシミュレーションできない（参考として示す）.

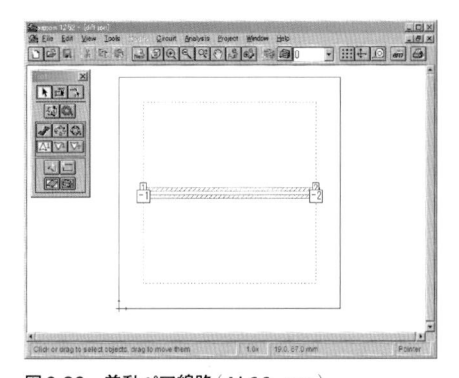

図6-32 差動ペア線路(diff.son)
2層目（SonnetのLevel1）にはグラウンド導体を描いている．差動ポートは1，−1や2，−2のペアで実現.

線間も1mmです.

　図6-32は，同じ寸法の基板で差動（ディファレンシャル）ペア線路を2本モデリングしています．線路幅を1mm，線間を1mmにして，誘電体厚を0.55mmに設定しました．Sonnetでは，差動のポートは，図6-32のように1，−1や2，−2のペアで実現します．これは通常のBoxwallポートと同様にポートを設定した後で，ポートのプロパティを，強制的に−1や−2のように書き換えます.

　図6-33はセル寸法とBoxの寸法で，基板からの放射を調べたいので，BoxのTopとBottomはFree Spaceに設定します．また図6-34は誘電体層の設定で，SonnetのライブラリからFR-4を選び，厚さは0.55mmに設定しています.

　図6-35は，図6-32の差動ペア線路を，ベタ・グラウンドの縁いっぱいに移動し

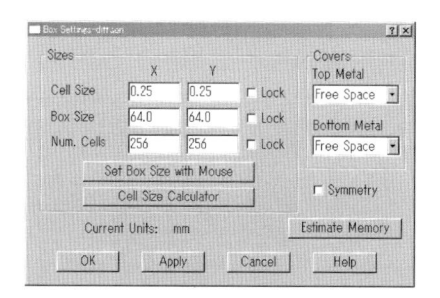

図6-33 セル寸法とBoxの寸法
BoxのTopとBottomはFree Spaceに設定．

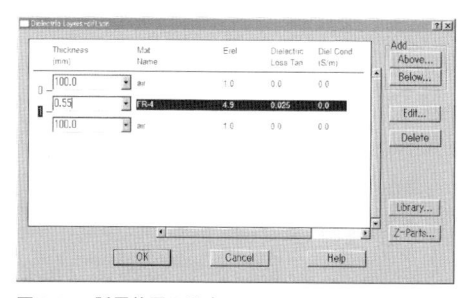

図6-34 誘電体層の設定
誘電体はFR-4で，厚さは0.55 mm．

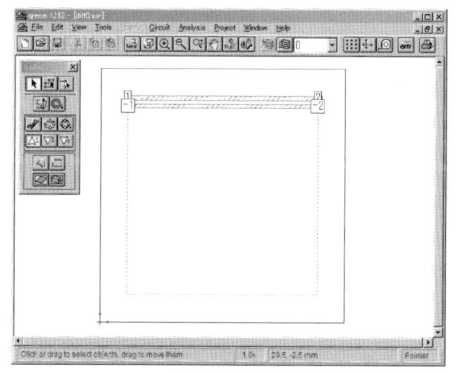

図6-35 基板縁の差動ペア線路（diff3.son）
グラウンドの縁や線路はBox側壁に近いのでBoxを大きくしたいが，16 MBのメモリ制約を超えるので，やや狭い解析空間にしている．

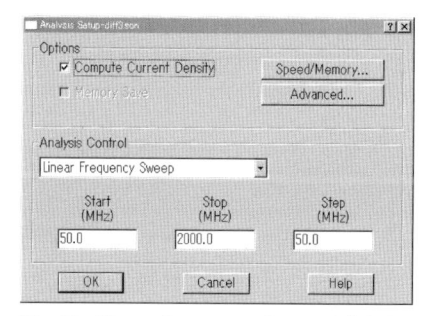

図6-36 Linear Frequency Sweepを指定する

たモデルで，グラウンド導体の縁に強い電流が乗る周波数を特定しています．

　ABSスウィープは自動で周波数が決まるため，Linear Frequency Sweepを指定しています（図6-36）．

　Stepを50 MHzにしているので，シミュレーションの時間は増えます．図6-36の左上のCompute Current Densityをチェックして，全ての周波数における表面電流分布のデータを保存しておきます．

　グラウンド導体の面積が大きいので，使用メモリが増えます．図6-37は，図6-36右上のSpeed/Memory...ボタンをクリックして表示される画面です．ここでスライダ・バーを中央あるいは右端にセットすることで，精度はやや悪くなりますが，Sonnet Liteの制約16 MB以内に収まります．

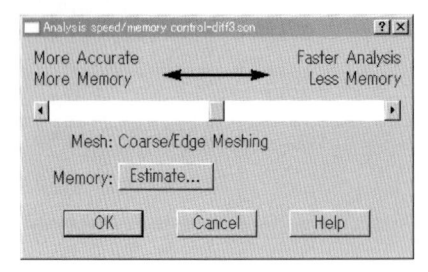

図6-37 使用メモリの調整
スライダ・バーを中央あるいは右端にセットする．

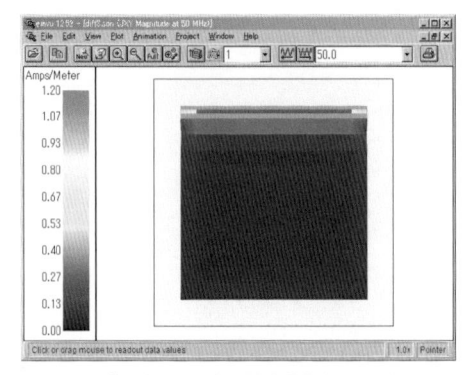

図6-38 グラウンドの表面電流分布（50 MHz）

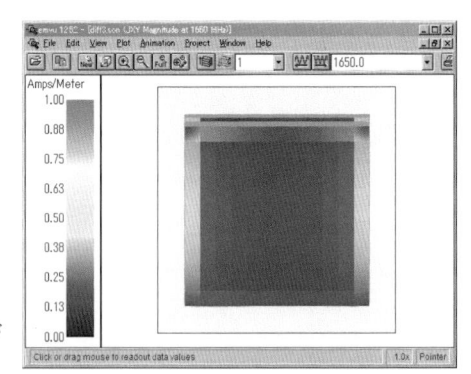

図6-39 1.65 GHzでは表面電流分布が内側へ広がっている

　シミュレーション結果の電流分布を観ると，図6-38のように低い周波数（50 MHz）では，Level1（グラウンド）の表面電流は配線の直下だけが強くなっています．

　キーボードの右矢印キーを押すたびに表示周波数は高くなりますが，1600 MHz（1.6 GHz）では，グラウンドの左右の縁に強い電流の分布が認められます．さらに周波数を高くすると，図6-39の1650 MHzでは，グラウンド導体の内側へさらに入り込んだ領域まで，表面電流の分布が広がっているのがわかります．

　このように，1枚板のグラウンド縁に集中する電流は，これとペアになる逆向きの電流がないのでコモン・モード電流と考えられます．この電流が強い場合は，本文の図6-20のように，3m先での電界のピークが現れることがあり，EMIの原因にもなります．

[改訂]電磁界シミュレータで学ぶ高周波の世界

第7章

高周波の常識になったEMC設計

❖

筐体の開口部から放出される，あるいは内部に侵入する電磁波が引き起こす電磁妨害，電磁干渉といった問題について，電磁界シミュレータを使いさまざまな角度から検討を行う．これらの知見からEMC設計の具体策を探る．また，近年利用が始まりその効果に注目が集まるノイズ抑制シートや電波吸収体についても調べる．

❖

　第6章では，差動線路のメリットについて学びましたが，配線のレイアウト次第では基板周囲の電磁界が空間に放射されることもあります．高周波回路基板を収める金属ケースは多くの周波数で共振します．デバイスに供給している電気エネルギーが元凶ですが，外部にある装置の電磁エネルギーが，ケースに開いている放熱用の隙間を通して入り込んで共振するということも十分考えられます．またこの隙間から電磁波が外部にもれて放射することから，出荷基準を満たさないという問題も起こっています．本章では，こういったEMI（電磁妨害または電磁干渉）の問題も含め，電磁界シミュレーションがEMC（電磁両立性）の評価や改善に果たす役割と可能性についても探ります．

7-1　EMCって何？

● EMCの定義

　EMC（Electoro Magnetic Compatibility：電磁両立性）は，IEEE（米国電気電子学会）の電気・電子の辞典には，「人工システムが，電磁環境を汚染し他に妨害を与えるような不要電磁エネルギーを放出することも，また同時に電磁環境の影響を受けることもなく，その性能を十分に発揮できる能力」と説明されています[7-1]．

　「EMCとは，電磁波に対する環境問題である」という，さらっとした説明もありま

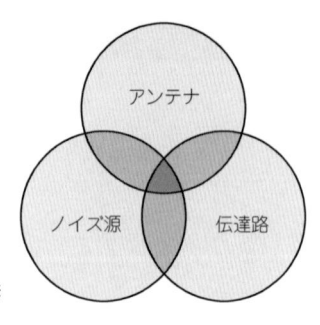

図7-1　EMCの三つの基本要素

す[7-2]．また，ポット（魔法瓶）の熱との対比で，「電磁波(熱)を出さないものは，入りにくい，電磁波(熱)を入れないものからは，出にくい．これがコンパチビリティ（双方向性または両立性）だ！」という説明もあります[7-3]．さらに，電磁波をよく受けるものは，反対に電磁波をよく出す．つまり，よい受信アンテナは，そのままよい送信アンテナとして使える[7-4]．これがEMCというわけです．

　高周波回路のEMC設計において重要なのは，**図7-1**に示す三つの要素です[7-5]．基板上の高周波「ノイズ源」から，配線や他の導体を「伝達路」として，意図しない「アンテナ」に至った電磁エネルギーが放射されるというのがEMCの基本要素です．

　EMIでは，回路の構成物が，それら本来の目的に反した働きをしてしまうところに問題があり，三つの要素をきれいに取り出して個別に対処できないという特徴があります．

　小型・軽量化のニーズで，回路実装の集積度が非常に高くなりました．そして回路素子はより微弱な電力で動作するように設計されるため，隣接する電気機器から放射される電磁エネルギーの影響をますます受けやすくなっています．また電気・電子機器などの人工システムの用途は，いまやわれわれの生活になくてはならない重要なものとなり，心臓ペース・メーカの電磁波障害をはじめとして，電磁環境の問題が社会に及ぼす影響も大きくなっています．

　このように電磁環境と人工システムが両立できる性質をEMC（電磁両立性）と呼び，人工システムの電磁環境に対するサセプティビリティ（周囲の電磁環境に対する感受性）を低下させて，イミュニティ（imunity：電気・電子機器の電磁環境に対する妨害排除能力）を高め，電磁障害を抑制することが極めて重要です．

● EMC問題のモデル

　EMC問題では，信号源からの放射だけではなく，多層プリント回路の伝送線路や基板の端部の共振による放射，あるいは層間の開口部からの放射など，複雑な形

表7-1 EMC関連のシミュレーション事例
モーメント法，TLM法については第9章参照．

解析した問題	解析項目	モーメント法	TLM法	実　測
多層プリント回路	導体の表面電流密度分布	○	○	
	空間の電磁界分布		○	
	基板からの放射	○	○	
	Sパラメータ	○		
開口部を有する装置筐体	筐体の共振周波数	○	○	○
	開口部近傍の表面電流	○	○	
	筐体内の電磁界分布		○	
開口部のインピーダンス	開口部のインピーダンス	○	○	
筐体内に設置した回路	筐体内に設置した回路の誘導電流		○	

状をそのまま電磁界シミュレーションできることが重要です．従って，
(1) 構造全体の電流分布を解析し，問題となる箇所を定性的に探る
(2) 伝送線路のSパラメータを求め，各線路間のクロストークなどについて定量的に解析する
(3) プリント回路の近傍や遠方界の電磁界シミュレーション
などが必要になってきます．

またプリント回路は，最終的には筐体（ケース）に収めて製品化しますから，筐体の中に設置した状態でのシミュレーションも重要です．

筐体内に設置されたプリント回路のサセプティビリティ（電磁的感受性）の問題では，筐体の共振周波数における筐体内の電界および磁界の分布を詳しくシミュレーションする必要があります．著者らが行ったEMC関連のシミュレーション事例を，表7-1にまとめます．

7-2　筐体の開口部を介して侵入する電磁波

● 筐体のスリットの影響

筐体内にプリント回路基板を実装した状態での解析について考えてみます．この問題では，回路からの放射が筐体内あるいは筐体外に漏れ，どのように影響するのかという場合と，逆に外部の電磁界が筐体の開口部（DVDドライブなどのスリットを想定）を介して侵入したときに，内部の回路にどのように結合するかという，2通りが考えられます．以下は，後者について行ったシミュレーションについて述べます．

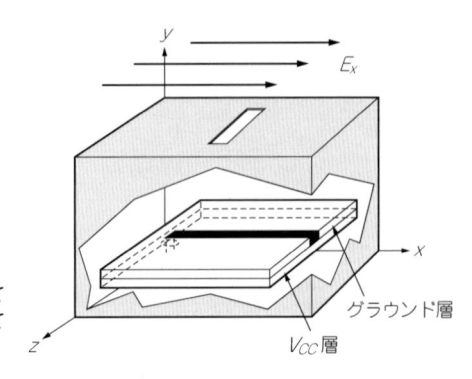

図7-2 筐体の開口部を介して外部電磁界が回路に結合しているモデル

図7-2に示すように，筐体内に信号線，誘電体層，グラウンド層からなる多層のプリント回路基板を設置し，筐体の開口部を介して外部電磁界が回路に結合することによって生じる誘導電流について，TLM法のMicroStripesでシミュレーションしました．

上部誘電体厚：2.0 mm　比誘電率：4.8
下部誘電体厚：1.0 mm　比誘電率：4.8
信号線半径　：1.0 mm
基板寸法　　：260 mm (x)，180 mm (z)
筐体寸法　　：300 mm (x)，150 mm (y)，200 mm (z)
開口部　　　：10 mm (x)，100 mm (z)

（筐体，グラウンドの金属板は厚みを零とし，基板は筐体底面から50 mm (y)に設置．）

プリント回路は上から順に信号線，グラウンド，V_{cc}（電源）層で構成されています．信号線は両端を50 Ωで終端しており，一端はグラウンド層へ，また他端はV_{cc}層へ接続されています．開口部は筐体の上部中央に位置し，長辺がz方向に沿っている場合を解析しました．

● 周波数領域の特性を得る

図7-3に，グラウンド層の四つの角とx方向の辺の中央2箇所，計6箇所を，幅10 mmの導体で筐体の側壁に接続した場合に回路に誘導された電流の解析結果を示します．

これは線路の中央に観測点（出力点）を設定し，時間領域のデータを保存しておいて，フーリエ変換モジュールによって周波数領域のデータを得たものです．連続し

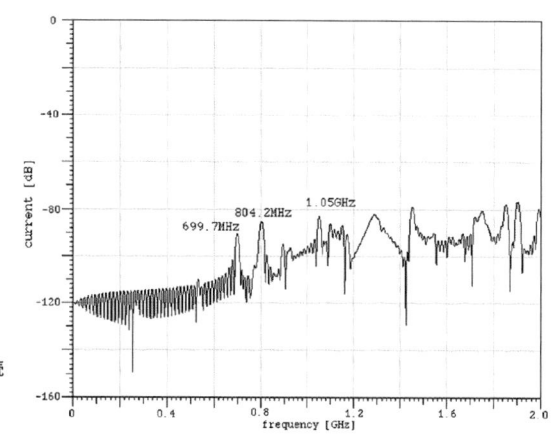

図7-3 グラウンド層を側壁に接続した場合に回路に誘導された電流
特定周波数でピークが現れている.

たグラフが得られますから，広い帯域にわたって特性を調べる場合にたいへん便利な方法です.

この結果を，回路を筐体に短絡せずにフローティングした場合と比較すると，1 GHz付近までは，筐体の側壁に接続した場合のほうが5 dB程度低くなりましたが，図7-3からわかるように，700 MHz，800 MHz，1 GHzの付近で，フローティングした場合よりも20 dBほど高いピークが現れました.

● 半波長の共振器

これらの電流ピークの原因を調べるために，それぞれの周波数で筐体内の電流密度分布を解析しました．図7-4に最初のピークである699.7 MHzでの電流密度分布（透視図）を示します.

これによると，とくにグラウンド層のz方向の縁に沿った部分と，その両端を短絡した箇所に強い分布が見られます.

これらの電流の分布をさらに詳細に調べると，側壁へ接続する部分の長さと，グラウンド層の縁の長さを加えた，全長220 mmにわたって電流の強い部分が連続している様子がわかりました.

これから判断すると，筐体の接地効果により，この部分が両端短絡形の半波長伝送線路共振器[*7-1]を形成していると考えられます．各層は誘電体で充填されていますが，電流の大部分がグラウンド層の縁部を流れているため，誘電体中を通る電気

[*7-1] グラウンド導体に両端を短絡した伝送線路は，線路長を半波長とした周波数で共振する.

力線は少数に限られます.

したがって，この場合の誘電体の充填の効果は低く，波長短縮の影響はほとんどないと考えられます．シミュレーションで電流のピークが現れた699.7 MHzは，共振器長220 mmから計算される共振周波数682 MHzに近くなりました．

● 層間の磁界分布

図7-5に，2番目のピークを示した804.2 MHzにおける層間の磁界分布を示します．今度は側壁の短絡部分には強い電流が見られないことから，この周波数では，2層の導体板によって形成される平行平板の共振が支配的であると考えられます．

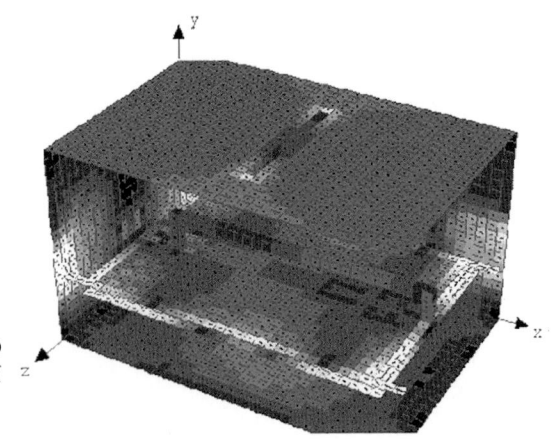

図7-4 筐体内の多層プリント回路の
電流密度分布(巻頭のカラー口絵vii頁も参照)
透視図．699.7 MHz．

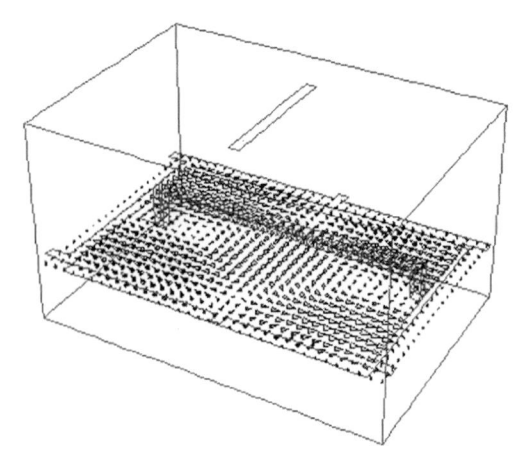

図7-5 筐体内の多層プリント回路の
層間の磁界分布
透視図．804.2 MHz．

図7-5をさらに詳しく調べると，z方向の辺の中央約120 mmの部分と，x方向260 mmの部分で囲まれる領域が，空胴共振器のTE$_{102}$モードに近い電磁界分布を示していることがわかりました．

この2層の導体板による共振では，大部分の電気力線が層間の誘電体中を通るため，誘電体の充填の効果は非常に高いと考えられます．仮にこの空間全部が比誘電率4.8の誘電体で満たされていると，そのときの波長短縮率は$1/\sqrt{4.8}=0.46$となり，この状況に対応する共振周波数は783 MHzになり，解析結果に近い値になります．

7-3 筐体の共振

● 筐体自身の共振周波数の測定

高周波回路を金属筐体（ケース）に収めると，動作周波数によっては，筐体が空胴共振器として働くことがあります．この問題は，直六面体空胴共振器の共振モードについて詳しく検討する必要がありますが，筐体に多層プリント回路を入れてシミュレーションする前に，中空の金属筐体の共振を測定してみました．

写真7-1は試作した金属筐体で，寸法は300 mm（x）×150 mm（y）×200 mm（z）です．1.5 mm厚のアルミ板をビス止めし，内側は銅箔導電性テープで継ぎ目処理を施してあります．中央の開口部は100 mm×10 mmで，DVDドライブなどのスリットを想定しています．

測定装置は，図7-6に示す構成で，ダブル・リッジ・ガイド・アンテナ（Double Ridge Guide Antenna）を使って，金属筐体の上部に平面波を照射して，ネットワーク・アナライザによってS_{11}を測定しました．

筐体とアンテナ間は，照射波を平面波として近似できるように十分な距離をとる

写真7-1 製作した金属筐体

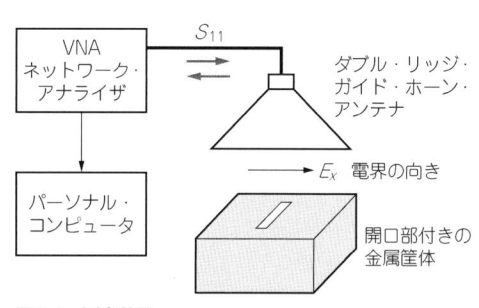

図7-6 測定装置
ホーン・アンテナで筐体上部に照射してVNAによってS_{11}を測定．

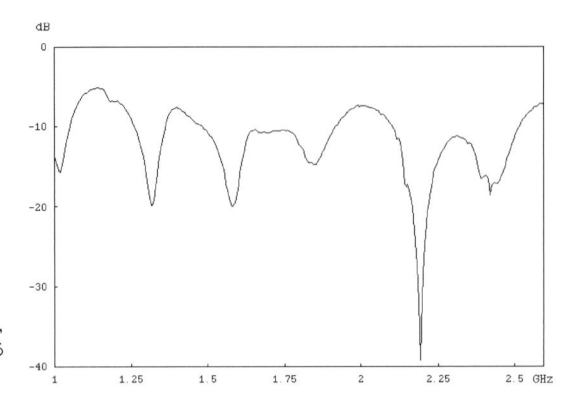

図7-7　S_{11}の測定結果
特定周波数ではS_{11}にディップが見られ，筐体内にエネルギーが吸い込まれていることがわかる．

必要がありますが，実際に照射してみたところ，遠くに置くと測定結果が不安定になったため，30 mmに固定して測定しています．

図7-7はS_{11}の測定結果ですが，多くの周波数では筐体上面で反射してアンテナに戻っていることがわかります．しかしいくつかの特定周波数ではS_{11}にディップが見られ，低い方から1.02，1.32，1.60，2.19，2.44 GHzでは反射が少なくなっています．

これらの周波数でアンテナへ戻る電磁エネルギーが少なく観測されたということは，何を意味しているのでしょうか．

特定の周波数の電磁波だけが筐体の周囲を通過して反射量が減ってしまうとは考えづらいので，これらの周波数では，筐体の中に電磁エネルギーが吸い込まれると考えるのが自然です．

その原因としては筐体の共振が考えられます．共振器(キャビティ)には共振のモード(次項)がありますが，S_{11}のディップが観測されたこれらの周波数は，共振器の各共振モードに対応していると想像できます．

密閉された筐体には無数の共振周波数がありますが，直六面体の場合は**図7-8**に示す式で表されます．

ここでa，b，cはx，y，z軸方向の直方体の各寸法，C_0は光の速度(電磁波の速度)で，m，n，qはx，y，zの各軸方向のモード番号です．

そこで，式をExcelのような表計算ソフトに入れておけば，各m，n，qを小さい順に入れることで，すべてのモードの共振周波数があらかじめ計算できます．

しかしこの問題は，完全密閉ではなく上部にスリットがあります．また励振源は外部の空間を伝わってきた電波を想定していますから，空胴共振器の理論がそのまま適用できるのか，さらに詳しく調べることにしました．

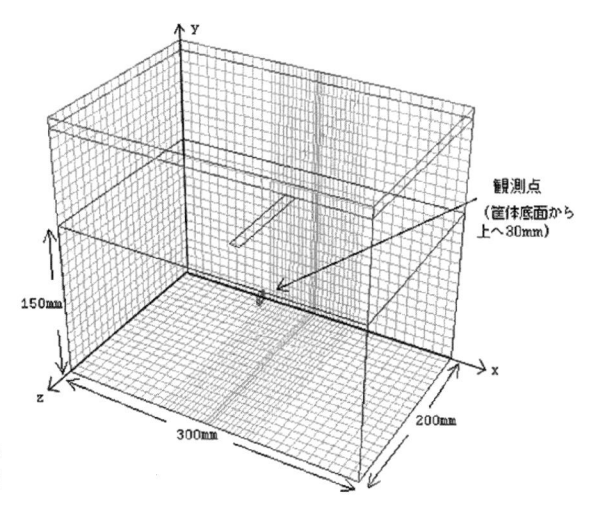

$$f_{mnq} = C_0 \sqrt{\left(\frac{m}{2a}\right)^2 + \left(\frac{n}{2b}\right)^2 + \left(\frac{q}{2c}\right)^2}$$

図7-8 共振のモードと筐体の寸法から共振周波数を求める式

● 共振モードの解析

電界がx方向の平面波を，-y方向に向けて照射したときの，観測点における電界E_xの解析結果を図7-9に示します．

1.10，1.32，1.64，2.16，2.40 GHzの各周波数で電界にピークが見られ，筐体が共振していることがわかりました．図7-9で，横軸の三角マークで示す周波数は，**写真7-1の金属箱を測定した結果です**（共振モードについては，本章のColumn 4を参照）．

1.1 GHz付近のピークは筐体内の最低次固有周波数である1.25 GHz（TM_{011}）より低い共振ですから，筐体の共振以外の要因が考えられます．そこで，さらに詳しく調べたところ，開口部がスロット・アンテナとして共振していると考えられることがわかりました．

また，1.3 GHz以上の各共振周波数については，筐体内の電磁界分布から，筐体の寸法によって決まる空胴共振器の共振周波数1.35 GHz（TM_{111}），1.60 GHz（TM_{211}），2.24 GHz（TM_{410}），2.36 GHz（TM_{411}）に対応していることがわかりました．共振周波数は，この程度の開口部があっても，ほぼ計算どおりとしてよさそうです．

図7-10に，代表例としてTM_{211}モード（1.64 GHz）のy-z面（$x = a/2$）の磁界ベクトル〔図7-10(a)〕，また同図(b)に同じモードのy-z面（$z = c/2$）の電界ベクトルの

7-3 筐体の共振

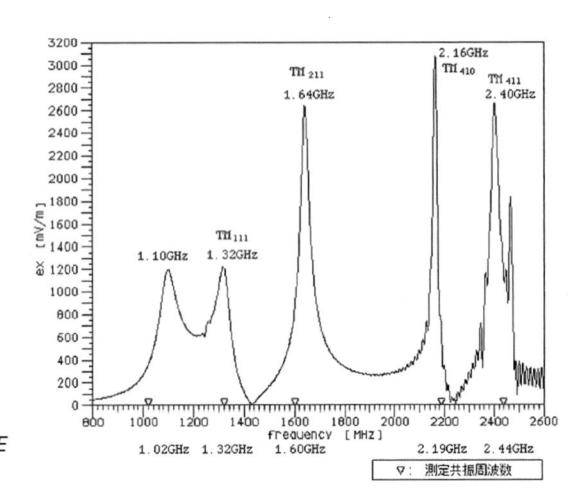

図7-9 観測点における電界 E のシミュレーション結果

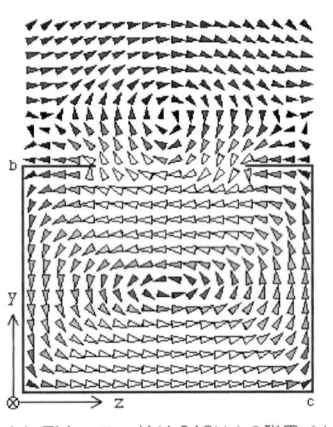

(a) TM$_{211}$モード(1.64GHz)の磁界ベクトル

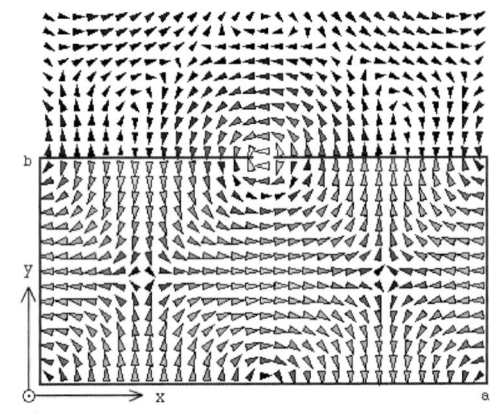

(b) 同じモードの電界ベクトル

図7-10 筐体の内部と外部の電磁界

様子を，それぞれ円錐形で示します．照射された平面波によって，開口断面の対向した部分に，強い電界が発生しています．この部分の境界条件によって，開口部を中心に，電界ベクトルが同心円状に分布している様子がわかります〔図7-10(b)〕．

● 発生しないモード

　空胴共振器の理論によれば，表計算ソフトであらかじめ計算しておいた共振モードは，解析結果にすべてあてはまるわけですが，開口部がある筐体では，この開口

部の境界条件によって，発生する共振モードに制約を受けるということがわかりました．

中央の開口部は，筐体面のx方向に流れる電流を切ってしまうため，基本モードであるTM$_{011}$は発生しませんでした．したがって，最初に発生するモードはTM$_{111}$であり，順にTM$_{211}$，TM$_{410}$，TM$_{411}$となりました．

またこれらの途中のモードであるTM$_{112}$，TM$_{113}$，…などについては，これらのモードにともなう電流をやはり開口部が切ってしまうために発生することができない，ということもわかりました．

これらは解析をしてみてわかったことですが，せっかくですからこれを積極的に利用してやろうと考えました．例えば開口部の位置や筐体の寸法を調整することによって，プリント回路基板の動作周波数での筐体の共振点をずらすことが可能であろうと容易に想像がつきます．

7-4　プリント回路基板を入れた場合

筐体が空のシミュレーションで得た知見が，そのままプリント回路基板を入れた場合にも当てはまるのかという検討もしてみました．たとえば，図7-11のような回路を，筐体内中央(筐体底部から75 mm上)に設置し，外部から照射される電磁界によって回路に誘導される電流についてシミュレーションしました．

図7-12に，TLM法によるモデルを示します．回路の伝送線路は50 mm長で，グラウンド導体(100 mm × 100 mm)と5 mm離れ，わずかな間隙があります．また線路の両端は，いずれも50 Ωで終端しています．

シミュレーションでは，伝送線路の任意の位置における誘導電流を出力できますが，図7-13は，線路の中央位置における電流のシミュレーション結果です．1.34 GHz (TM$_{111}$)，1.61 GHz (TM$_{211}$)，2.17 GHz (TM$_{410}$)，2.37 GHz (TM$_{411}$)，…といったように，ほぼ筐体の共振モードに対応して，プリント回路基板の伝送線路に誘導される電流にピークが見られました．つまり，誘導される電流は，筐体の各共振点にほぼ相当する周波数でピークを示しています．なお1.46 GHzのピークは筐体の共振によるものではなく，グラウンド導体の寸法100 mm × 100 mmから判断して，グラウンドの辺が半波長共振しているためのものと考えられます．

図7-14には，筐体内の基板上部から37.5 mm上(基板と天板でつくられる空間の中央)におけるx方向の電界のシミュレーション結果を示しますが，電界のピークを示す周波数と，図7-13の電流のピークを示す周波数は，よく一致しています．

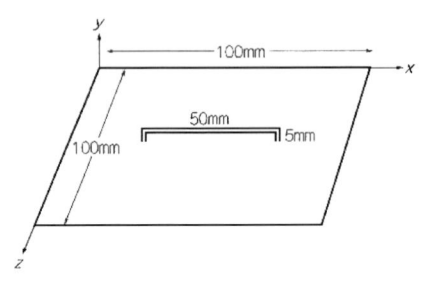

図7-11 筐体内中央（筐体底部から75 mm 上）に設置したプリント回路

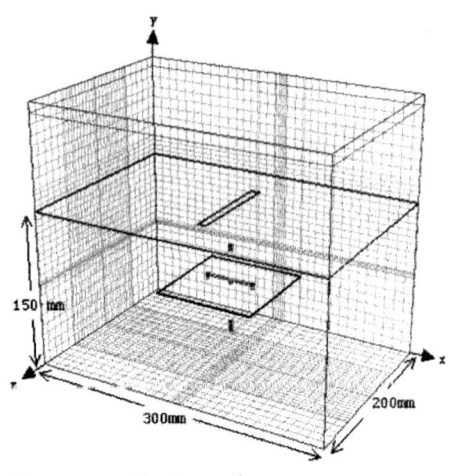

図7-12 TLM法によるモデル

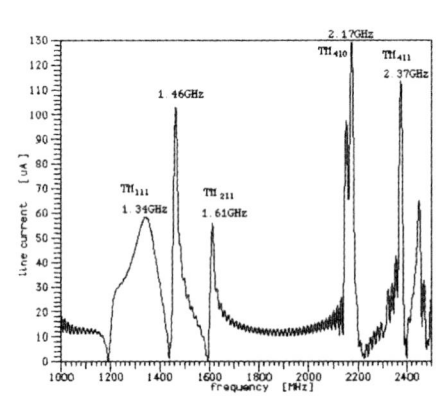

図7-13 線路の中央位置における電流

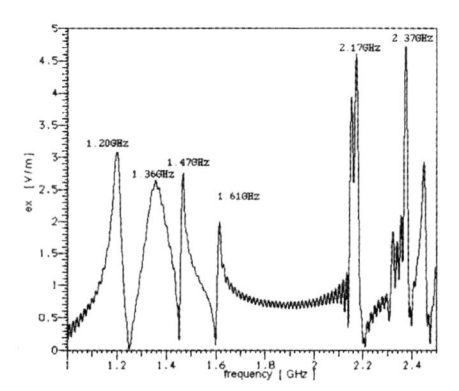

図7-14 筐体内の基板上部から37.5 mm 上の電界

7-5　MPUとノイズ放射

● 放熱フィンがアンテナになる？

　プロセッサの放熱フィンは，数百MHz〜数GHzではアンテナとして働く寸法だといわれています（図7-15）．シミュレーションでは，MPUの上に放熱フィンを置き，これらの間に直接励振してみましたが，図7-16では3.9 GHzで近傍に強い電界が分布している様子がわかります．

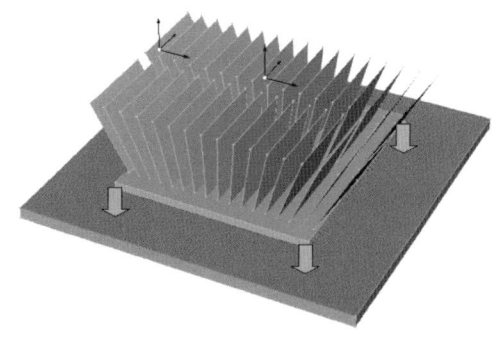

図7-15　プロセッサの放熱フィン

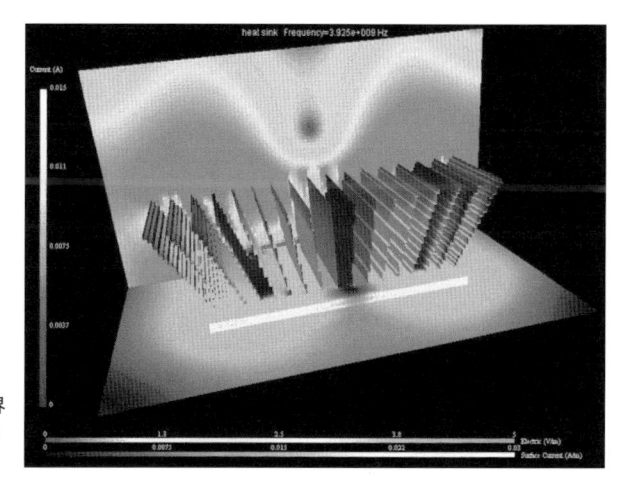

図7-16　放熱フィンの周りの電界分布（3.89 Hz，巻頭のカラー口絵 vii頁も参照）

　図7-17は，ヒート・シンクの直ぐ上の空間で観測した電界で，ヒート・シンクがグラウンドから浮いている状態のモデルを使用しています．4 GHzと7.5 GHz付近に電磁界のピークが現れました．

　また図7-18は，同じくヒート・シンクの直ぐ上の空間で観測した電界ですが，こちらはヒート・シンクの四隅をグラウンドに導通させた場合の結果です．図7-17と比較すると，2.5 GHz以下で電磁界のレベルが低下していることがわかります．しかし，4 GHzと7.5 GHz付近の電磁界のピークは，依然として残っています．

　そこで，これらのピーク周波数を変えるためには，ヒート・シンクの形状・寸法を変更する必要があることがわかります．図7-16では，放熱フィンの表面に強いコモン・モード電流が分布していますが，3.9 GHzではこれが意図しないアンテナの役割を果たしているといえます．

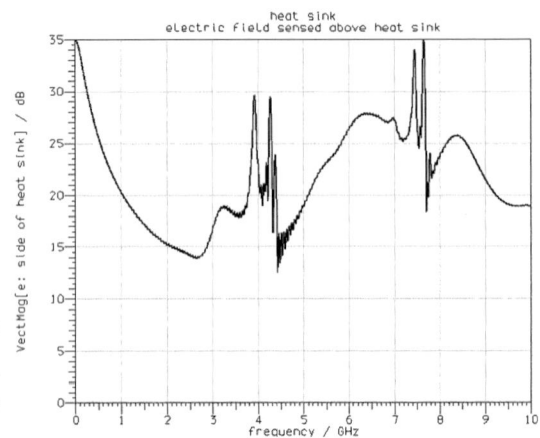

図7-17 ヒート・シンクの直ぐ上の空間で観測した電界
ヒート・シンクがグラウンドから浮いている状態のモデル．4 GHzと7.5 GHz付近に電磁界のピークが現れた．

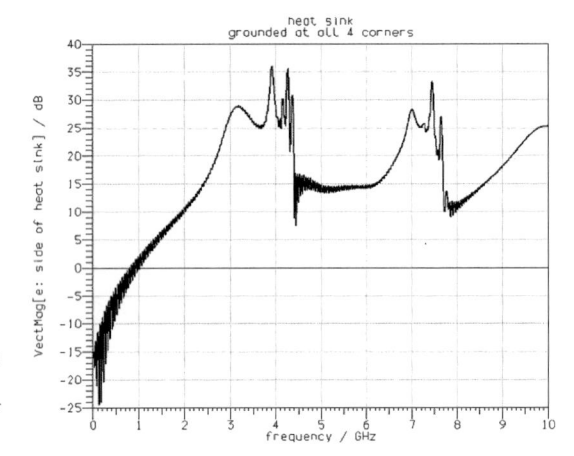

図7-18 ヒート・シンクの四隅をグラウンドに導通させた
2.5 GHz以下で電磁界のレベルが低下している．

● 放熱用のスリットがアンテナになる？

　図7-19は，デスクトップ・パソコンに付いている放熱用のスリット（細長い孔）です．2.4 GHzにおける金属表面の電流分布ですが，電流の強弱はスリットに沿った波のように分布しています．

　筐体内にはマザー・ボードやグラフィックスなどの周辺ボード，電源，フラット・ケーブルなどがあり，これらはすべて電磁ノイズを放射する要因の候補になり得ます．

　シミュレーションでは，筐体内にこれらの機器を置かず，空間に直接電界をかけて励振する方法を用いて，筐体の外にスリットを介して放射される電磁ノイズを調

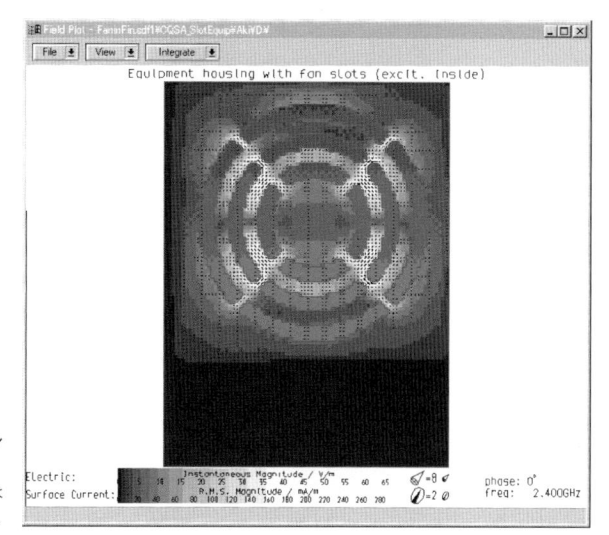

図7-19 デスクトップパソコンの放熱用のスリット
金属表面の電流分布．2.4 GHzではスリットに沿った強い電流が現れた．

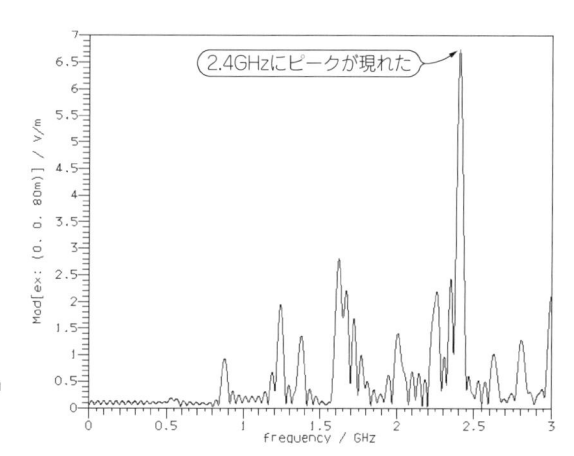

図7-20 スリットの手前8 cm離れた空間の電界強度
2.4 GHz付近にピークが現れた．

べました．

　図7-20のグラフは，スリットの手前8 cm離れた空間の電界強度をシミュレーションした結果ですが，偶然にも2.4 GHz付近にピークが現れて驚きました．これは，スリットの縁に沿った電流長が，ほぼ2.4 GHzの波長12 cmに近いためです．

　デスクトップPCだけでなく，薄型のノートPCでも金属筐体内に電磁エネルギーが閉じこめられますが，やはり放熱用のスリットから外の空間へ電磁界が放射されていることでしょう．

7-6　ノイズ問題のトラブル・シューティング

● 最終段階で発生する問題

　開発しているシステムが苦労の末に安定動作するようになったのも束の間，最終段階で放射ノイズの規制値をクリアできないケースが多くなっています[7-6]．

　従来のアプローチでは，放射ノイズの測定結果をもとに問題解決に取りかかるのですが，システムの規模によっては参加メンバがつくる人間関係のパス(経路)は膨大になります．また出荷前の期間の制約から，

　　(a) ベイの設計は変更できない．
　　(b) ボードの設計も変更できない．

という条件を呑まなければなりません．

　動作には問題がなく，放射ノイズがあるレベルを超えているというだけなので，対症療法でなんとか出荷させたいのですが，偶然解決したのではつぎからの対策に使えません．ここでは高速ルータの事例から，問題解決の具体的な手順を学びます．

● トラブル・シューティングの手順

　これらの要求条件から考えられるアプローチは，まず電磁界を強く放射している場所を特定することです．微小ループ・アンテナを使って近傍の電磁界(特に磁界)を測定できれば，放射源が見つかるかもしれません．この実測方法は時間のかかる仕事になりますが，電磁界シミュレータを使えば，空間の任意の位置に観測点を設定して，広帯域にわたるデータを得ることが可能です．

　ただし問題は，製品をどこまで忠実にモデリングするかという点です．大規模なシステムを，基板の配線レベルからすべて詳しくモデリングするとなると大変な時間と労力を必要とし，とても間に合いそうにありません．そこでつぎの3段階に分けて，それぞれいくつかの着眼点に絞ることにします．

　　(1) コンポーネント・レベル
　　(2) モジュール・レベル
　　(3) システム・レベル

製品の細かい部分から全体に至るまで順に視点を広げますが，まずコンポーネント・レベルでは基板のMPUについている放熱用のヒート・シンクのグラウンド状態や，放熱用孔の厚さに着目します．

　つぎのモジュール・レベルでは，回路基板モジュールとそれを包む筐体によって

起こる共振に着目します.
そして最後のシステム・レベルでは,電源ケーブルや各モジュールとバック・プレーンの間の状態などを検討して,対策を施した後の状態をシミュレーションし,その効果を定量的に評価します.

● コンポーネント・レベルの原因を究明する
▶ 放熱用孔の厚さ
　基板を収納している筐体内から外への放射を考え,放熱用の孔に着目します.図7-21は,六角形をした放熱用の孔(air vent)ですが,各基板を囲む筐体の両サイドにある形状と寸法でモデリングしました.ここでは開口部の厚みに着目して,60 mil(ミル:ミリ・インチ)厚と200 mil厚で比較しています.
　励振は図7-21の右奥側に垂直偏波の平面波を照射して,孔の手前の空間で同じ方向の電界の大きさを観測しています.
　孔のみのモデルなので,筐体ではなく板状になっており,図7-22のように,観測された電界は周波数が高くなるにつれて増加しています.
　この結果からわかることは,孔の厚みを200 milから60 milに薄くするだけで,電磁的なシールドの効果は20 dBも悪くなってしまうということです.また孔の形状や寸法を変えることで,別の周波数でも同様の効果が得られると予想できますが,逆にスロット・アンテナのようになれば,特定周波数では放射が増えることも十分考えられます.

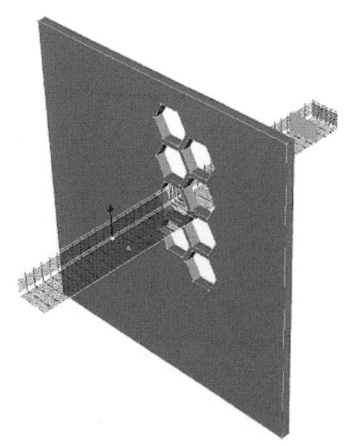

図7-21　六角形をした放熱用の孔

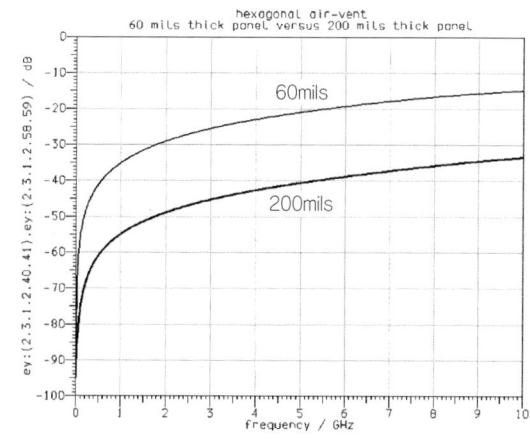

図7-22　孔の手前で観測した電界強度

● モジュール・レベルの原因を究明する
▶ モジュールのどこから不要輻射を生じるのか

　写真7-2のモジュールは，両側のほぼ全面に先の六角形の放熱孔があいています．図7-23はこの基板モジュールのモデルですが，これは熱解析で使用したものをインポートしています．

　基板の奥にある光モジュール（Optics）や手前のASICなどは，形状や材質の特性値は設定されていますが，電源線や一部の信号線を除き，デバイス間の線路までは

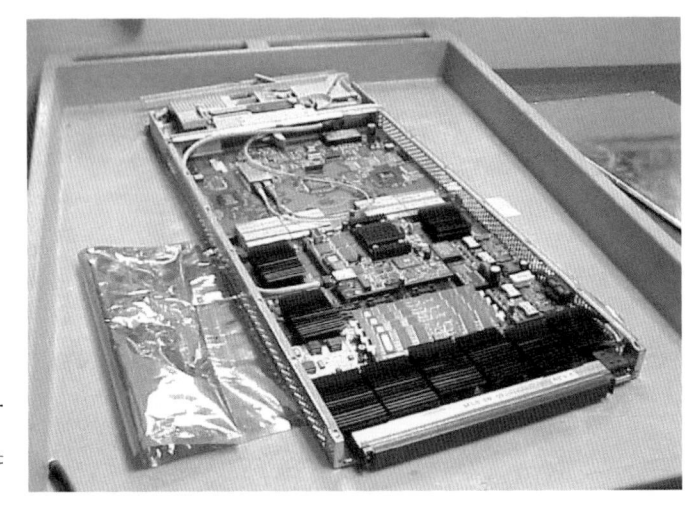

写真7-2　基板モジュールの例
両側に多数の六角形をした放熱用の孔がある放熱板．

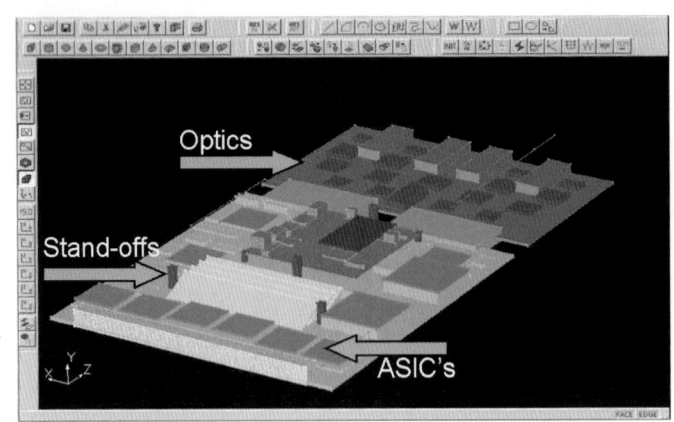

図7-23　基板モジュールのモデル
熱解析で使用したものをインポートした．

第7章　高周波の常識になったEMC設計

詳しくモデリングしていません．これは，開発の最終段階なので回路の設計変更はできないという制約のためですが，設計チームは，高い動作周波数を考慮して伝送線路の長さを最小になるようにEMC設計したので，レイアウトの再考はやめました．

当初は電源やI/Oコネクタを経由して，モジュールから外部に不要輻射を生じていると考えられていました．手前にI/Oコネクタがありますが，クロック用の水晶発振器は，このコネクタの隣にあります．そこで，励振源をASICと基板の間にワイヤを設定して，3.3 Vの電圧源を与えました（3.3 VはASICのロジック・レベルである）．

▶ モジュールとカバーの間の隙間

　FDTD法やTLM法の時間領域の解法（第9章を参照）では，まず1回目で広帯域のデータを得て，ピークが現れた特定の周波数を知り，再度それらの周波数における空間の電磁界や，線路やモジュールの導体表面の電流分布などを調べるという手順を踏みます．

　ここではモジュールとカバーの間の空間や外部の空間に電磁界の観測点をあらかじめ複数点とっておき，フーリエ変換をおこなった後の周波数軸のデータから，ピークの現れた周波数を特定しました．

　図7-24は，外部の空間の観測点における電界の大きさを示す結果のグラフですが，400 MHzのピークはASICのクロック周波数に一致しています．そこでこの周波数でモジュール近傍の電磁界や導体面の電流分布を調べてみました．

　図7-25（図7-23とは位置が前後反転している）がその結果で，このデータを詳し

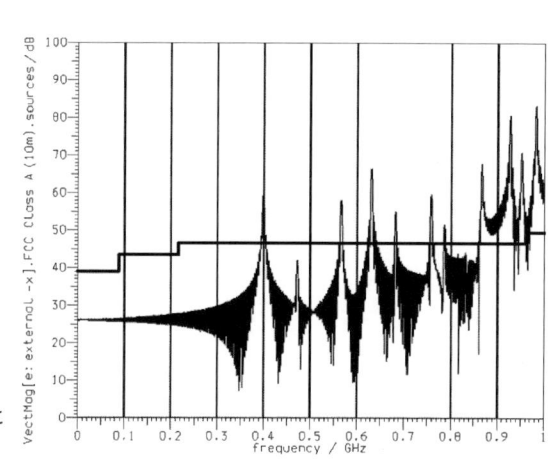

図7-24　基板モジュール外部の観測点における電界の大きさ

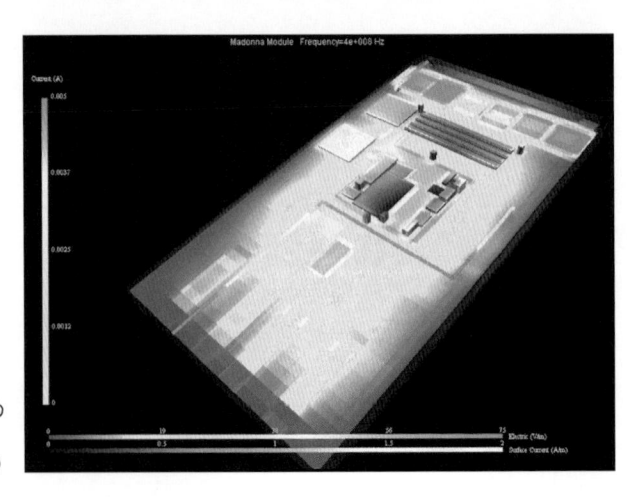

図7-25 基板モジュール近傍の電磁界や導体表面の電流分布
（巻頭のカラー口絵vii頁も参照）

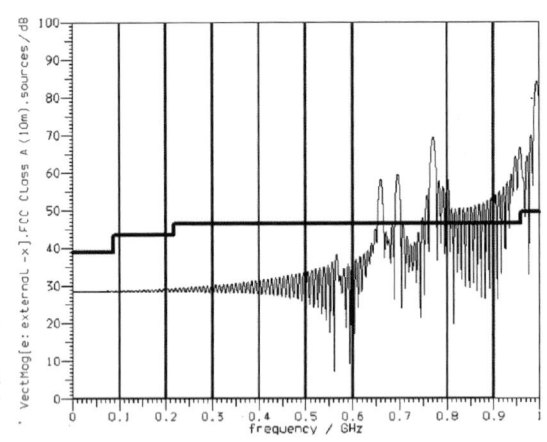

図7-26 基板モジュール外部の観測点における電界の大きさ
スペーサをしっかりとカバーに接続したモデル．400 MHzにおける電界のピークがなくなった．

　く調べてみると，モジュールとカバーの間の隙間付近の電磁界が最も強いことがわかりました．

　カバーとモジュールの間には，図7-23にも示してあるスペーサ(stand-offs)が4本ほど見られます．そこでこのスペーサをしっかりカバーに接続したモデルに修正して解析したところ，図7-26に示すように400 MHzのピークはみごとになくなりました．

　図7-27は，400 MHzにおけるモジュール近傍の電磁界や導体面の電流分布の様子です．図7-25で見られた強い分布の箇所はなくなりました．

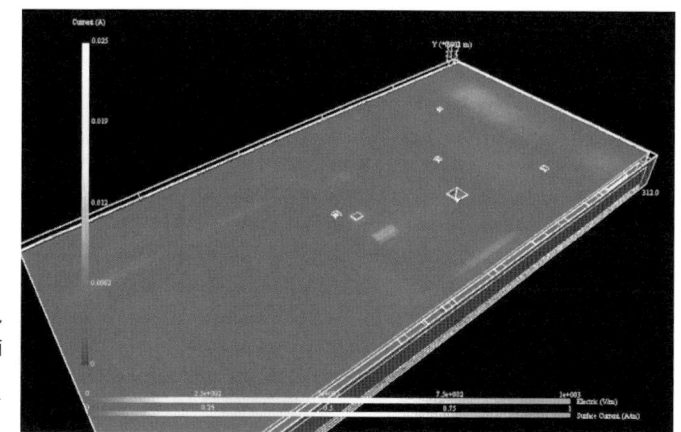

図7-27 基板モジュール近傍の電磁界や導体表面の電流分布
スペーサをしっかりカバーに接続したモデル．

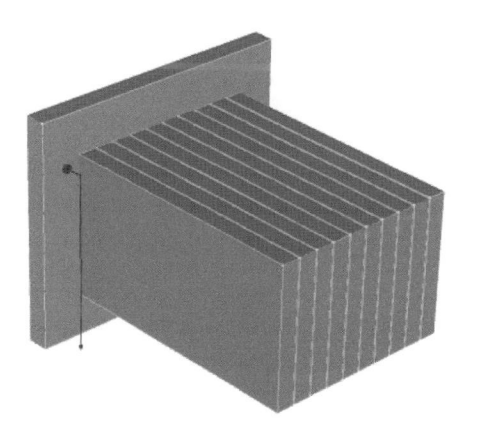

図7-28 10枚のモジュールとバック・プレーン

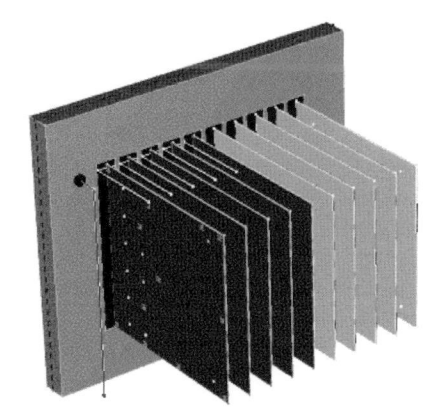

図7-29 モジュールの内部を透視したモデル

● システム・レベルの原因を究明する
▶ 電源ケーブル付近からのEMI

　高速ルータのような通信機器は，複数のモジュールが装着されていますが，**図7-28**は10枚のモジュールとバック・プレーンをモデリングしたものです．左端に縦の細い線がありますが，これは電源ケーブルで，**図7-29**は内部のモジュールを透視した表示です．

　電源ケーブルは，EMIの原因となるケースが多いので，シミュレーション結果を検討しました．

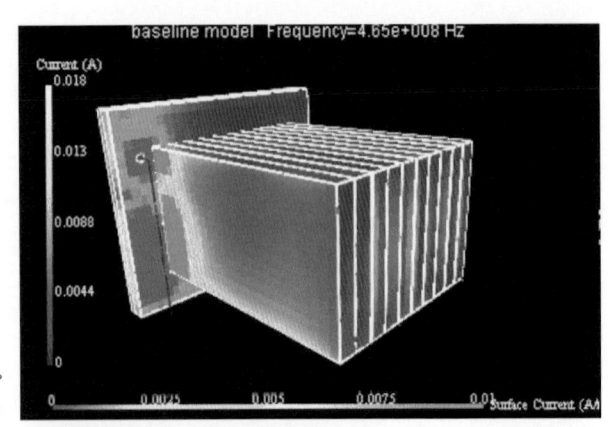

図7-30 モジュールとバック・プレーン表面の電流分布（465 MHz）

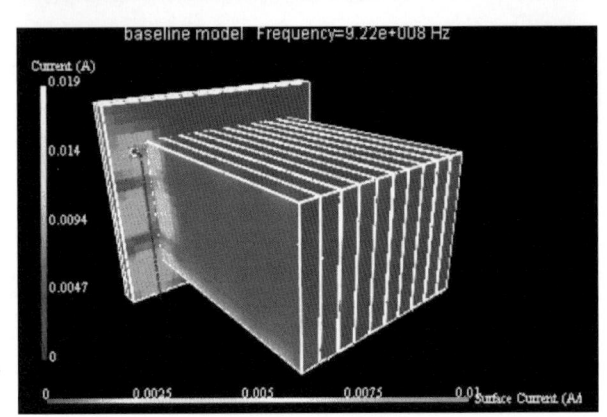

図7-31 モジュールとバック・プレーン表面の電流分布（922 MHz）

図7-30は，ルータ・システムの近傍の空間で観測した電界のピークが現れた，465 MHzにおけるモジュールとバック・プレーン表面の電流分布を示しています．強い表面電流が見られますが，やはり電界のピークが現れた922 MHz（図7-31）では強い部分が3箇所になり，分布が異なっています．

これらの違いは，遠方界放射パターンを表示してみるとさらにその傾向がつかめます．図7-32に示すように，周波数が低い方が全方向に平均して放射しており，周波数が高くなると特定方向への放射が強くなることがわかります（図7-33）．この傾向は，測定結果ともよく一致しました．

▶ ガスケットの影響

シミュレーションしたモデルでは，当初モジュールとバック・プレーンの間を完

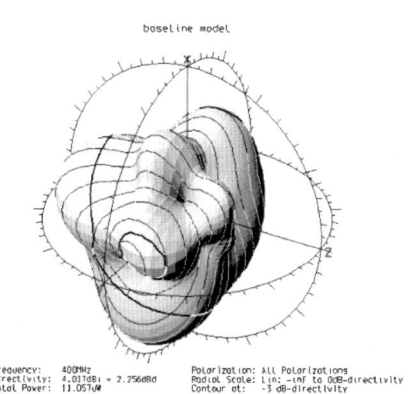

図7-32　遠方界放射パターン（400 MHz） 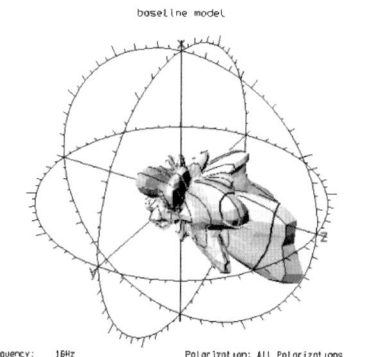　　図7-33　遠方界放射パターン（900 MHz）

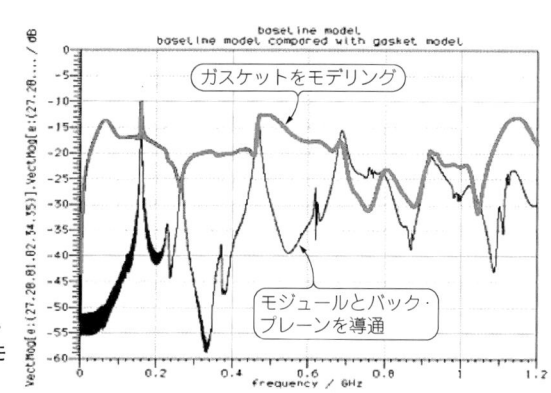

図7-34　モジュールとバック・プレーンの間にガスケットをモデリング

全に導通させていました．しかし実際にはこの間にはガスケットがあり，ギャップをモデリングしなければならないことがわかりました．放射電界のシミュレーション結果は図7-34のように，明らかな差が現れました．

　全体的にレベルの低い方が双方を導通した最初のモデルです．一方レベルが高い方は金属の間にガスケットをモデリングした場合ですが，ガスケットによってできたわずかな隙間によって放射を助長するように働いています．

　700 MHz以下のより低い周波数帯では，ガスケットをモデリングした場合に放射が強くなっていますが，メンテナンス上の理由からガスケットを除くことはできません．

▶ 誘電損失材料の位置による効果

　電磁エネルギーの吸収材料として，シート状の誘電損失材料が使われることがあ

7-6　ノイズ問題のトラブル・シューティング　**185**

りますが，どの部分に置いたときに大きな効果が得られるか，さまざまな場所を選んだ測定で最適位置を追い込むのは，大変時間がかかる仕事になるでしょう．一方，電磁界シミュレータではモデルの一部を変えるだけですみますから，すみやかに定量的な評価ができます．

結果としては，モジュールの内側の側面が最も効果があり，400から800 MHzの範囲ではほぼ10 dBほど減衰できました．

▶ モジュール全体のシールドによる効果

各モジュールの裏側（I/Oエンド）とコネクタ周りのシールド（**図7-35**）をシミュレーションしたところ，かなりの効果が期待できることがわかりました．

図7-35　I/Oエンドとコネクタまわりのシールド

すべてのコネクタ周りをシールドした

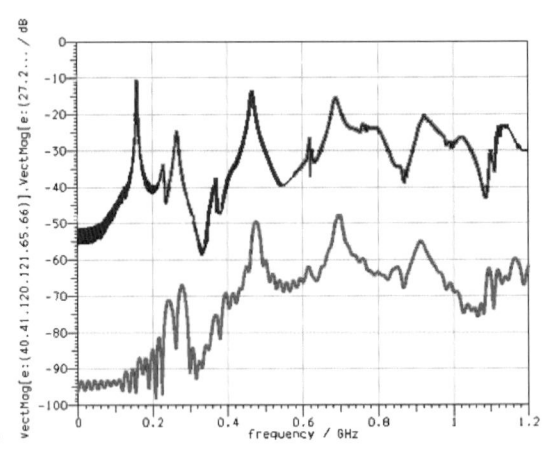

図7-36　放射電界
改善が見られたシミュレーション結果．

また同図の矢印で示す部分は電源ラインですが，ここに円筒状のフェライト・ビーズをモデリングしたり，コンデンサでグラウンドに導通する効果もシミュレーションしています．

これらの対策を施したモデルの解析結果として図7-36に示すような改善が見られました．高いレベルのプロットは，比較のために示したガスケットなしのモデルによる結果(図7-34)です．

また，低いレベルの方が対策後の結果ですが，1.2 GHzまでの周波数で，30 dB前後の減衰が確認できました．

以上述べたすべての対策によって，30～1000 MHzで30 dBに達する改善を実現できました[7-6]．

7-7 ノイズ抑制と電波吸収体

● ノイズ抑制シートの測定とシミュレーション

第5章で，静磁界や周波数が低い場合，磁気をシールドするには磁性体や超電導体の覆いが必要になることを学びました．高透磁率の磁性材は，周囲の磁界を取り込むため，高いシールド効果が得られます．

ノイズ抑制シートあるいはノイズ吸収シートと呼ばれている製品があります．厚さは数十μmから数mmで，軟磁性[*7-2]金属粉を含んだ材料が使われます．製造方法は，まず溶剤を用いて軟磁性金属粉を結合材(ポリマ)中に分散させてペースト状にします．つぎにこのペーストを任意の厚みに塗工することによりシートができあがります[7-7]．

図7-37は，代表的なノイズ抑制シートの比透磁率のグラフです[7-7]．比透磁率の実部は広帯域で高い値を示しており，これによる磁気シールド効果が得られます．しかしここでは比透磁率の虚部にも注目します．虚部と実部の比は損失正接$\tan\delta$を表しますから，虚部も広帯域で高い値を保てば，より高い磁気エネルギーを吸収できることになるからです．

電磁波は損失媒質の中で減衰しますが，このとき磁性体の損失は透磁率の虚部μ''に起因して，単位面積あたりの電磁波吸収エネルギー$P [\text{W/m}^2]$はつぎの式で表されます．

[*7-2] 軟磁性とは，磁化率が大きく，ヒステリシス損(磁化の状態を変えるため消費されるエネルギー)が小さい性質である．

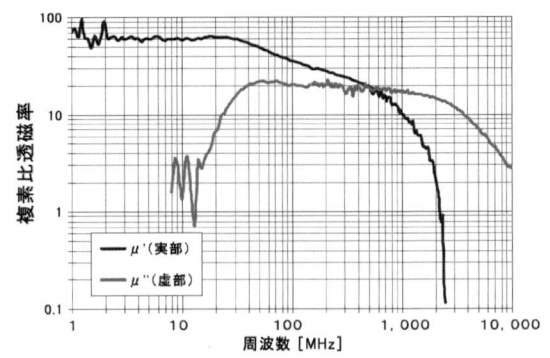

図7-37 代表的なノイズ抑制シートの比透磁率のグラフ
比透磁率の実部は広帯域で高い値を示しており、これによる磁気シールド効果が得られる．

$$P = \frac{1}{2}\omega\mu''|H|^2$$

　上式からも，**図7-37**の特性を持ったノイズ抑制シートの効果範囲が予想されるでしょう．

　図7-37のグラフでは，600 MHz付近で実部と虚部の値が逆転しており，より高い周波数では急に小さくなっています．これは磁性体の磁気飽和*7-3による一般的な特性ですから，実部を高い周波数まで一定に保つことは困難であることがわかります．

　透磁率の実部が小さいと磁界Hを取り込む能力が低くなると考えれば，高い周波数まで実部が大きい値を維持できる材料の開発が望まれます．

▶ ノイズ抑制シートの評価測定

　二つの微小ループ・アンテナ(磁界プローブ)を使って，ノイズ抑制シートの効果を測定する方法があります．**図7-38**はシートに水平に配置する方法ですが，**図7-39**はシートをはさんで二つのプローブを配置しています．

　図7-38の例は，内部減結合率R_{da} (intra-decoupling ratio)を測定する方法として提案されています．二つのプローブの中心距離は6 mmで，シート(50 mm×50 mm)とプローブは3 mm離れています．

　また**図7-39**は，相互減結合率R_{de} (inter-decoupling ratio)を測定する方法で，プローブの中心距離はこちらも6 mmです[7-8]．

　ネットワーク・アナライザでSパラメータを測定し，入力ポート1から出力ポート2への伝達係数であるS_{21}を得ます．シートがないときの値をS_{21R}とし，シート

---

*7-3　磁気飽和とは，外部磁界による磁性体の磁化が最大値に達した状態をいう．

図7-38 二つのプローブをノイズ抑制シートに水平に配置する方法
プローブの中心距離は6 mmで，シート（50 mm×50 mm）とプローブは3 mm離れている．

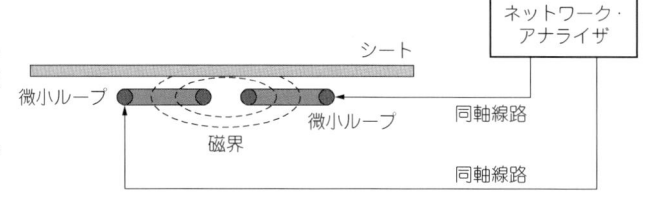

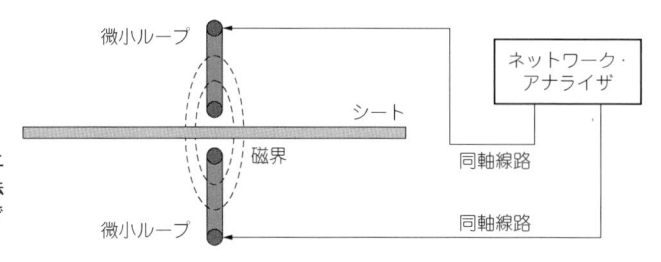

図7-39 シートをはさんで二つのプローブを配置する方法
プローブの中心距離は6 mmである．

を設置したときの値をS_{21M}とすれば，R_{da}やR_{de}はつぎの式で求められます．

$$R_{da}（または R_{de}）= S_{21R} - S_{21M} [dB]$$

これらの減結合率が高ければ，シートによって減衰した電磁エネルギーが大きいということですから，ノイズ抑制シートの効果を評価する数値といえます．

▶ 伝送減衰率を測定する

図7-40は，特性インピーダンス50Ωのマイクロストリップ線路上にシートを密着させて，前項と同様にネットワーク・アナライザでSパラメータを測定する方法です．シートを置いたときのSパラメータの大きさS_{21}とS_{11}により，伝送減衰率R_{tp} (transmission attenuation power ratio)という量が定義されています[7-8]．

$$R_{tp} = -10 \log \{10^{S_{21}/10}/(1-10^{S_{11}/10})\} [dB]$$

図7-40からも想定されるように，シートを密着させるので特性インピーダンスが50Ωではなくなります．このため材料によっては入力ポートの反射係数S_{11}が大きい値になることもあるでしょう．この点を考慮して正味の減衰量を計算しているのが上式と考えられます．

マイクロストリップ線路の上面付近にも強い電磁界が発生していますから，周波数によっては線路本来の特性を損ねるかもしれません．シートを密着または接近させた状態が均一でないと，Sパラメータはシートのズレによって変動してしまいます．したがって実際の測定規格では，10 mm厚以上のスチレンフォーム板を介して，シートに荷重を加えて固定しています[7-8]．

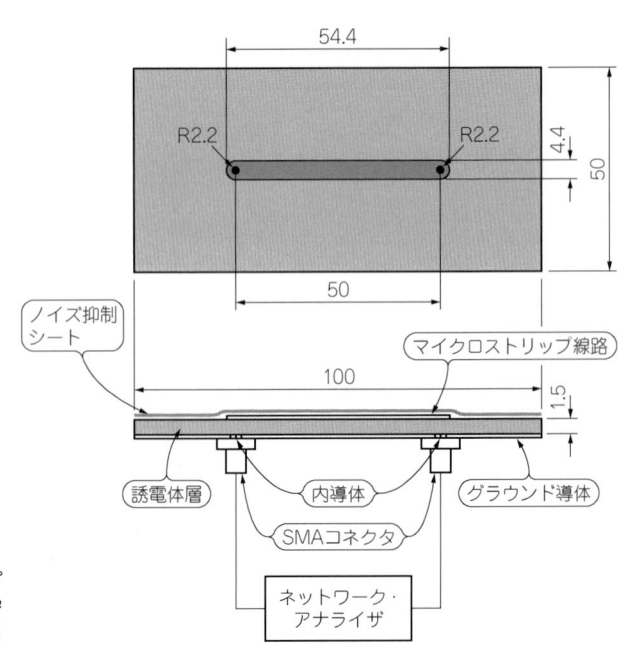

図7-40 マイクロストリップ線路上にノイズ抑制シートを密着してSパラメータを測定する

● 電波吸収体の効果

　第5章で，電磁波吸収のしくみを学びました．無線LANの電波は，スチール製の棚や机のパーティションで反射されます．**図7-41**は，簡易CADで描いたオフィスのモデルで，高さ2.1 m，3 m×3 mの空間です．

　図7-42は，天井にアクセス・ポイントのアンテナを置き，机Dの中央2 m高に垂直ダイポール・アンテナの下端を置いたときの電界の実効値表示です．それぞれの机のパーティション内の縞模様は定在波で，最も弱い所で−25 dB程度ですが，アクセス・ポイントから離れれば，パソコンのアンテナ位置によっては，通信できなくなるかもしれません．

　定在波は机やパーティションで電波が反射することによって発生するので，これらの面に電波吸収体シートを貼ることによって改善できる場合があります(**写真7-3**はニッタ株式会社製)．**図7-43**は，机とパーティションに15 dBの吸収面を想定したモデルの結果です．明らかに定在波がなくなって均一の電界分布になっていることがわかり，電磁界シミュレーションで電波吸収体の効果が評価できることがわかりました．

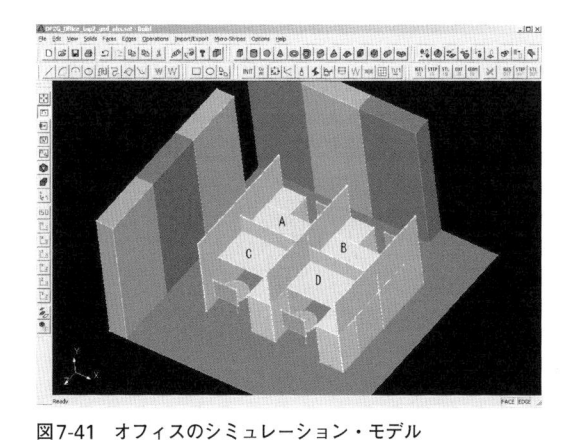

図7-41 オフィスのシミュレーション・モデル

写真7-3 2.4 GHz用の薄型電波吸収体の例

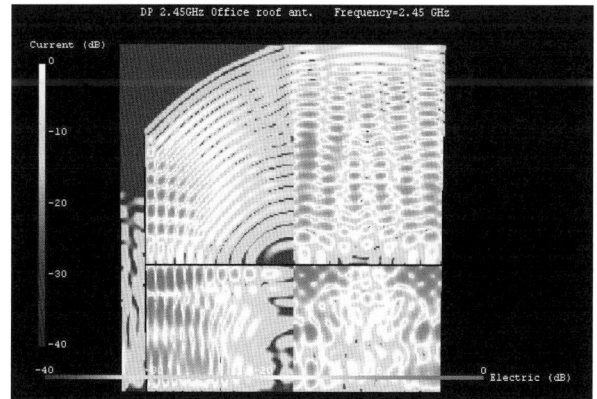

図7-42 机のパーティションで発生した定在波

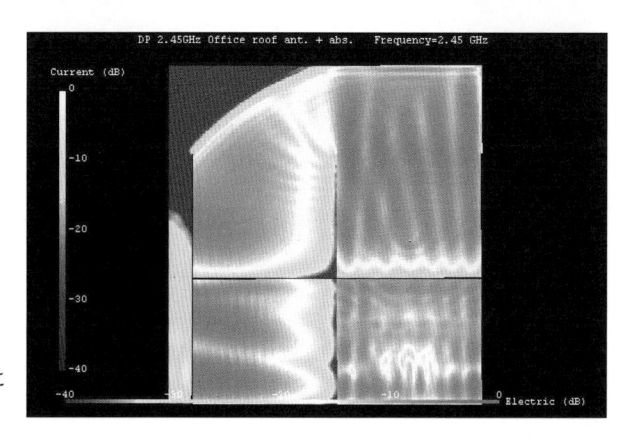

図7-43 机のパーティションに15 dBの吸収面を貼ったモデル

7-7 ノイズ抑制と電波吸収体 | 191

Column 4
伝搬モードと共振モードについて

　平行2線，マイクロストリップ線路，導波管などの伝送線路(第1章)を伝わる電磁波は，マクスウェルの方程式を用いた電磁界解析ソフトウェアで離散(ディジタル)的に解くことができます．伝送線路は，その材質や形状から決まる境界条件のもとで解かれ，複数の独立な伝搬解をもち，それらは伝搬モードと呼ばれます．

　上記の伝送線路の代表的な伝搬モードは，次のようなものです．
　(1) TEMモード：電磁波の進行方向に対して，電界・磁界がともに垂直
　(2) TEモード：電磁波の進行方向に対して，電界が垂直
　(3) TMモード：電磁波の進行方向に対して，磁界が垂直
　(4) ハイブリッド・モード：電界・磁界とも電磁波の進行方向成分をもつ

　表記法としては，z軸方向の伝送路の断面のx軸，y軸にいくつの波が乗るかによって，TE_{mn}モードなどを使っています．図7-A～図7-Dに，方形導波管と円形導波管の例を示します(文献5-1から引用)．

　もっとも低い周波数から伝搬するモードを基本モードといいますが，方形導波管の

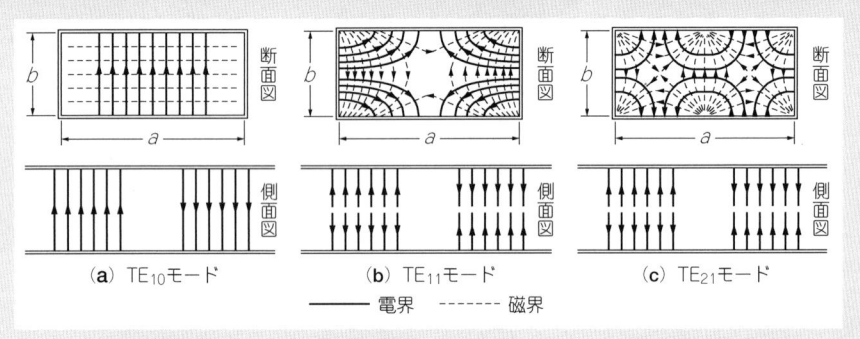

図7-A　方形導波管のTE_{mn}モードの電磁界分布

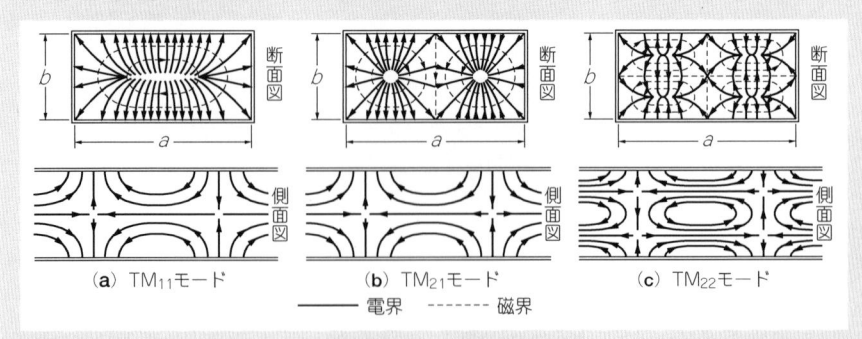

(a) TE_{10}モード　　(b) TE_{11}モード　　(c) TE_{21}モード
――― 電界　------ 磁界

図7-B　方形導波管のTM_{mn}モードの電磁界分布

(a) TM_{11}モード　　(b) TM_{21}モード　　(c) TM_{22}モード
――― 電界　------ 磁界

基本モードはTE$_{10}$モード〔図7-A(a)〕です。

また，図7-9で示したように，空洞共振器の最低の周波数をもつ基本モードを共振モードといいます。たとえば直六面体の共振モードは，図7-Eのように(a)，(b)，(c)の3種類が考えられますが，この場合，これらはまったく同じものです。これは空洞共振器の場合，導波管のようにどの辺が長さかという決まりはないので，座標の取り方でこれらの呼び方が変わるだけです。

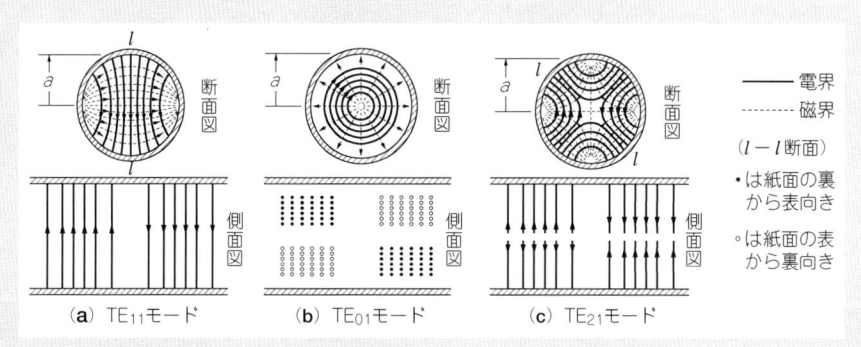

—— 電界
------ 磁界

($l-l$断面)

・は紙面の裏から表向き

。は紙面の表から裏向き

(a) TE$_{11}$モード　　(b) TE$_{01}$モード　　(c) TE$_{21}$モード

図7-C　円形導波管のTE$_{mn}$モードの電磁界分布

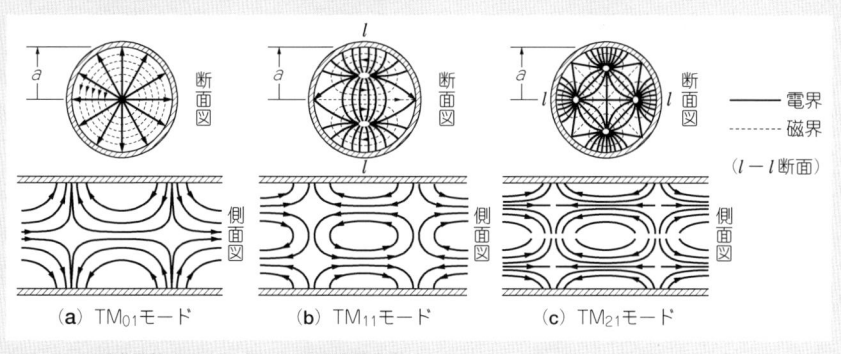

(a) TM$_{01}$モード　　(b) TM$_{11}$モード　　(c) TM$_{21}$モード

図7-D　円形導波管のTM$_{mn}$モードの電磁界分布

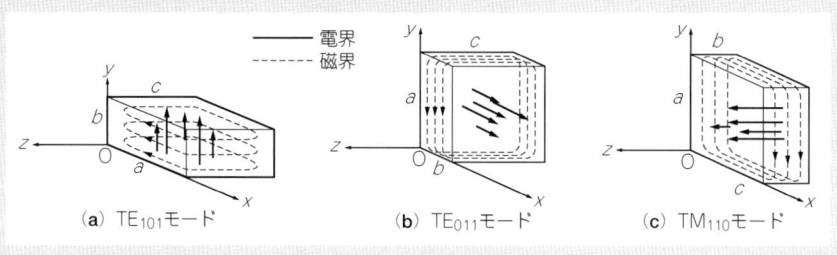

—— 電界
------ 磁界

(a) TE$_{101}$モード　　(b) TE$_{011}$モード　　(c) TM$_{110}$モード

図7-E　直6面体の共振器モードの比較(実体はいずれも同じ)

Column 4　伝搬モードと共振モードについて

第7章のまとめ

(1) 電磁環境と人工システムが両立できる性質をEMC(電磁両立性)と呼んでいる．
(2) 密閉された無損失の金属筐体(ケース)は，理論的には無数の共振周波数を有する．
(3) 密閉されたケース内にプリント回路があるとき，ケースが共振する周波数では，線路などに結合して誤動作する可能性がある．
(4) ケースの上ぶたのスリット状接合部に強い電流が流れて共振し，2次放射して内部の回路に結合したり，外部に電磁波がもれることがある．
(5) ノイズ抑制シートや電波吸収体はシミュレーションが可能．

参考文献

7-1) 赤尾保男；『環境電磁工学の基礎』，電子情報通信学会，1991．
7-2) 鈴木茂夫；『EMCと基礎技術』，工学図書，1996．
7-3) 伊藤健一；『ノイズと不要輻射のはなし』，日刊工業新聞社，1998．
7-4) 小暮裕明・小暮芳江；『すぐに役立つ電磁気学の基本』，誠文堂新光社，2008．
7-5) 櫻井秋久；『EMC設計技術 基礎編』，第1章，エレクトロニクス実装学会電磁特性技術委員会，2004．
7-6) 小暮裕明；「EMC問題のケース・スタディ」，デザインウェーブマガジン，pp.126-135，2001年12月号，CQ出版社．
7-7) 吉田隆彦；『電波吸収体製品』，電子材料，工業調査会，pp.46-55，2005年10月号．
7-8) 武田茂；『ノイズ抑制シートの規格の解説と動向』，月刊EMC，pp.21-29，MIMATSU，2004年12月号．

[改訂]電磁界シミュレータで学ぶ高周波の世界

Appendix 7

第7章のポイントを
シミュレーションで確かめよう！

　Sonnet Liteの手法は閉じた領域のモーメント法なので，Boxの共振をシミュレーションできます．また，マイクロストリップ線路の上にノイズ抑制シートをモデリングすることで，その効果をシミュレーションで確かめてみましょう．

● 空胴共振を調べる

　Sonnetは解析空間の境界をBoxで設定しますが，Analysis→Estimate Box Resonances... を選ぶと，図7-44のように，指定周波数範囲内で起こる可能性がある共振モードがすべて表示されます．

　図7-45の3D表示のように，Boxの寸法を$x=300$ mm，$y=200$ mmとして，z方向の寸法を誘電体層の厚さで設定します．回路を描くLevel 0からBox Bottomまでの距離は10 mm，Box Topまでを140 mm，合計で$z=150$ mmとしています．

　ポート1とポート2から出ている短い線路はviaで箱の底部に接続しており，微小ループのプローブを模しています．

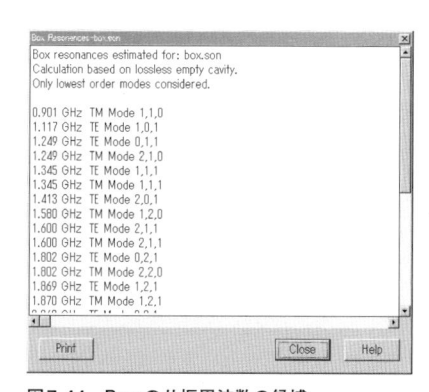

図7-44　Boxの共振周波数の候補

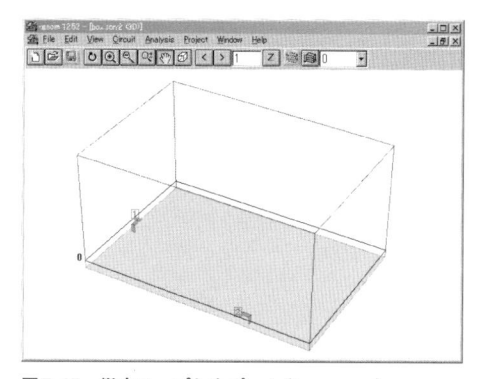

図7-45　微小ループしたポート（box.son）

ポート1の入力信号で箱内が共振したときの電磁エネルギーを，ポート2で結合させてS_{21}を得ると，図7-46のようになります．

　レベルが低い方のプロットでピークが現れる周波数は，図7-44の各周波数に対応しています．また，レベルが高い方のプロットは，図7-47のように箱の天板にスロットを設けたモデルの結果で，ピークが現れる周波数はほぼ一致しているものの，スロットの影響で各レベルは異なっています．

　図7-45のように箱内で励振した場合，本文のシミュレーションのような平面波照射では現れなくなる周波数が多く含まれることに注意してください．

　図7-48，図7-49は，天板の表面電流分布ですが，きれいなパターンで箱内のモードを直感的に確認できます．

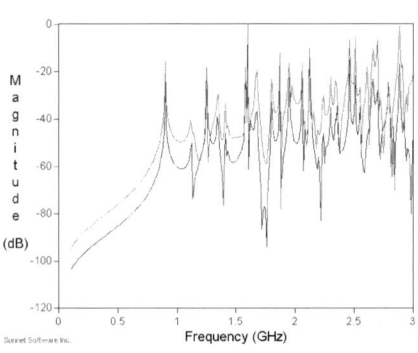

図7-46　S_{21}の結果
レベルが高い方のプロットは，箱の天板にスロットを設けたモデル．レベルが低い方は，スロットなしのモデル．

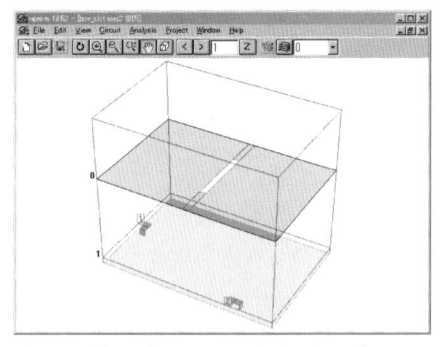

図7-47　箱の天板にスロットを設けたモデル

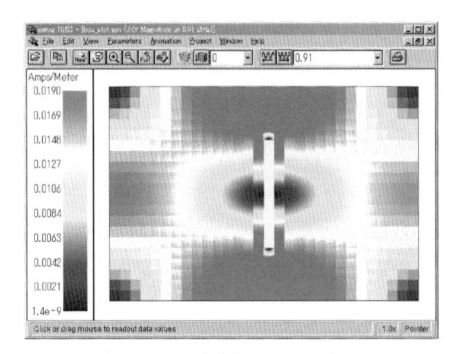

図7-48　箱上面の電流分布（900 MHz）

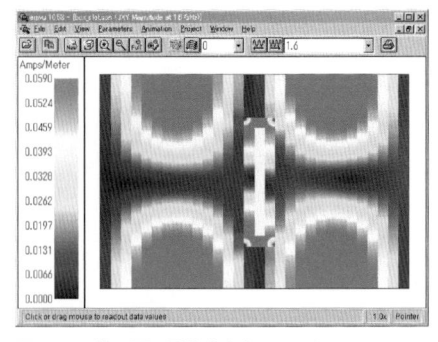

図7-49　箱上面の電流分布（1.6 GHz）

● ノイズ抑制シートのシミュレーション

図7-50は，本文の図7-40の構造をSonnet Liteでモデリングしたもので，SMAコネクタの位置にポートを取るため，autogroundポートを使っています．

このポートは線路を描いた後でTools→Add Portを選択し，線路の縁をクリックします．ポート番号がついたら番号をダブルクリックして，図7-51のダイアログ・ボックスで，TypeをAutogndに変更します．

誘電体は，テフロンとしてSonnetのライブラリにあるTeflon (PTFE) の材料定数をそのまま設定します．

セルの寸法は図7-52のように設定しましたが，線路の対称性を利用してSymmetryをチェックすることで，使用メモリ量を半分に節約しています．

図7-53はノイズ抑制シートを追加した誘電体層の設定を示しています．無償版のSonnet Liteは，空気層も含んだ誘電体層が3層まで使えるため，シートは線路

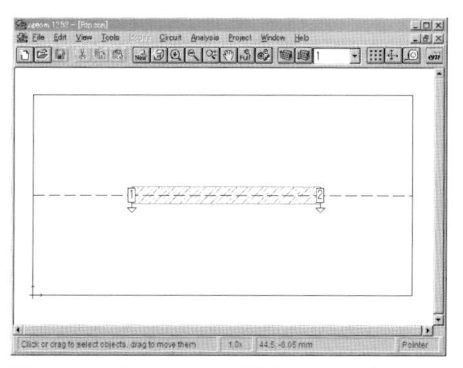

図7-50 マイクロストリップ線路上にノイズ抑制シートを密着したモデル (Rtp.son)

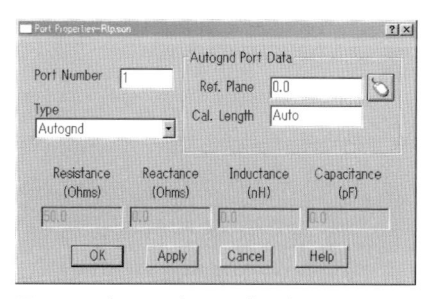

図7-51 ポート・ダイアログ・ボックス

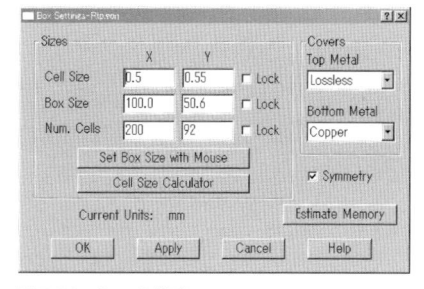

図7-52 Boxの設定
Symmetryをチェック．

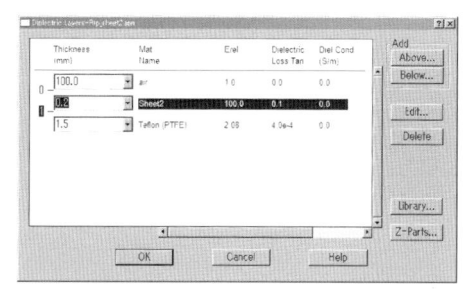

図7-53 ノイズ抑制シートを追加した誘電体層の設定 (Rtp_sheet2.son)

Appendix 7　第7章のポイントをシミュレーションで確かめよう！

に完全に密着したモデルになっています．

　材料定数は図7-54のように入力しましたが，これは任意に設定した値で，実測に基づくものではありません．

　一般に誘電率や透磁率は周波数依存性がありますから，これはある周波数における値です．周波数依存性がある誘電率や透磁率を設定できる電磁界シミュレータもありますが，多くのシミュレータは固定値で計算されます．従ってSonnetのような周波数領域の手法（第9章を参照）を使って広帯域の特性を得るには，いくつかの代表的な周波数における値を，それが有効な周波数範囲に限ってシミュレーションすると，より精度の高い結果が得られるでしょう．

　図7-55は1 MHzから1 GHzの範囲でシミュレーションした結果で，グラフ表示のTypeをZ_{in}（ポートの入力インピーダンス）に設定しています．1 MHzでは50 Ωになりましたが，ノイズ抑制シートがないときは1 GHzで58 Ω，またシートがあ

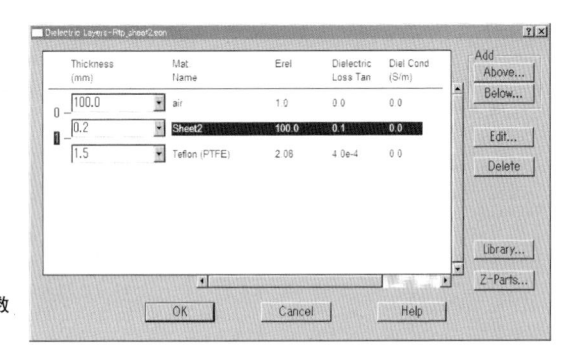

図7-54　ノイズ抑制シートの材料定数の設定

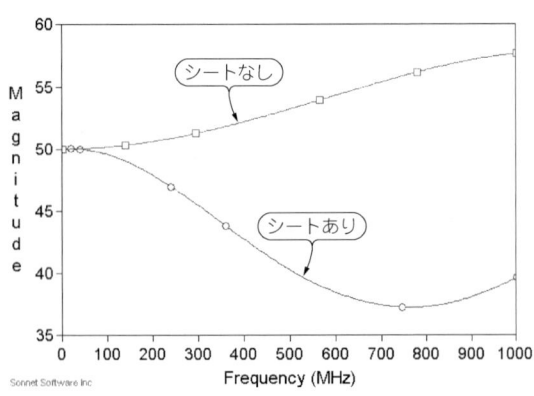

図7-55　ポートの入力インピーダンス

る場合は700 MHz付近で37 Ωまで下がっています．

図7-56はSパラメータの表示です．シートがある場合は，周波数が高くなるにつれてS_{21}が低下し，透過量が減少する傾向がわかります．またS_{11}のグラフからは，シートの影響によって線路の特性が変化し，励振しているポートへの反射量が増加することもわかります．

表示されたグラフ上でマウスの右ボタンをクリックして，Output→S, Y, Z-

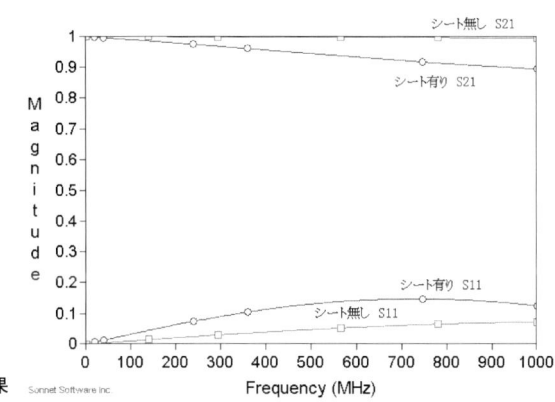

図7-56 Sパラメータの結果

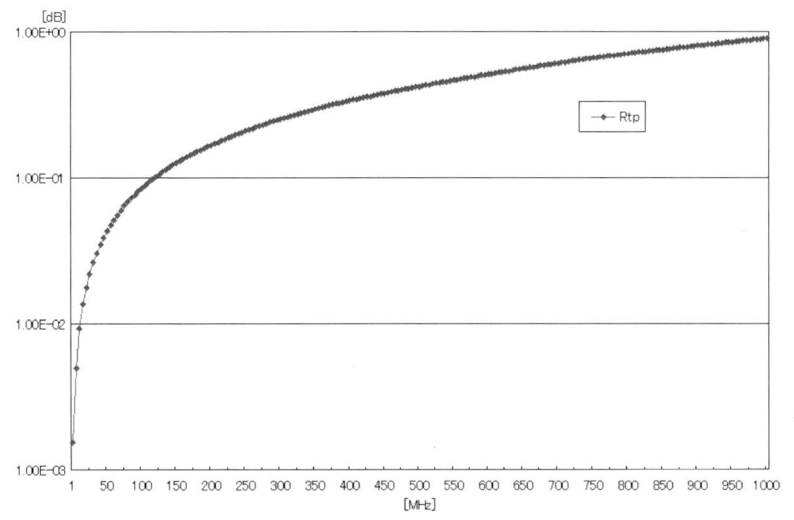

図7-57 ノイズ抑制シートの伝送減衰率
表計算ソフトのExcelで表示した．

Paramer Files... で表示されるダイアログで，FormatをSpreadsheet... に変更します．次にSaveボタンでデータを保存すると，表計算ソフトで読み込めるCSVフォーマットで保存できます．

このあとExcelなどで，本文で示したR_{tp}の式を入力して，伝送減衰率R_{tp}のグラフを作成するとよいでしょう．図7-57はこの手順で求めた，ノイズ抑制シートの伝送減衰率の例です．

対象のシステムが無損失・無放射であれば，エネルギー保存則から，反射エネルギーと透過エネルギーの合計は入射エネルギーに等しくなります．S_{21}とS_{11}は電圧比で求めるので，これらの大きさを二乗した値は，$|S_{11}|^2+|S_{21}|^2=1$の関係が成り立ちます．

ノイズ抑制シートでエネルギーが失われる場合は，入射エネルギー（1または100％）から，反射と透過のエネルギーを引いたものが，シートで熱に変わったエネルギーの割合を表すので，$1-|S_{11}|^2+|S_{21}|^2$はノイズ抑制シートの吸収特性値として使われます．

なお，このシミュレーション・モデルは電磁波の吸収材を測定するシステムですから，実際に回路基板にノイズ対策を施す場合には，シートを貼る領域を限定するなどして，その影響を調節することも重要です．

[改訂]電磁界シミュレータで学ぶ高周波の世界

第8章

すべての道はアンテナに通ず

❖

お手本のないアンテナを新たに設計するために電磁界シミュレータは必須である．電磁波の発見の歴史，その直後に始まったアンテナの歴史と基本形を学んだ後，パッチ・アンテナの電磁界シミュレーションを行う．また，アンテナの動作解析手法を学び，評価・検討を行い，設計の手助けとする．ノイズ放射のもとである「意図しないアンテナ」についても考え，EMC設計とのつながりを理解する．

❖

　第7章では，EMC設計の意義を学び，電磁界シミュレーションでEMI問題の解決を図る事例を追体験しました．ノイズ放射のもとを捜すと，そこには意図しないアンテナがあり，ノイズを送信すると同時に，外部から到達する同じ周波数のノイズを受信するアンテナとしても働くことがわかりました．

　アンテナといえば，テレビやFM放送受信用の八木アンテナを思い浮かべるかもしれません．また，ワイヤレス端末に使われている棒状のダイポール・アンテナやモノポール・アンテナもよく見かけます．本章では，究極の電磁界問題ともいえる「アンテナ」について学び，「高周波の世界」の心髄に迫ります．

8-1　空間という名の伝送線路

● 変位電流の発見

　イギリス(スコットランド)の物理学者，ジェームス・クラーク・マクスウェル(1831～1879年)は，「電流によって電線の回りに磁界が生じる」ときに，電流が流れる電線を切り開いて，そこに2枚の導体板による平行平板コンデンサを接続したらどうなるか考えました．

　第2章でも述べたように，彼は，特に電流が流れているときのコンデンサの周り

について考えました．極板の間は空間で電子の移動はないので電流は流れません．そうなると磁界がコンデンサの部分だけとぎれていることになりますが，それでは不自然です．そこでマクスウェルは，図8-1のように極板間にも電流と同じように磁界が発生するとしたのです．マクスウェルは，何もない電極間にも「磁界を発生させる何か」があると考えました．

電流が流れている間は，コンデンサ内では電極に貯まる電荷が変化しています．そして電荷が貯まるにつれて，クーロンの発見した力が強くなり，電界の強さが変化しています．つまり，彼の捜していた「何か」とは，「電界の強さが変化する」ということでした．

このことから，磁界が発生するのは電流の周りだけではなく，「変化する電界」の周りにも磁界が発生することがわかったのです．

この仮想的な電流は，彼によって「変位電流」と名づけられ，導体内の電流（伝導電流）と一緒にしてこれを電流とすれば，電流はすべての場所で連続であるという方程式が生まれました．

● マクスウェルによる電磁波の予言

マクスウェルは，師と仰いだファラデーの電磁誘導「変化する磁界が電界を生む」

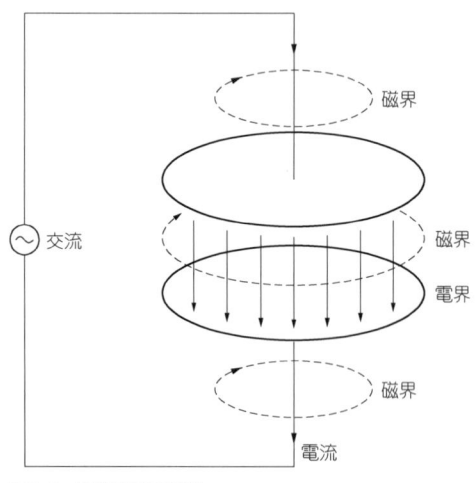

図8-1 変位電流の発見
「変化する電界」のまわりにも磁界が発生することを発見した．

写真8-1 マクスウェルの肖像と電気力線
〔参考文献8-1〕の表紙〕

と，彼のオリジナルである「変化する電界が磁界を生む」という発見から，電磁波の存在を予言しました．また，空間を伝わる電磁波の速さも理論的に計算しています．その値はほぼ 3×10^8 [m/s] ですが，これは光の速さと同じです．そこで彼は，光は電磁波の一種であるという光の電磁波説（1861年）を提唱しました．

　電気は，重力とは異なり正負の2種類があるので，正の帯電体を持ってきたときに引っ張られる向きを電界の向きと定めています．また，強く引かれれば引かれるほどその電界は強いといいます．そこでこの電界の強さは，重力場と同様に大きさと向きを持つベクトルで表されます．

　多くの観測点で電界を調べて電界のベクトルを矢印で表し，それらをつなぎ合わせた線を電気力線と言います．**写真8-1**はマクスウェルの著書[8-1]の表紙で，彼が手で描いた平行平板コンデンサの縁付近の電気力線です．導体板に垂直に描かれた線はみな電気力線で，それに直交する多くの線は，電位の等しい場所をつないだ等電位線です．コンデンサの縁からはみ出た電気力線が空間へ押し出されると，電磁波は「空間という名の伝送線路」を伝わって放射するようになります．

8-2　ヘルツ発振器がアンテナの元祖

● ヘルツがマクスウェルの予言を実証

　アンテナの元祖は，ドイツの物理学者ヘルツ（1857～1894年）が1888年ころ実験した「ヘルツ・ダイポール」です．

　基本的な構造は，**写真8-2**に示すように2本の細い金属棒の両端にサッカー・ボ

写真8-2　ヘルツ・ダイポール

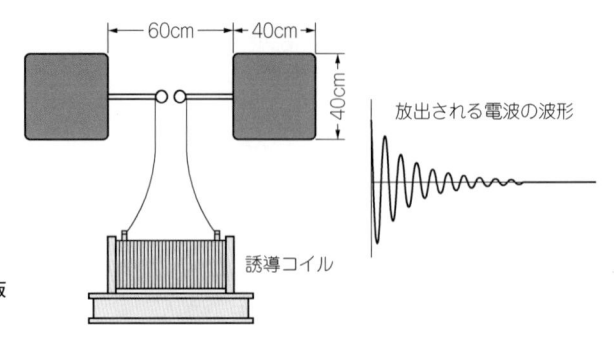

図8-2　金属球の代わりに金属板を使ったヘルツ発振器

ールほどの金属球が付いています（ミュンヘンのドイツ博物館にて著者写す）．中央にも小さい金属球が二つあって，わずかなギャップがあります．当時の電源は静電気を貯めたライデン瓶やボルタの電池です．これを誘導コイルによる高電圧で火花放電させて，パルス波に含まれる高周波成分を使ってアンテナを励振したので，この装置はヘルツ発振器とも呼ばれました．

　ヘルツは金属球の他に，**図8-2**のような金属板も使っています．
　これはコンデンサの電極板のように，空間を隔ててプラスとマイナスの電荷を保持する役割を果たします．ダイポールは，文字通り二つ（di）の極（pole）の間に強い電界を分布させます．
　また，長い金属棒の周りには強い磁界が発生しますから，これらによってLC共振現象が起こり，共振型のアンテナとして動作します．
　図8-3はヘルツが作った金属線をループ状にした装置で，ループの先端にギャップを設けた小さな金属球があります．誘導コイルの近くで電気を感じると（誘導されると）ギャップに火花放電が発生します．あるとき彼は，この装置を誘導コイルから遠くへ離しても火花が観測できることに気づいたのです．これは現在の受信機にあたりますが，当時は受波装置と呼ばれました．
　写真8-2の壁側にはさまざまな寸法の受波装置が写っていますが，ループ長が波長に比べて十分短いときには，周囲の電磁波の磁界を検出します[8-2]．
　また彼は，**図8-4**の装置を使って実験して，ループの長さを変えていくと発生する火花の大きさが変化することも観察しています．これは送波装置を構成する金属板または球体の寸法，相互の距離などで決まる，特定の周波数を発生する共振現象です．
　管楽器の共鳴現象は，空胴の大きさで共鳴（共振）する音の高さつまり周波数が決まりますが，電気の共振はコンデンサによる電気エネルギーの保持とコイルによる

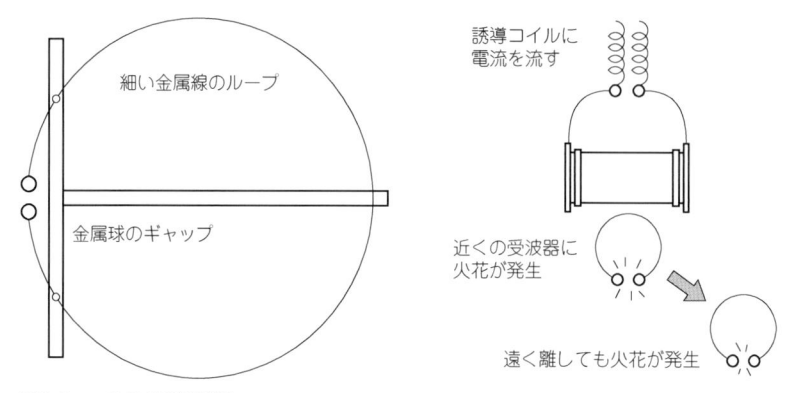

図8-3 ヘルツの受波装置
ループ導線の先端にギャップを設けた小さな金属球がある．

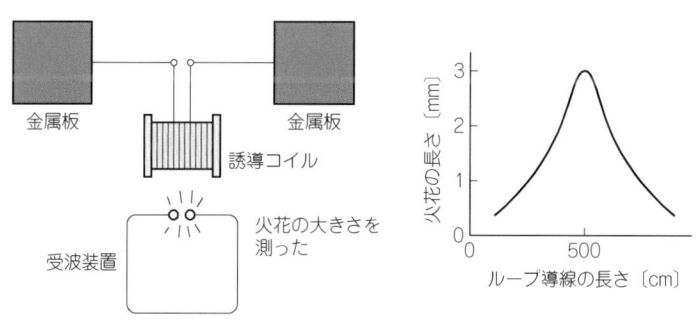

図8-4 ループ導線の共振実験（1888年）
特定のループ長で火花が大きくなった．

磁気エネルギーの保持が交替で繰り返され，この繰り返しの時間で共振の周波数が決まります．

　共振現象を利用すれば，容易に大きな電磁エネルギーが得られるので，ヘルツ・ダイポールが元祖のアンテナは，一般に動作周波数で共振させて使うように設計されています．

8-3　平面アンテナとは何か

● GPSのパッチ・アンテナ

　カーナビのGPSアンテナは，**写真8-3**のようにプラスチック・ケースに内蔵されています（SONY製）．車体の金属表面に置くので，金属に貼り付けても問題なく動

写真8-3 カーナビのGPSアンテナ

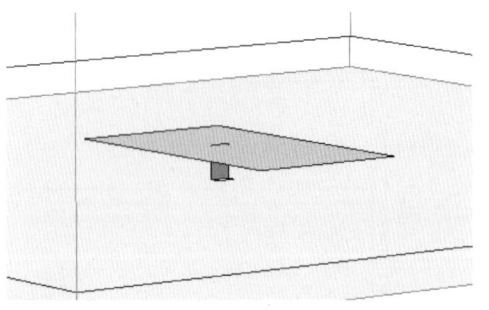

図8-5 パッチ・アンテナの構造
シミュレーション・モデル．

作するパッチ・アンテナが使われています．

　パッチ・アンテナはマイクロストリップ・アンテナとも呼ばれ，**図8-5**のように広い金属面（GND：グラウンド導体）に矩形の金属パッチを重ねた構造です．

　パッチとは，絆創膏（ばんそうこう）や当て布という意味で，上部の金属板から付いた俗称です．パッチの寸法は1辺が半波長ですが，パッチとGNDで誘電率の高いセラミックをはさむと，第4章や第5章で述べた波長短縮の効果があり，小型化できます．

　写真8-4は，GPS用小型パッチ・アンテナの例〔㈱ヨコオ〕で，外形寸法は左から$25\times25\times4$ mm，$20\times20\times4$ mm，$18\times18\times4$ mmです．

　GPS衛星が送信している電波の周波数は1.5 GHz（ギガ・ヘルツ）帯です．その波長は約20 cm [*8-1]で，**図8-6**のダイポール・アンテナで受信するためには，アンテナ・エレメントの長さは半波長に相当する約10 cmになります．

　空間を伝わる電波の波長（λで表す）と周波数fの関係はつぎの式になります．

$$\lambda = \frac{3\times10^8}{f} \quad \text{または，} \quad f = \frac{3\times10^8}{\lambda}$$

　ここでλの単位はm（メートル），fはHz（ヘルツ）です．

　3×10^8は，空間を伝わる電波の速度で，同じ電磁波の仲間である光の速度でもあります．正確には2.99792458×10^8 m/秒（理科年表による）ですが，30万キロ・メートル毎秒または1秒間に地球を約7回り半する速さと憶えれば実感がわきます．

---

*8-1　式から，GPSの波長は，$\lambda = \dfrac{3\times10^8}{1.5\times10^9} = 0.2$ [m] $= 20$ [cm] となる．正確な周波数は1.575 GHzなので，λは約19 cmである．

写真8-4　GPS用小型パッチ・アンテナ

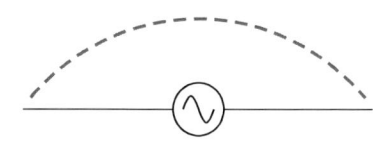

図8-6　ダイポール・アンテナの電流の強さ
サイン波の1/2（半波長）が乗っている．

　GPS衛星からの電波は2枚の金属板のすき間に入り込み，コンデンサのように電磁エネルギーが保持されるので，両導体間に配線をつないで信号を取り込みます．
　パッチ・アンテナの構造は，学術的にはマイクロストリップ・アンテナと呼ばれるとおり，先端開放のマイクロストリップ線路で，パッチ部分は線幅が極端に大きくなっている不連続な線路と解釈できます．
　マイクロストリップ線路で給電された電磁波は，先端で全反射されますが，進行波と合成されて，パッチとグラウンドの間に定在波が立ち，共振によって強い電磁エネルギーが集中します．パッチの両端から空間にはみ出る電界は，マクスウェルが変位電流を発見したときのコンデンサを思い出させます．

● マイクロストリップ線路で給電したパッチ・アンテナ
　両面基板で作るパッチ・アンテナは，図8-7のようにグラウンドの底面に穴を開けて，SMAコネクタなどを取り付けて給電します．この方法は，ネットワーク・アナライザのプローブ（同軸ケーブル）を用いて，給電点のインピーダンスが測定できるので便利です．
　一方，図8-8はマイクロストリップ線路で給電したパッチ・アンテナです．Sonnet Liteでシミュレーションすると，図8-9のようなS_{11}（反射係数）が得られ，3.6 GHz付近で共振していることがわかります．
　アンテナを単体でシミュレーションする場合は，給電点が一つなのでS_{11}（反射係数）だけが得られます．
　ここでグラフの縦軸を読むと，最も反射が少ない周波数で0.78です．
　これはアンテナに1 V（ボルト）給電しても，0.78 Vの電圧が戻ってくることを意味しているので，このままではよいアンテナとはいえません．
　基板の誘電体厚は0.8 mm，比誘電率3.0で，マイクロストリップ線路の幅を2 mmにすることで，線路の特性インピーダンスは50 Ωに近いはずです．しかし，アンテナは給電点インピーダンスと線路の整合が重要なので，給電点から見込んだイン

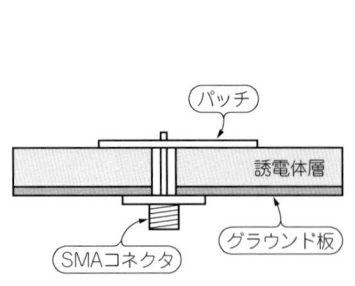

図8-7 同軸ケーブル給電のパッチ・アンテナ

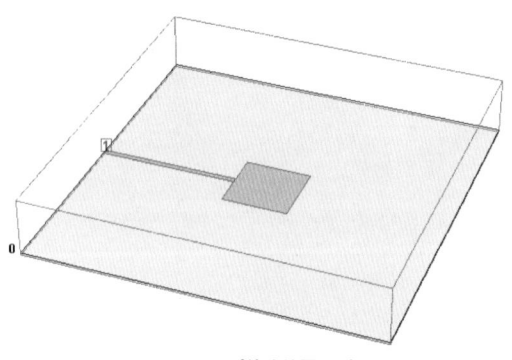

図8-8 マイクロストリップ線路給電のパッチ・アンテナ
〔㈱ヨコオ〕
基板寸法：128×128 mm，誘電体厚：0.8 mm，比誘電率：3.0，線路幅：2 mm，パッチ寸法：24×24 mm．金属と誘電体は無損失に設定した（pat0.son）．

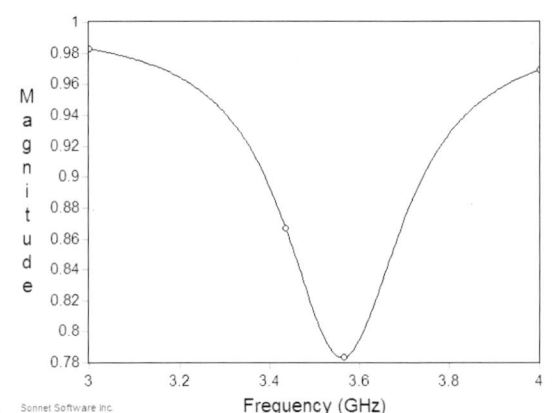

図8-9 マイクロストリップ線路給電のパッチ・アンテナ
3.6 GHz付近は0.78なので反射量が大きい．

ピーダンスを知る必要があります．この値を測定しようとプローブを給電点に当てると，アンテナとの電磁結合が強く，正確な値が得られません．

図8-10は，Sonnetの参照面を移動することで，パッチ・アンテナの給電点から見込んだインピーダンスを求める方法を示しています．左側のポートから給電点に伸びる太い矢印は，その間の配線の影響を取り除く設定を示しており，ディエンベディングと呼んでいます．

シミュレーション結果の入力インピーダンスを表示させると，**図8-11**のように3.6 GHzでR（実部）が480 Ω近くあります．X（虚部）はゼロで，純抵抗になっていま

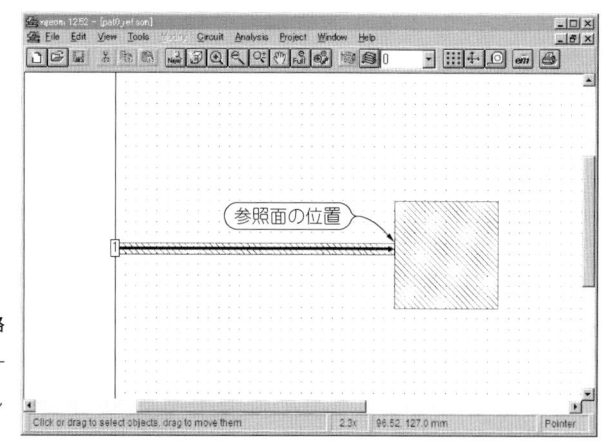

図8-10 マイクロストリップ線路給電のパッチ・アンテナ（pat0_ref.son）
参照面を給電点（矢印の先端）に移動している．

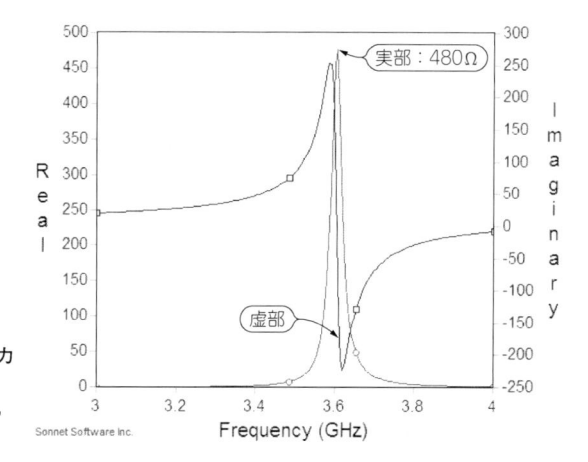

図8-11 シミュレーション結果の入力インピーダンス Z_{in}
共振周波数の3.6 GHz付近で$R=480\,\Omega$，$X=0\,\Omega$．

す．共振させるタイプのアンテナでは，共振周波数におけるインピーダンスは，この結果のように純抵抗になりますが，問題は480 Ωに50 Ωの線路を直接つなげていることです．

　パッチの縁は480 Ωでハイ・インピーダンスですが，これは**図8-12**のようなパッチの電流と電圧の分布から想像できます．同図でパッチの縁は電流が非常に小さく，また電圧は非常に高いことがわかります．電圧によって生じる電位の勾配が電界なので，パッチの両縁には強い電界が分布しています．電界ベクトルは，マクスウェルの描いた電気力線を思い浮かべれば，パッチの両縁から空間へ広がる電気力線が想像できます．

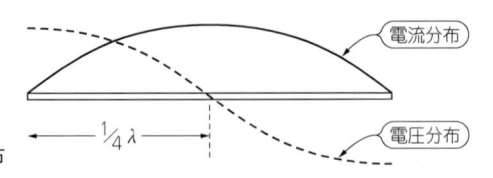

図8-12 パッチの電流と電圧の分布

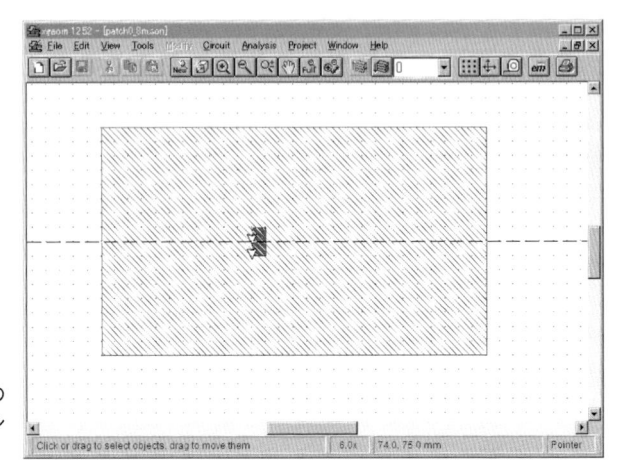

図8-13 オフセット給電の
パッチ・アンテナ・モデル
(patch0_8m.son)

図8-7の同軸ケーブル給電のパッチ・アンテナは，給電位置が中央からはずれています．

パッチの中央は，図8-12から電圧がゼロなので，インピーダンスは0Ωです．また，パッチの縁は480Ωといったハイ・インピーダンスなので，0Ωの位置から移動すると，どこかに50Ωになる場所が見つかるはずです．このような給電方法をオフセット給電と呼ぶことがあります．

● オフセット給電のパッチ・アンテナ
　図8-13は，Sonnet Liteによるオフセット給電のモデルで，給電点にviaを描いた後でポートを設定しています．直感的に位置を決めてシミュレーションした結果から，Rが50Ωよりも小さければさらに左に，また大きければ右に移動して，数回繰り返すと50Ωの位置が見つかります(詳しい手順は，本章末のAppendix 8で学ぶ)．
　図8-14は，パッチ・アンテナの周りの電界分布を，パッチの中心を通る断面上で表示しています．パッチの両縁からモレ出た強い電界が輪のように空間へ広がる様子がわかります(XFdtdによる空間の電界分布)．

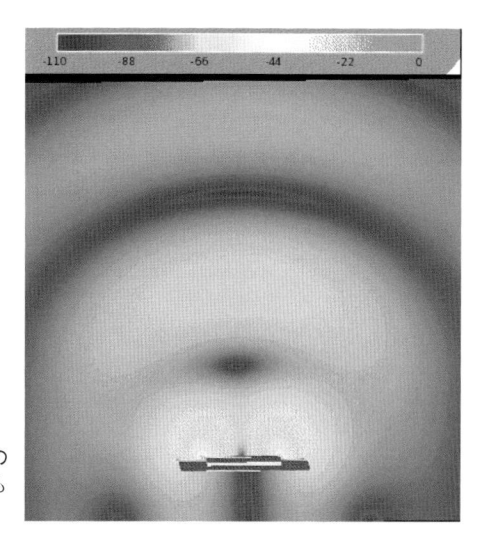

図8-14 パッチ・アンテナの周りの電界分布（巻頭のカラー口絵viii頁も参照）

8-4　自動車に搭載したアンテナ

● 車体の影響

　自動車は，地デジやFM，AMラジオをはじめ，GPSやETC，キーレス・エントリなど，さまざまな周波数帯のアンテナを搭載しています．

　図8-15は，自動車の窓ガラスに付けた地デジ受信用アンテナのモデルです．矢印の位置にあるのはアルファベットのL字に曲げた逆Lアンテナで，両サイドに2本取り付けています．これらの間隔は2mなので，地デジの500MHzの波長60cmでは，約3.3λに相当します．

　図8-16に示すように，逆Lアンテナの代わりに2本の半波長ダイポール・アンテナを1/4波長間隔で設置し，Aのエレメントの電流の位相を，Bよりも90度進めると，AからBへ向かって指向性が得られます．これは位相差給電で得られるCardioidパターンといわれており，A，B二つのアンテナから送信される電磁波の合成により，同相の波が強め合い，また逆相の波が弱め合って，特定方向へより強い電波が放射されます．

　図8-17は，これらを送信アンテナとして動作させたときの放射パターンで，500MHzで位相差を135度にしたとき，矢印の方向へ最も強く放射します．アンテナの近傍に分布する磁界ベクトルは車体の金属表面に平行になり，誘導電流（渦電流）が車体に流れます．この電流は，伝送線路に流れる電流とは異なり，一方行の

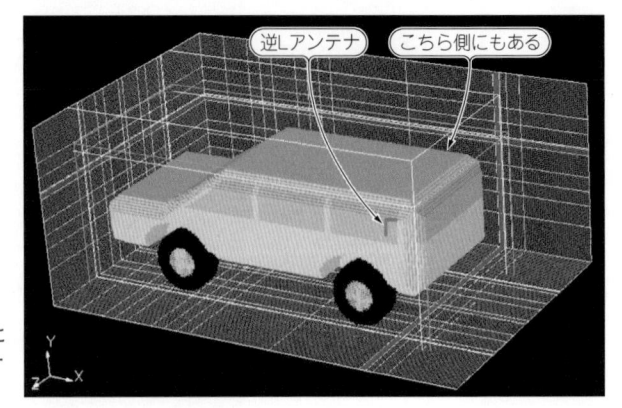

図8-15　自動車の窓ガラスに付けた地デジ受信用のアンテナ
両サイドに2本付いている．

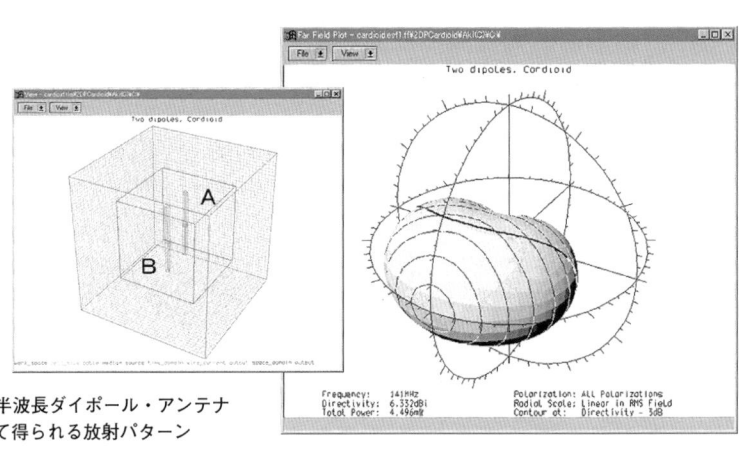

図8-16　2本の半波長ダイポール・アンテナを位相差給電して得られる放射パターン

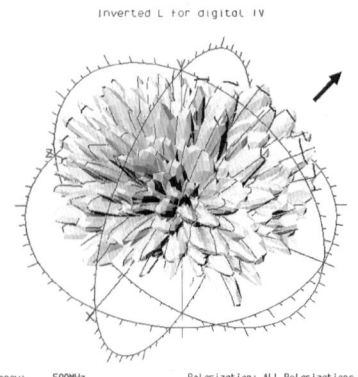

図8-17　送信アンテナとしての放射パターン

コモン・モード電流なので，放射の源になります．

これらを2次放射ともいいますが，アンテナからの直接波と合成されて複雑な放射パターンになることが想像されます．

アンテナは，送信アンテナの特性がそのまま受信した場合にもあてはまり，これをアンテナの「可逆性」といいます．そこで，図8-17のように位相差を変化させることで，ベストな受信の方向もコントロールできます．

8-5 EMSとEMIの関係

● EMSとは何か

EMIについては，第7章のEMC設計の中で述べました．ノイズの放射はアンテナと密接な関係にあるので，ここではアンテナの考え方を拡張してみましょう．

EMC問題は，電磁波に対する環境問題ともいえますが，周囲の電磁環境に対する装置の電磁的な感受性を表現する用語として使われているのが，サセプティビリティ(susceptibility：感受性)です．人工物であるハードウェアに対して「感受性」とは奇異に思えるかもしれませんが，電磁ノイズの拾い易さと言い換えてもよいでしょう．

ところがこの用語は，広く用いられているものの，ほとんど概念的な表現にとどまっており，明確な物理量としての定義がありません．そこで，図8-18に示すように，筐体に開口部がある装置をもとに，電磁的感受率(EMS)という物理量を提案します[8-3]．

図8-18のように，いま筐体からy方向に離れた位置から，電界がx方向である

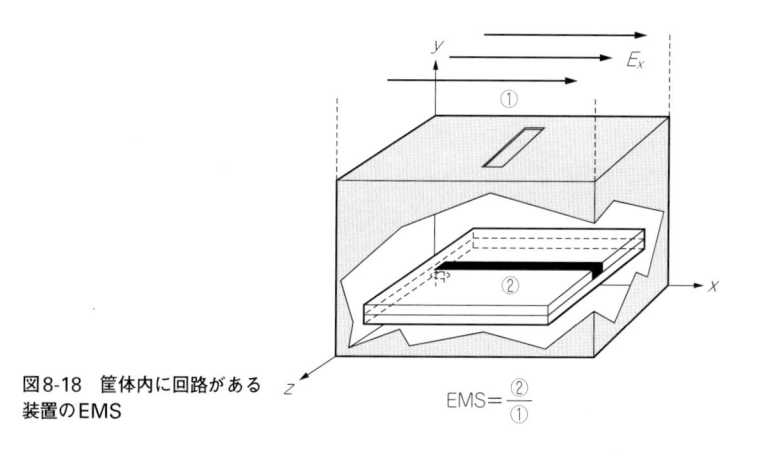

図8-18 筐体内に回路がある装置のEMS

$EMS = \dfrac{②}{①}$

平面波が筐体の上面に向かって照射されているとします．照射された電磁波は，その一部が筐体上部の面で反射しますが，開口部を介して筐体内に吸い込まれる（結合する）電磁エネルギーによって，筐体内に設置された回路にも電磁エネルギーが結合します．

このことから，電磁的感受率は，開口部を介して筐体内に取り込まれた電磁エネルギーに対して，筐体内の回路に取り込まれる電磁エネルギーの割合で定義できると考えられます．

前者の筐体内に結合する電磁エネルギーは，均一な平面波で，開口部に対して垂直に入射していると仮定します．そこで，照射している電磁界によって求められるポインティング・ベクトル[*8-2]に筐体上部の面積を掛けた値を，筐体に取り込まれるエネルギー（①）と考えます．

また筐体内では，回路に誘導される電磁エネルギーの他に，筐体側壁の損失によって失われる電磁エネルギーもありますが，これを加えると，単純に高損失の側壁ほど電磁的感受率が高いことになってしまうので，これは含まずに，回路に取り込まれるエネルギー（②）のみを考えることにします．

以上から，電磁的感受率（EMS：electromagnetic susceptibility）は，②を①で割り算した値として，次式で定義されます．

$$\text{EMS} = \frac{\text{回路に取り込まれるエネルギー（②）}}{\text{筐体に取り込まれるエネルギー（①）}}$$

入射波はさまざまな方向が考えられますが，EMSの定義としては，筐体上面に垂直に進行する入射の条件を採用することにします．

また，EMSを支配する要素として，

(1) 入射面上における開口部の位置および入射面に対する開口部の相対的な寸法
(2) 開口部の形状に対する照射電界の方向
(3) 筐体内の回路の形状（多層も含む）および設置位置
(4) 周波数

などが考えられますが，これらをすべて可変パラメータとして扱うと問題が複雑になるので，上記の(1)から(3)は固定して扱うことにします．これによって，EMSは(4)の周波数に対する特性を求めることになります．

[*8-2] ポインティング・ベクトルは，電磁界のエネルギーの流れを表すベクトルで，単位面積を単位時間に通過するエネルギー量を表す．電界を E，磁界を H とすると，$E \times H$ で与えられる．

● **電磁的感受率(EMS)を求める**

図8-19に示す回路を電磁界シミュレーションした結果から，前項の式により電磁的感受率(EMS)を求めました．

筐体に照射された平面波のx方向の電界E_xは1 [V/m]で，z方向の磁界H_zは$1/(120)\pi$ [A/m]ですから，ポインティング・ベクトルは2.65×10^{-3} [W/m²] となります．またこの値に筐体上面の面積を掛けることによって得られる，筐体に取り込まれるエネルギー(①)は1.6×10^{-4} [W]となります．

つぎに，図8-20のモデルを用いて装置内のモデル回路に誘導された電流値を求め，終端抵抗に消費される電力を，回路に取り込まれるエネルギー(②)としました．

図8-21は，定義式によって求めたEMSの特性です．太線は回路を筐体中央(A位置：$y=75$ mm)に設置した場合の結果，細線は回路をより開口部に近づけた場合(B位置：$y=115$ mm)，点線は回路をより筐体底部に近づけた場合(C位置：$y=35$ mm)の結果をそれぞれ示します．

これによると，まずスロット・アンテナとして動作している周波数(1.15 GHz)では，回路が開口部に近い位置ほど共振による放射を強く受けるため，EMSが大きく，B位置(開口部)ではC位置(筐体底部)に比べ20 dB以上大きいことがわかります．

また筐体が共振している1.35 GHz (TM_{111})や1.60 GHz (TM_{211})では，位置によるEMSの違いは，開口部がスロット・アンテナとして動作している周波数の場合ほど顕著ではないことがわかります．

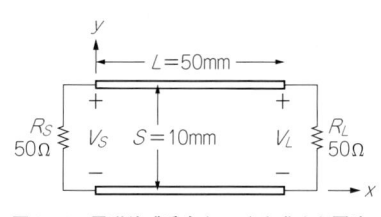

図8-19 電磁的感受率(EMS)を求めた回路

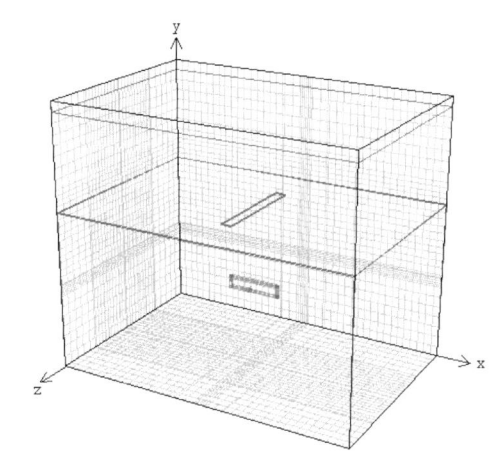

図8-20 EMSを求めたシミュレーション・モデル

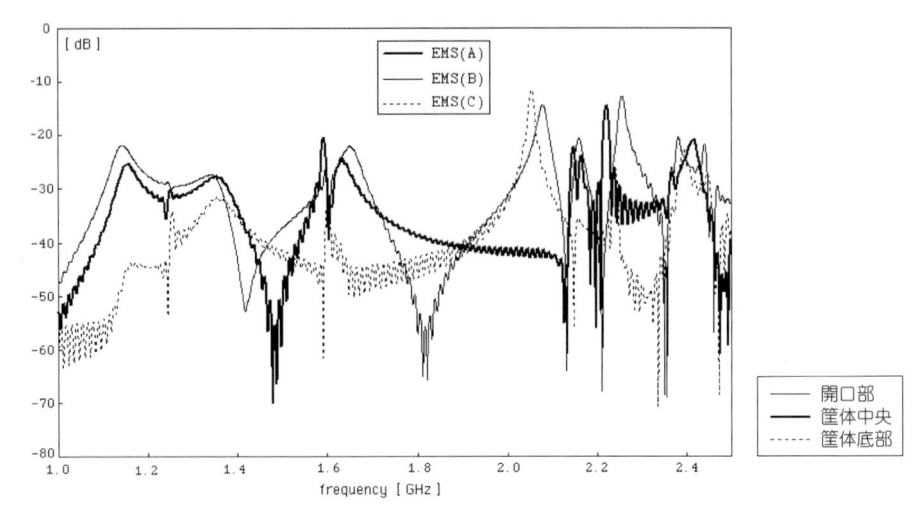

図8-21 電磁的感受率(EMS)の特性

これらの共振よりさらに高次のモードである2.24 GHz (TM$_{410}$)や2.36 GHz (TM$_{411}$)でも，やはり回路位置によるEMSの違いは小さくなりました．また，より高い周波数では，筐体の共振する周波数に加え，回路を構成する各伝送線路部分が共振することによって，EMSが大きくなる周波数があることも確認できました．

このシミュレーションを繰り返しているうちに，筐体がまるで受信アンテナのように思えてきました．アンテナは「逆も可なり」なので，回路に給電すれば，筐体はブラック・ボックス送信アンテナにも変身するというわけです．

8-6　EMIとアンテナ

第7章に「電磁波をよく受けるものは，反対に電磁波をよく出す．つまり，よい受信アンテナは，そのままよい送信アンテナとして使える．これがEMCだ」という定義がありました．

そもそも伝送線路は「周波数が高くなっても，空間に電磁エネルギーをもらさずに，先の負荷まで届ける」のが仕事です．しかし理想通りに行かないのは，急な曲がり部やスリットのような不連続部が原因です．また，基板の金属導体の縁に沿って定在波が立ったり，数十GHzでは，多層基板の層間の開口部から不要輻射されることもあり得ることがわかりました．

さらに，線路自体からは電波を放射しないはずのマイクロストリップ線路構造でも，線路幅を広くしたと考えられるパッチ・アンテナでは，空間に強い放射を発生します．

　EMIの元を絶つためには，逆に"積極的な放射"，つまり"送信アンテナ"のことをよく知らなければならないということです．

　グラウンドの縁がアンテナになっている！　金属箱のすき間はスロット・アンテナだ！　配線ケーブルがワイヤ・アンテナになっている！

　GHz時代は，波長が回路基板の寸法に収まり，基板のあちらこちらにアンテナが存在しているのです．誘電体の波長短縮効果で，小型アンテナが形成されていることすらあります．

　高周波の世界を旅してみたら，すべての道はアンテナに通じていた！　というのは，ひとつの発見といえるかもしれません．

第8章のまとめ

(1) マクスウェルは「空間という名の伝送線路」を伝わる電磁波を予言し，ヘルツは実験で電磁波の存在を証明した．
(2) 電磁界シミュレータはアンテナの設計に役立つ．
(3) アンテナが共振しているときには，その素子に強い電流が流れており，定在波が観察される．
(4) 「電磁波をよく受けるものは，反対に電磁波をよく出す．よい受信アンテナはよい送信アンテナである．」
(5) すべての道はアンテナに通ず！

参考文献

8-1) James Clerk Maxwell；A TREATISE ON ELECTRICITY & MAGNETISM Vol.1，DOVER PUBLICATIONS, INC. 1891年の復刻版．
8-2) 小暮裕明・小暮芳江；『小型アンテナの設計と運用』，誠文堂新光社，2009．
8-3) 小暮裕明；『筐体に開口部を有する装置の電磁的感受性に関する研究』，1998-3，東京理科大学，論文の要旨：http://www.kcejp.com/E/dissertJ.html

Appendix 8

第8章のポイントを
シミュレーションで確かめよう！

　Sonnet Liteは平面多層構造の3次元CADなので，マイクロストリップ線路やパッチ・アンテナのシミュレーションに適しています．ここでは，本文でも解説したオフセット給電のパッチ・アンテナを，シミュレーションで確かめてみます．

● パッチのモデリング

　セルは，図8-22のように設定します．アンテナのシミュレーションなので，Top Metalは，Free Space（自由空間）とします．またBottom Metalはグラウンドなので，デフォルトのLosslessのままにします．
　次に，誘電体層は1.6 mm厚，比誘電率 ε_r = 4.8，tan δ = 0.008として，空気層は60 mmに設定します（図8-23）．このアンテナは，共振周波数が2.4 GHz付近になる設計なので，Top Metalまでの距離は，波長125 mmのほぼ1/2です．
　図8-24は，パッチの描画を示していますが，28 mm×16 mmの長方形です．パッチ・アンテナの共振周波数f_0は，図8-24の給電法ではパッチの横dの長さで決まり，つぎの式で計算できます．

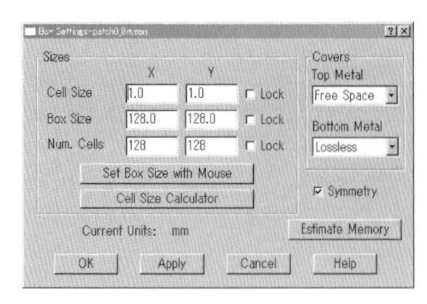

図8-22　Boxの設定
Top Metalは，Free Spaceとする．

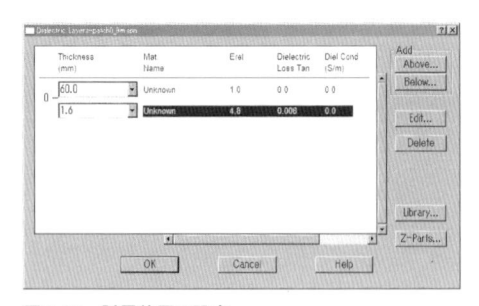

図8-23　誘電体層の設定
Top Metal（Free Space）まで60 mmとする．

$$f_0 = \frac{3 \times 10^8}{2d\sqrt{\varepsilon_r}} = \frac{3 \times 10^8}{2 \times 28 \times 10^{-3}\sqrt{4.8}} = 2.45\,[\text{GHz}]$$

$1/\sqrt{\varepsilon_r}$ は波長短縮率を表します．

● Viaポートの設定

　このアンテナは，オフセット給電のモデル（本文の図8-13）なので，給電点にviaを描いた後でポートを設定します．Boxの底にviaの規定となるメタルを描いてから「Tools」→「Add Via」→「Up One Level」をチェックし，「Tools」→「Add Via」→「Edge Via」でメタルの端をクリックすると，図8-25に示す△マークが表示されます．つぎに，同じ位置に「Tools」→「Add Port」でポートを付けます．

　ポートの位置は，図8-25を見ながら適当な位置に設定してください．パッチの中央からやや左側に描き，まずシミュレーションしてインピーダンスを調べてみます．

　図8-26は，シミュレーション結果のS_{11}（反射係数）のグラフです．縦軸がdB（デシベル）の場合は，リターンロスともいいますが，設計通りに2.45 GHz付近で反射が少なく，アンテナとして電磁エネルギーを放射しています．

　これは50 Ωで正規化したグラフなので，インピーダンスのRは50 Ωに近いはずです．

　図8-27を見ると，2.45 GHzでRは約49 Ωなので，ポートの位置はベストです．

　ポートの位置は，図8-25より右側に描けばRが50 Ω以下になり，反対に左側に描くと，Rは50 Ω以上になるはずなので，確かめてみましょう．

　右側の縦軸はImaginary（インピーダンスの虚数），すなわちリアクタンスのXですが，共振型のアンテナは，共振周波数ではXがゼロになることが確認できます．

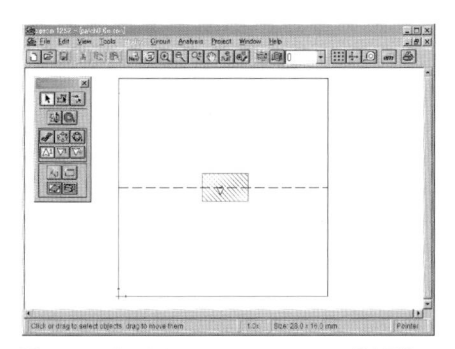

図8-24　パッチは28 mm×16 mmの長方形とする

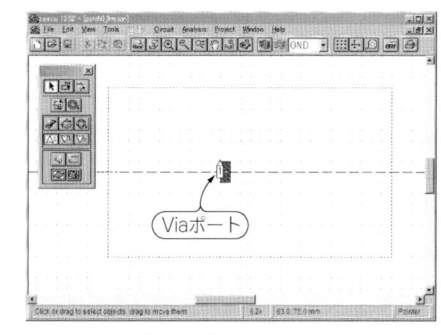

図8-25　Viaポートの設定
△マークが表示される．

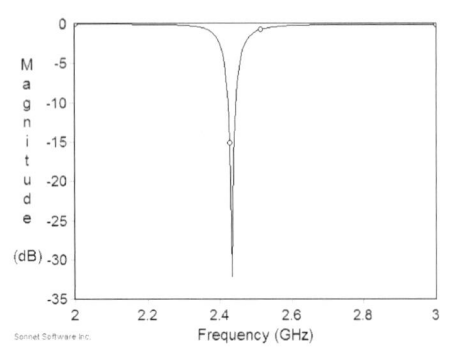

図8-26 シミュレーション結果
S_{11}(反射係数)のグラフ.

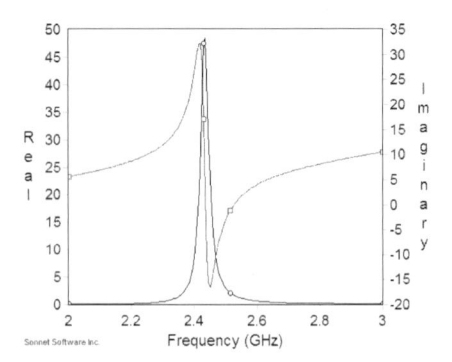

図8-27 入力インピーダンスのグラフ
2.45 GHzでRはほぼ50 Ω.

● 表面電流分布を調べる

「Analysis」→「Setup...」で表示されるダイアログ・ボックスで，**図8-28**のように，左上のCompute Current Densityをチェックすると，**図8-29**に示す表面電流分布を表示するデータが，自動的に保存されます.

図8-29はデフォルトで，最も低い周波数2 GHzの表示です．Viaのある位置を中心に，強い電流の分布が集中しています．Sonnetは平面構造のCADで金属を描きますが，このときデフォルトでは厚味がゼロの板になります．物理的にはあり得ませんが，厚い金属板を表現するためには，この層を複数重ねています．

立体CADの電磁界シミュレータは厚い金属を描きます．ところが，金属の内部は計算の対象にならないので，厚味がゼロの板が複数枚あるのと同じことです．これは実際に金属の中まで計算するためには非常に小さいセル(離散化)が必要であること，また，高周波では表皮効果によって電流は表面の薄皮に集まるので，現実的な手法を採用しています．

低い周波数では電流が金属の内部に流れます．このため，一般に電磁界シミュレータは，GHz帯を中心に使われています．Sonnetはプレーナ(平面)3次元のシミュレータですが，複数枚で金属板を表現すれば，他のシミュレータでは実現できない金属内部の電流分布も計算します．

さて，**図8-30**は2.45 GHz付近の表面電流分布です．画面右上の周波数設定のプルダウンで選べますが，ABSスイープでシミュレーションしたので，自動的に決定された周波数が2.43 GHzです．

図8-29と比較すると，電流は上下の縁にきれいに左右対称で，1/2波長の分布になっていることがわかります．

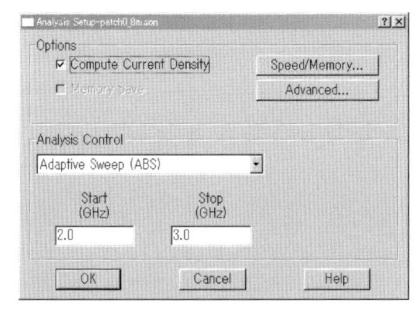

図 8-28 データの自動保存 Compute Current Density をチェックする
表面電流分布を表示するデータが，自動的に保存される．

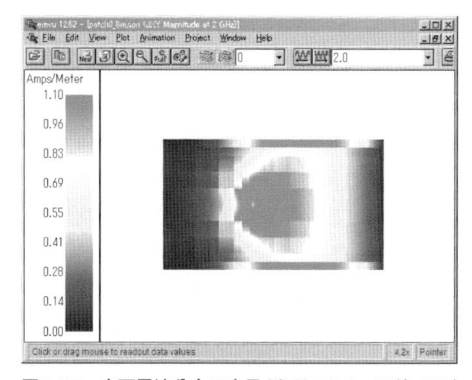

図 8-29 表面電流分布の表示（巻頭のカラー口絵 viii 頁も参照）
デフォルトの 2 GHz．

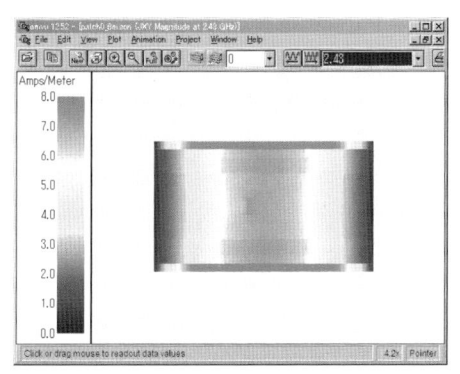

図 8-30 表面電流分布の表示 共振周波数の近く 2.43 GHz（巻頭のカラー口絵 viii 頁も参照）

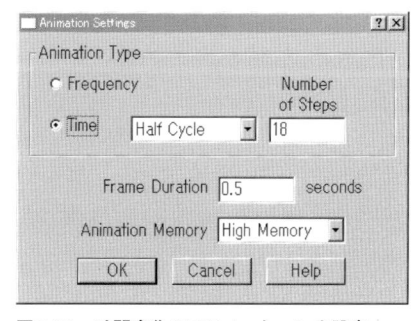

図 8-31 時間変化のアニメーションを設定

図 8-32 アニメーションをプレイするボタン

これは定在波ですから，時間が変化しても，1/2 波長の分布は代わりません．

図 8-31 は，「Animation」→「Settings...」で表示される，電流分布をアニメーションするダイアログ・ボックスです．Animation Type で Time をチェックすると，ひとつの周波数のサイン波で時間変化のアニメーションが表示されます．

図 8-32 は，「Animation」→「Animate View」で表示されるダイアログ・ボックスで，右向きの s ボタンでプレイすると，時間が変化しても上下の縁に定在波が立っている様子がわかります．

[改訂]電磁界シミュレータで学ぶ高周波の世界

第9章

電磁界シミュレータのしくみと活用法

❖

近年多くの電磁界シミュレータが発売され利用されているが，それらについて解析のしくみや機能の特徴，利用法についてまとめる．解析手法により，周波数領域の代表であるモーメント法と，時間領域のFDTD法やTLM法について整理し，特徴や活用方法のポイントを考える．加えて，精度や誤差についても触れる．

❖

　1980年代の後半に商用化された電磁界シミュレータは，いまや世界の多くの技術者が独自に開発しており，製品の種類は数えきれません．ソフトウェアは，いうまでもなく人間がつくるので，それぞれの製品には特徴があります．筆者らは，20年の間に何社かの開発者と個人的に親しくなり，製品のコンセプトや苦労話を聞くうちに，共通した使い方のポイントや計算精度，結果の妥当性チェックなど，多くの体験を独自にまとめるに至りました．

　本章では，各章で使った電磁界シミュレータについて，そのしくみや活用のポイントをまとめます．また，いくつかの種類について，それぞれの特徴を比較しています．

9-1　電磁界シミュレータでできること

　電磁界シミュレータは，基板や電気機器をCAD入力するだけで，マクスウェルの方程式を使って電磁界を高精度で解いてくれます．しかし答えの数値やグラフィックスが得られるだけなので，なぜそうなるのか？という理由は，本書のさまざまな事例に照らし合わせて考察することが重要です．

　電磁界シミュレータで得られる結果を**表9-1**にまとめます．

表9-1 電磁界シミュレータでできること

- ビジュアル化の機能による
  - 導体表面の電流分布（アニメーション機能は有用）
  - 近傍空間の電界，磁界分布（ベクトル表示，実効値表示等），電力分布，エネルギー分布
  - 遠方界の放射パターン
- 高精度の解析データが得られる
  - S，Z，Yパラメータ（直交グラフ，スミス・チャート）
  - 線路の特性インピーダンス，実効比誘電率
  - SPICEファイルの生成
  - 観測点の電界，磁界変化（直交グラフ，dB表示　EMC問題の電界強度規格値の評価）
  - 線路の電流，電圧変化

9-2　モーメント法とその仲間たち

● 周波数領域の手法

　モーメント法は周波数領域の手法です．信号源に正弦波を加えて，一つの周波数で電流分布やSパラメータなどを求めます．必要な帯域に渡って，各周波数で同じシミュレーションを繰り返すので，一般的に，広帯域のデータを得るために周波数ステップを細かくすると，より多くの計算時間が必要になります．

　モーメント法は，マクスウェルの方程式から積分方程式を導出するところからはじまります．モーメント法は，積分方程式を離散化して行列演算で連立方程式を解く一般的な解法なので，電磁界問題以外の分野，例えば数理統計学などでも使われています．

　モーメント法の電磁界シミュレーションは，図9-1に示すように，多層基板の導体表面を細かく分けたそれぞれの要素（サブセクション）の表面電流を求めるのがゴールです[9-1]．

　図9-1の$J(x', y')$は微小な電流要素で，別のサブセクションを観測点としたときの電界Eは，次の式で表されます．

$$E(x, y) = \iint_{x' y'} G(x, y, x', y') J(x', y') \, dx' dy'$$

　ここで$G(x, y, x', y')$はグリーン関数[*9-1]で，二つの要素間の関係を表しています．

[*9-1] グリーン関数は，ある点x'で生じた現象の効果を点xへ伝える役割をする関数$G(x, x')$で，イギリスの数学者George Green（1793～1841年）によって考案された．

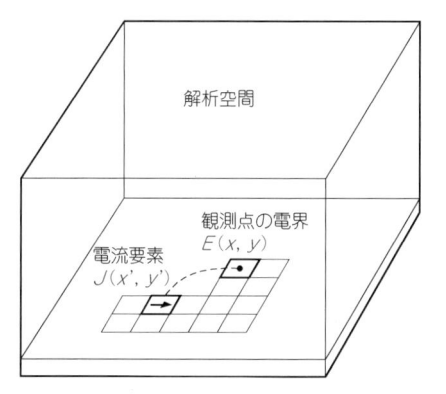

図9-1 モーメント法の解析空間
導体表面を細かく分けた要素の表面電流を求める.

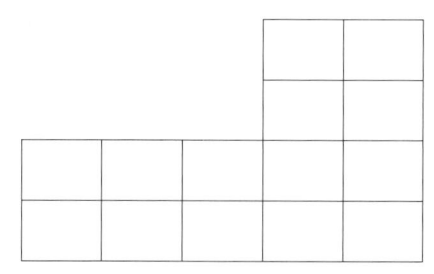

図9-2 導体表面をサブセクションに分割する

　上式を電流Jについて解くわけですが，ここでモーメント法の手法が使われます.
　図9-2に示すように，導体表面をN個のサブセクションに分割します.
　未知の電流を既知の電流$J(x', y')$を使って表しますが，SonnetやS-NAP/Field[*9-2]では，屋根の形をしたルーフトップ関数を使っています.
　図9-3のサブセクションiに置いた既知の電流によってサブセクションjの電界が得られるので，サブセクションjの電圧は，電界を積分して，つぎの式で求められます.

$$V_j = \iiiint_{x\,y\,x'\,y'} G(x, y, x', y') J(x', y')\, dx\, dy\, dx'\, dy'$$

　図9-3のように一つのサブセクションだけに既知の電流を置いて他はゼロとし，全てのサブセクションの電圧を求めます.
　これを全てのサブセクションについて繰り返し，最後にこれらの電流を全てのサブセクションに置いたとき，電圧の合計がゼロになる条件（境界条件）を使って，図9-4のような実際の表面電流分布が決定されます.
　SonnetやS-NAP/Fieldは閉じた金属箱内で解くので，上式の積分を使う代わりに，つぎのようなΣを使った式を実装しています.

$$G(x, y, x', y') = \sum_{m=0}^{\infty} \sum_{n=1}^{\infty} C_{mn} \cos\left(\frac{m\pi x}{A}\right) \sin\left(\frac{n\pi y}{B}\right) \cos\left(\frac{m\pi x'}{A}\right) \sin\left(\frac{n\pi y'}{B}\right)$$

[*9-2] S-NAP/FieldはMEL社のS-NAP Microwave Suiteを構成する電磁界シミュレータで，配線路に回路素子を接続した状態で基板全体をモーメント法で解く特許の解析エンジンを持つ.

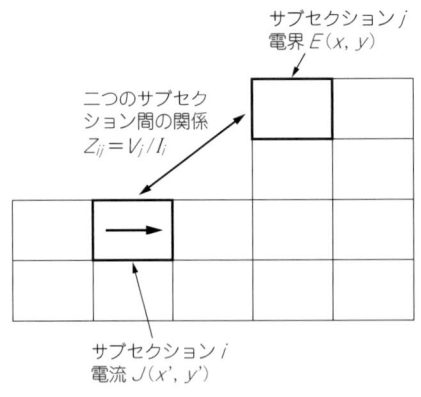

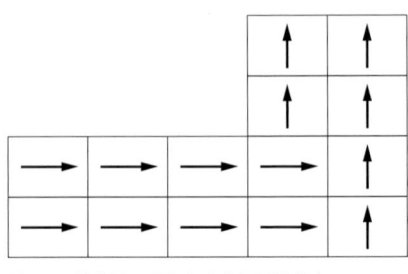

図9-3 サブセクションiに置いた既知の電流によってサブセクションjの電界が得られる

図9-4 最終的に得られた表面電流分布

グリーン関数は上式の導波管内のモード(第7章のColumn 4参照, p.192)の和で表されるので,

$$V_j = \sum_{m=0}^{\infty} \sum_{n=1}^{\infty} D_{mn} \cos\left(\frac{m\pi x_1}{A}\right) \sin\left(\frac{n\pi y_1}{B}\right) \cos\left(\frac{m\pi x_0}{A}\right) \sin\left(\frac{n\pi y_0}{B}\right)$$

となって,定数がC_{mn}からD_{mn}に代わるだけです.Σ演算はコンピュータのイタレーション(ループによる繰り返し)に向いており,また三角関数は,ディジタル・コンピュータによる積分演算よりも高速で高精度が得られます(2次元のFFT [9-3]による).

● モーメント法とその仲間

SonnetやS-NAP/Fieldは,導波管内のモードを巧みに利用する解法で,閉じた領域の解法とも呼ばれています.一方,IE3D [9-4]やMomentum [9-5],FEKO [9-6]などは,開いた領域の解法です.

FEKOはモーメント法の解法がベースですが,大規模な問題に対しては高速多重極展開法(MLFMM:Multilevel Fast Multipole Method)という解法が使えるよ

[9-3] FFT(Fast Fourier Transform)は,離散フーリエ変換をディジタル・コンピュータで高速に計算するアルゴリズムである.
[9-4] IE3Dは米国Zeland Software社の製品.
[9-5] Momentumは米国Agilent Technologies社の製品.国内代理店はアジレント・テクノロジー株式会社.
[9-6] FEKOは南アフリカEM Software & System社の製品.国内代理店はファラッド株式会社.

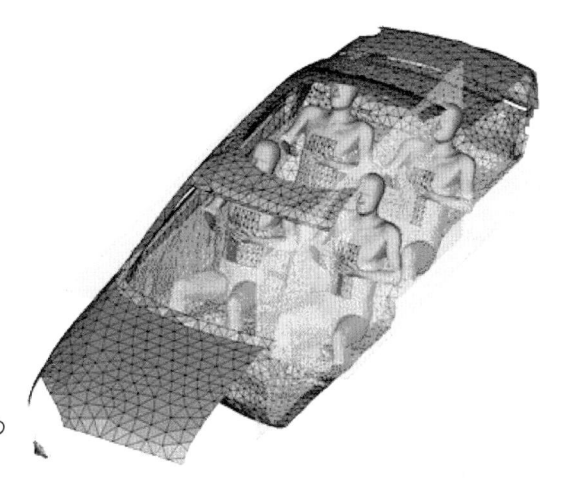

図9-5 車内での無線機器の
シミュレーション・モデル

うになっています．また，FEKOではモーメント法とともに有限要素法(FEM)や物理光学近似(PO)，幾何光学近似(GO)，一様回折理論(UTD)を利用することができるユニークな製品です．

　電磁界シミュレータの商用化から20年，PCの高性能化とともに，解決できる問題の規模も大きくなりました．しかし，より高い周波数でより広い解析空間が望まれる電気的にも大規模な問題は，現状のPCでは解析手法を選ばざるを得ません．

　GHz時代は，扱う電磁波の波長が短いので，例えばオフィスの無線LANは，解析のモデルに膨大なメモリを必要とします．自動車に搭載されるアンテナも，テレビやFM（数十～数百MHz）からGPS（1.5 GHz），ETC（5.8 GHz）へと周波数が高くなっていますから，車体の周りの空間も含めると，従来の電磁界解析手法では，数十Gバイト以上のメモリを実装したPCでも困難です．

　図9-5は，車内での無線機器の電磁放射規制レベルのシミュレーションで，人体ファントムは有限要素法，アンテナおよび車体はモーメント法でモデリングしています（ファラッド株式会社提供）．

9-3　FDTD法とその仲間たち

● 時間領域の手法

　FDTD法[9-2]やTLM法[9-3]は時間領域の手法です．この手法は，モーメント法のように方程式を解くのではなく，文字通り時間変化する電磁界を空間に逐次伝搬させていく方法なので，本来のシミュレーション（模擬実験）手法ともいえます（図9-6）．

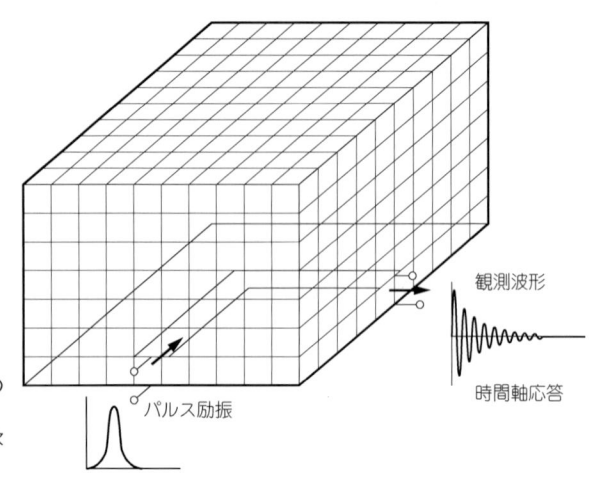

図9-6 FDTD法やTLM法の解析空間
時間変化する電磁界を空間に逐次伝搬させる．

観測波形
時間軸応答
パルス励振

　これらは空間を細かいメッシュに離散化して，各メッシュに伝搬する電磁界を，マクスウェルの方程式の差分表現式を使ってシミュレーションします．CADは任意形状の3次元モデラなので，携帯機器の人体への影響をシミュレーションするための精密な人体モデル*9-7 も開発されています9-1)．

　信号源は，広帯域の周波数成分を持つガウス・パルスなどを一個だけ励振します．導体や誘電体，空間など，すべての空間がメッシュで離散化されているので，パルス波はすべてのセル（メッシュの最小単位）に伝搬されます．

　観測点は空間や誘電体内にも設定できますが，これらの観測点で得られる時間軸応答のデータがほぼゼロに収束したところで，シミュレーションを終了させます．時間軸のパルス応答データをフーリエ変換（FFT）するだけで，広帯域な周波数軸のデータが一度に得られるというメリットがあります．

　図9-7はTLM法のMicro Stripesで得た時間応答（過渡応答）のデータ例です．

　グラフの右端は，電界の振幅がまだゼロになっていませんが，応答がゼロに収束する前のデータをFFTの処理にかけても，**図9-8**のように，周波数領域のデータは，このモデルの特性をよく表していることがわかります．

---

*9-7　人体モデルは，ドイツのMedical Virtual Reality Studio社のWebページhttp://www.mvrstudio.de/で，いくつかの電磁界シミュレータで使える精細な人体モデルのデータを販売している．また，NICT（独立行政法人 情報通信研究機構）では，つぎのWebページで人体モデルのデータを提供している．
　　　http://www2.nict.go.jp/y/y224/bio/data/

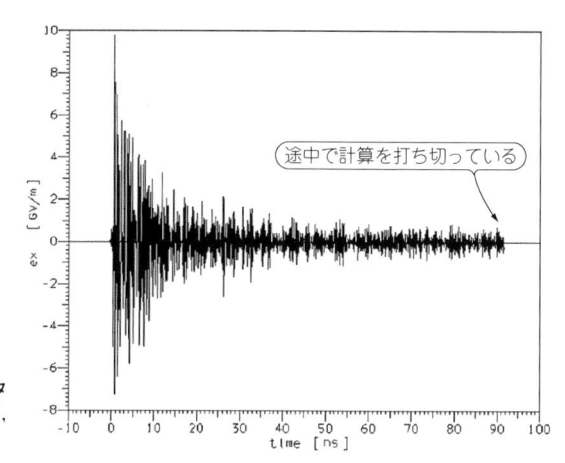

図9-7 時間軸のパルス応答データ
電界の振幅がゼロになっていないが、途中でもFFT処理ができる。

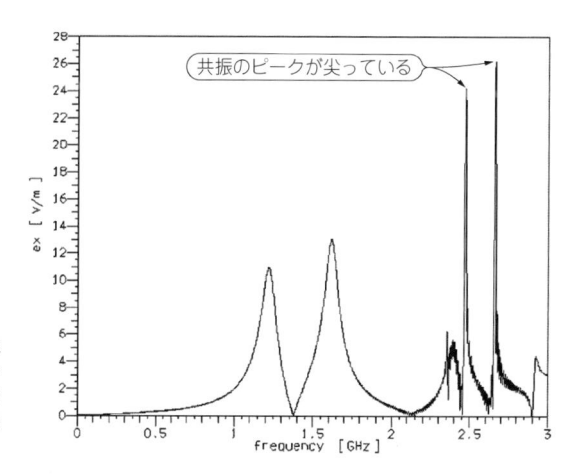

(図中ラベル: 途中で計算を打ち切っている)

図9-8 周波数領域のデータ
図9-7のデータをFFT処理して広帯域の応答データが得られる。1.2 GHzや1.65 GHzのグラフは、2.6 GHz前後の二つのグラフとは異なっており、共振の原因も異なることが予想される。

(図中ラベル: 共振のピークが尖っている)

　FDTD法は有限差分時間領域法とも呼ばれ、空間に伝搬する電磁界を、マクスウェルの方程式の差分表現式を使って直接シミュレーションします。

　一方、TLM法は伝送線路法とも呼ばれ、空間の離散点間を1次元線路(TLMメッシュ)と仮定し、**図9-9**に示すように、TLMメッシュで構成したセルで、構造全体を離散化します。

　一つの節に与えられたインパルスは、ホイヘンスの原理(一つの波面上のすべての点がそれぞれ二次波を出し次の波面がつくられる)に従って、つぎつぎに隣接する節に伝搬しますが、この過渡応答をコンピュータで逐次的に計算するので、電圧・電流で解いて電界・磁界を得るというユニークな手法です。

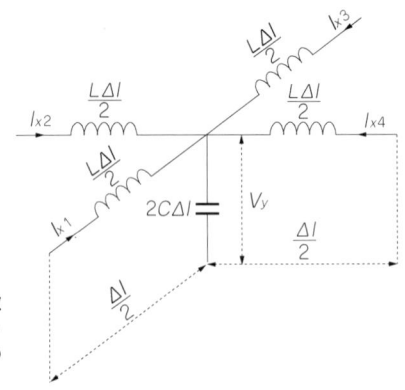

図9-9 TLMメッシュの一つを分布定数回路で表現している（2次元セルの場合）
1セルに相当するTLMメッシュ（等価回路）の電圧と電流を次のセルに伝えて逐次的に解く．

9-4 電磁界シミュレータの分類

● 周波数領域 vs 時間領域

　数値解析[*9-8]は，各関数が周波数領域で表現される解法と，時間領域で表現される解法の2種類に大別されます．

　周波数領域の解法は，特定の周波数毎に正弦波で励振をかけ，定常応答を求めるやりかたで，周波数軸にそれぞれの結果をつなげたグラフで評価します．

　一方，時間領域の解法は，パルス励振の過渡応答を求めますが，これだけでは共振特性などの必要なデータが得られないので，フーリエ変換によって周波数領域のデータを得ます．

　すでに開発されている汎用性のある解析法としては，主につぎのようなものがあります．

　（1）周波数領域での解法
　　　モーメント法（MoM），有限要素法（FEM），境界要素法（BEM）など
　（2）時間領域での解法
　　　伝送線路法（TLM），空間回路網法，有限差分時間領域法（FDTD）など

　これらをまとめると，表9-2のように大きく二分されることがわかります．筆者らが使用している複数の電磁界シミュレータは，左側の周波数領域に属するものが2次元多層のCAD，右側の時間領域に属するものが任意形状3次元のCADなので，わかりやすい分類になっています．

[*9-8] 数値解析とは，コンピュータを用いた数学的な解法を意味する．

表9-2 電磁界シミュレータの手法による分類

周波数領域(Frequency Domain)	時間領域(Time Domain)
モーメント法(MoM) 境界要素法(BEM) 有限要素法(FEM) など	伝送線路法(TLM) 有限積分技法(FIT) 有限差分時間領域法(FDTD) など

● **電磁界解析の手法**

　電磁界解析の手法は数値解析なので，コンピュータの発展と密接な関係があります．**表9-3**は，さまざまな電磁界解析の手法をまとめていますが，汎用大型コンピュータが普及し始めた1960年代から発案されているのがわかります．

9-5　電磁界シミュレータの精度について

● **精度について**

　著者らが電磁界シミュレータを使いはじめてすぐに感じたのは，精度はどうなのかという点でした．コンピュータでアナログの世界を離散化して解く手法ですから，どんなに細かいセルでも，誤差からは逃れられません．メモリや解析時間とのかね合いで，どの程度の粗さではどのくらいの誤差があるのか把握しておくことは重要です．

　解析したい問題の形状はさまざまなので，単純に誤差を表現することはできません．ここでは目安として把握するために，すでに公表されている方法を検討します．

● **モーメント法による離散化誤差**

　米国Sonnet Software社の提唱する評価法を元に，モーメント法による離散化誤差について考えてみます．

　ストリップ線路は，等角写像法という方法によって，その線路の特性が正確に計算できますが，Sonnetはこの線路を評価の基準としています．

　図9-10に50Ωの特性インピーダンスをもつストリップ線路を示します．15GHzで1/4波長の長さの線路をモデリングして，Sonnetで解いて理論値と比較しました．

　50Ωの負荷をもつこの線路の特性値の理論値は，S_{11}の大きさ = 0.0，S_{21}の位相角 = －90度です．

表9-3　電磁界解析手法

名称(和)	モーメント法	有限要素法	境界要素法	点整合法
略称(英)	MOM	FEM	BEM	PMM
名称(英)	Method of Moments	Finate Element Method	Boundary Element Method	Point Matching Method
発案	R. F. Harrington	R.W.Clough	J.H.Richmond	P.C.Waterman
発表年月	Feb.1961	1960*	May.1965	Aug.1965
発表論文	"Field computation by moment methods"	"The finite element in plane stress analysis" 電磁界解析の分野では R. F.Harrington の "Matrix method for field problem (1967)" がある*	"Scattering by a dielectric cylinder of arbitrary cross section shape"	"Matrix formulation of electro magnetic scattering"
発表誌/書籍	McGraw-Hill(現在入手可能な書籍)	2nd ASCE	IEEE Trans.Ant.& Prpg.	IEEE Proc.
基本となった理論		リッツ法・ガラーキン法	モーメント法と同じ	モーメント法・モード展開法
概要	積分方程式を離散化して数値的に解く種々の方法.	解析領域を要素に分割し、その一つ一つにリッツ法やガラーキン法を適用して要素方程式をつくり、すべての要素を重ね合わせ、系全体に対する離散化行列方程式、いわゆる全体方程式を組み立てる	境界上に波源に対応する未知電磁量をとって積分方程式をつくり、これを離散化して解く	解析しようとする領域内の電磁界を適当な基底関数の線形結合で展開し定義領域内の有限個の点で与えられた条件を満たすように重み係数を決定する近似解析法

＊数学者は Courant(1943)を祖とするが，ここでは土木工学の分野で Finate Element Method という名称を初めて使った Clough とする．

名称(和)	モード整合法	有限差分時間領域法	伝送線路行列法	空間回路網法
略称(英)		FDTD	TLM**	
名称(英)	Mode-Matching Method	Finite-Difference Time-Domain	Transmission Line Matrix	Spatial network method
発案	R.H.T.Bates	K.K.Mei/K.S.Yee	P.B.Johns	吉田則信ら
発表年月	Jun.1969	May1965/May1966	Sept.1966	Jun.1979
発表論文	"The theory of the point matching method for perfectly conducting waveguides and trammission lines" 安浦の方法(九大集報 1965)	"On the integral equations of thin wire antenna"/"Numerical solution of initial boundary value problems involving Maxwell's equations in isotropic media"	"Numerical solution of 2-dimensional scattering problems using a transmission line matrix"	"Bergeron法による2次元マクスウェル方程式の過渡解析"
発表誌/書籍	IEEE Trans. MTT	IEEE Trans. Ant. & Propag.	IEE Proc.	信学論(B)
基本となった理論	モード展開法	Maxwell方程式離散的等価回路表示	(同左)	(同左)
概要	変数分離解による無限級数の代わりに、モード関数系からつくられる有限項の和の無限系列を考える方法	Maxwell方程式の各成分式の時間軸における直接的な逐次計算(Maxwell方程式の差分表現式を用いる)	空間の離散点間を1次線路と仮定し、各格子点で散乱行列を定義して波動伝搬を逐次的に計算	TLMの伝送線路の取り扱いを徹底させ、線路特性のBergeron表示に基づく電磁界変数等の電圧電流対応、媒質や境界条件の回路素子表示による定式化を行った

＊＊TLM は，現在では Transmission Line Modeling の略ともいわれている．これはモデル構造を示す Matrix が，アルゴリズムで行列演算を使用しているかの誤解を招くおそれからである(Dr. David Johns による).

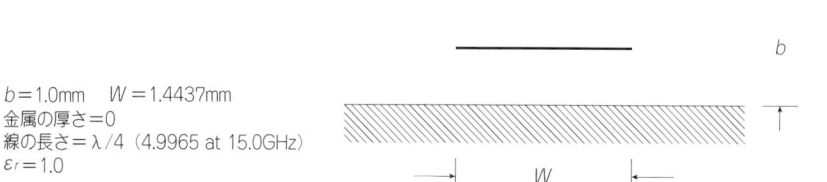

$b = 1.0$ mm　$W = 1.4437$ mm
金属の厚さ＝0
線の長さ＝$\lambda/4$（4.9965 at 15.0GHz）
$\varepsilon_r = 1.0$

図9-10　50Ωの特性インピーダンスをもつストリップ線路
等角写像法で得た値と比較して誤差を評価する．

シミュレーションの結果，S_{11}の大きさ = 0.01026，S_{21}の位相角 = -89.999度が得られました．特性インピーダンスの誤差は，ほぼS_{11}における誤差として現れるので，約1.026％と考えられます．また位相定数の誤差は，ほぼS_{21}の誤差として現れるので，約0.001％と考えられます．

これらの誤差は，相殺されることも考えられますが，最大の誤差として，両者の和である約1.027％と評価します．

誤差は離散化の程度によって定まり，たとえば線路幅を16セルに分けたとき，約1％の誤差になります．このパーセント誤差を，離散化したサブセクション数の関数として，以下の式で表現できると報告されています[9-4]．

$$E_T = \leq \frac{16}{N_W} + 2\left(\frac{16}{N_L}\right)^2 \quad N_W > 3,\ N_L > 15$$

ここで　N_W：線路幅あたりの離散化数
　　　　N_L：線路長さに沿った波長あたりの離散化数
　　　　E_T：パーセント誤差

図9-10のストリップ線路のモデリングでは，$N_W = 16$，$N_L = 128$で解析していますが，このとき上式によって求められる，離散化によるパーセント誤差は1.03です．

また，線路長さに沿った波長あたりの離散化数N_Lは，上式の第2項から，逆平方の関係にあることがわかります．したがって誤差に対しては，線路幅あたりの離散化数N_Wが，より支配的であることがわかりました．

9-6　電磁界シミュレータの活用

● 使い方のポイントをまとめる

電磁界シミュレータを使った経験から得た，著者流の使い方のポイントを個条書

きにします．

(1) はじめから細かくしすぎない

　誤差が気になって，どうしても使いはじめは必要以上に細かいメッシュで離散化してしまいがちです．離散化の寸法の目安は波長の1/10〜1/20です．

(2) スナップの調整が必要な部分がある

　均一のメッシュで離散化すると，実際の寸法が近くのメッシュ位置にずれて（スナップされて）しまうことがあります．

　たとえば線路幅，厚さ，アンテナのエレメントの長さなどは厳密に寸法を入れておかないと大きな誤差を生じます．これらの寸法は，自動メッシュに任せず，ぴったりの値を指定して個別に調整する必要があります．

(3) 電流が強く流れる部分は細かく

　伝送線路の両端，配線路の両縁など，電流分布の偏りが想定される部分のメッシュはなるべく細かくする必要があります．電磁界シミュレータの製品によっては完全自動で，メッシュの微調整が難しいものも見かけますが，周波数が高くなると重要なポイントとなるでしょう．

(4) 厚みゼロの解析では誤差が大きい場合がある

　上記(1)〜(3)の注意をはらってモデリングすれば，マイクロストリップ線路の金属導体は，厚みゼロでモデリングしても，かなりよい結果が出ます．電磁界シミュレータの手法にもよりますが，厚み数十ミクロンという微小な離散化を施すと，3次元に換算した全体の使用メモリが急に増えるのが一般的です．通常は厚みゼロで解析しますが，ものによっては厚みを考慮する必要があるケースもでてきます．

　たとえば電磁結合型のカプラのように，線路の対向部分でも，とくに線路の厚み部分に強い電界がかかるような場合です．微小なギャップがあり，その対向部分に強い電界がかかるような構造，あるいはスロット・アンテナのように，開口部の内側の厚みに沿って強い電界がかかるような場合も，最終的には厚みをきちんとモデリングして結果を出してみるとよいでしょう．

(5) 放射物の解析空間は十分とる

　アンテナなど，電磁エネルギーを空間に放射している問題では，解析空間を十分とらないと，放射物近傍の電磁界分布が正確に計算されないことがあります．

　ガイドラインとして，放射物から1波長程度の寸法を各方向にとって，解析空間を設定すればよいという経験則があります．最終的には，つぎの項に示す，コンバージェンス（収れん）の手法をとるとよいでしょう．

(6) コンバージェンス(収れん)の手法で確かめる

　モデリングした離散化の度合いが十分なのかを確かめる方法としてコンバージェンス(収れん)の手法があります．これは簡単に言うと，徐々に細かくしていきながら，結果がある値(真の値)に収れんしていって，ほとんど変化が見られなくなったところで，離散化の度合いは十分であると決めるやりかたです．

　毎回実施するのはめんどうですが，何回か経験するとどの程度かというコツがつかめます．

(7) つねにリアリティ(真実性)チェックを忘らない

　シミュレーションが終了して結果が出たら，つねにリアリティ(真実性)チェックを行います．たとえば離散化モデルをよく見たら細かい部品が導通していなかった，あるいは逆にギャップのはずが導通してしまっていた，などということがよくあります．

　予想に反しておかしな結果が出た場合にはこれらが原因かもしれません．妥当性のチェックは，自分だけでなく，先輩や同僚の意見も求めてみましょう．

(8) 実測値と比較してみよう

　できれば実測値と比較してみましょう．実測結果があるくらいならソフトは使わないと言われるかもしれません．しかし使いはじめは，モデリングが不十分なのか，ソフトが悪いのか，いろいろと疑いたくなります．教科書にある問題でもかまいません．結果がわかっているモデルで試しておくと，シミュレーションに自信がもてるようになります．

● 電磁界シミュレーションの効果

　最後に，筆者らが20年以上使用したシミュレータの効果をまとめます．

(1) 思い込みを正す

　高周波の世界は，長年の思い込み(おおまかな理解)だけから単純に判断するとあぶない，ということが明確にわかりました．たとえば，筐体の共振モードはすべて発生すると思っていたのが，開口部の位置によっても，発生しない場合がかなりあるという事実です．

(2) 新たな発見

　シミュレーション結果をじっとながめていると，本来の目的としていたこと以外で，思わぬ有用な知見が得られることがしばしばありました．これは，シミュレータを使ってみることの最大のメリットかもしれません．たとえば，信号線路に注目していたのが，ある周波数では，多層基板の層間から水平方向に強い放射があるこ

とが新たにわかったこともありました．
(3) 直感力を養う
　いろいろなモデルでシミュレーションを続けると，それまでにわかった数々の断片的な知見が，ある日突然頭の中で一つにまとまることがありました．動作周波数が高くなると，従来積み重ねてきた経験則が役立たなくなってくるので，いかに効率よく新たな経験を積むかが重要になります．電磁界シミュレータは，コンピュータの中で効率よく試作を重ねるようなもので，直感力を養うのにはもってこいです．
(4) 改良のヒントを得る
　問題箇所を発見したときにはさまざまな方策を施しますが，電磁界シミュレータを用いれば，その効果の度合いをいち早く定量的につかめます．改良のヒントを得るためにも，電磁界シミュレーションは有効です．

第9章のまとめ
(1) 電磁界シミュレータには，周波数領域と時間領域の技法がある．
(2) 離散化の度合いと誤差の程度を把握しておくとよい．
(3) 電磁界シミュレータの使い方のポイントをまとめた．
(4) 電磁界シミュレータの効果をまとめた．

参考文献
9-1) 小暮裕明・小暮芳江；『すぐに役立つ電磁気学の基本』，誠文堂新光社，2008．
9-2) 宇野 亨；『FDTD法による電磁界およびアンテナ解析』，コロナ社，1998．
9-3) C.クリストポロス著，加川幸雄訳；『TLM伝達線路行列法入門＝非定常電磁界解析のためのもうひとつのモデル＝』，培風館，1999．
9-4) Sonnet User's Guide, Chapter 23 Accuracy Benchmarking, 付属CD-ROMに収録．

[改訂]電磁界シミュレータで学ぶ高周波の世界

Supplement

Sonnet Liteの動作環境とインストール

　ここでは，付属CD-ROMに収録されている電磁界シミュレータSonnet Liteのインストール方法などについてまとめています．

S-1　SonnetとSonnet Lite

　米国Sonnet Software社は，高周波電磁界シミュレータSonnet Suitesを開発しており，Sonnetは，プレーナ構造(3次元プレーナ構造)の回路やアンテナに関わるソリューション(問題解決)に的をしぼっています．

　プレーナ構造の回路には，マイクロストリップ線路やストリップ線路，コプレーナ線路，プリント配線板(単層と多層)，viaの構造，誘電材質の中に組み込まれた数層の金属配線などがあります．またアンテナのシミュレーションでは，RFIDタグのアンテナやパッチ・アンテナ，スロット・アンテナ，基板上の逆L，逆Fアンテナなど，プレーナ構造のアンテナに適応できます．

　Sonnetは，回路が六面体の金属Boxの中にあると仮定し，パッケージ共振の影響を計算に含みますが，境界条件を変更すれば，アンテナや放射物のシミュレーションもできます．

　付属CD-ROMに収録されているSonnet Liteは，執筆時点での最新版ですが，バージョンアップされた無償版は，つぎの米国Sonnet Software社のWebからダウンロードできます．メニューからProducts(製品)→Sonnet Liteへ進んでください．

　　`http://www.sonnetsoftware.com/`

　Sonnet Liteをインストールすると，ソフトウェアとマニュアル，例題ファイルなどが使用できるようになります．

　なお，インストールするPCのコンピュータ名やディレクトリの名前には，日本語(2バイト・コード)を使わないでください．

● Sonnet Lite の動作環境

　Sonnet Lite は Intel 系の CPU を持つ PC の OS，Windows XP，Vista，7 上で動作します．128 M バイト以上の RAM，125 M バイト以上のディスク・スペースが必要で，マニュアルは Adobe Reader (バージョン 7.0.8 以降) で読めます．

● Sonnet Lite のインストール

　付属 CD-ROM をドライブに挿入して，SonnetLite フォルダ内の **sl1253.exe** をダブル・クリックして，Installatin Wizard で「Next」ボタンを押します．すでに Sonnet Lite がインストールされている PC では，このとき Setup-ERROR が表示されるので，OK ボタンで終了し，アンインストールしてから最新版をインストールしてください．

　また，米国 Sonnet Software 社の Web から適当なフォルダにダウンロードした最新版も，**sl1253.exe** (数字はバージョン 12.53 を表す) をダブル・クリックして，それぞれの指示に従い，わずかな時間でインストールが完了します．

S-2	登録方法

　登録をすることでライセンス・コードが発行され，使用メモリ容量が 16 M バイトまで拡張されます．登録しなくても使えますが，その場合は，使用メモリ容量が 1 M バイトです．

(1) インストール後，スタート→プログラム→Sonnet 12.53→Sonnet で Sonnet Lite を起動すると，登録の画面が表示されます．また，Windows のスタート・メニューから，スタート→プログラム→Sonnet 12.53→Register を選択しても，登録の画面が表示されます．

「Register Now」をクリックすると Registration フォームが表示されます．項目をすべてローマ字 (半角英数字) で入力して，「Next >」ボタンをクリックします．ここで，Zip/Postal は郵便番号です．また，Email はライセンス・コードが送られるアドレスです (図 S-1 参照)．

(2) 「Next >」ボタンで進み，Save as text file を選んで「Next >」を押します．

(3) 保存先を選んで **Sonnetreg.txt** ファイルを保存して，Register 画面を終了します (エラーの場合は，半角英数のフォルダ名を選び直す)．

(4) 最後に，お使いのメール・ソフトより新規にメールを作成し，**Sonnetreg.txt** ファイルを添付して，米国 Sonnet 社 (**sonnetlite@sonnetsoftware.com**) へ送信します (見出し，本文は不要)．米国 Sonnet 社のコンピュータに問

図S-1　登録の画面

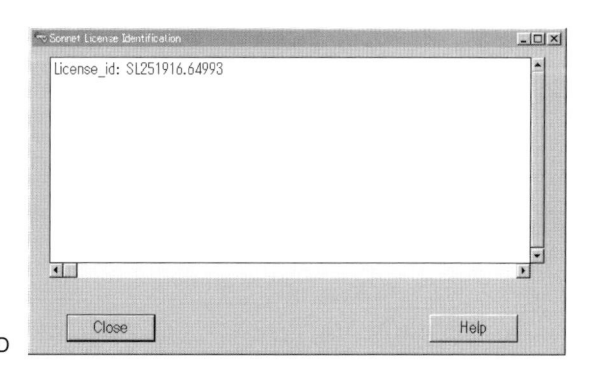

図S-2　登録後のLicense ID

題がなければ，数分以内にemailでライセンス・コードと案内文が返送されます．
(5) 届いたsonnet.licをデスクトップに保存します．スタート→プログラム→Sonnet 12.53→Sonnet(Vistaでは，右クリックで「管理者として実行」を選ぶ)で，Sonnet Task Barのメニューから，「Admin」→「License...」を選んで表示されるダイアログ・ボックスの「Browse...」ボタンで，sonnet.licを指定します．

図S-2は，Task Barから「Admin」→「License ID」を選んで表示される画面です(図の番号とは異なる)．

もし，License IDがSL00000.101であれば，正しく登録されていません．

＊Sonnet Liteは無償版(フリー・ソフトウェア)です．無料で自由に配布・利用できるソフトウェアですが，著作権は放棄していません．配布の際にはSonnet社のCopyrightを必ず明記してください．

［改訂］電磁界シミュレータで学ぶ高周波の世界

付属CD-ROMの内容と使い方

● ディレクトリ構造

CD-ROM内のディレクトリの構造はシンプルです．

- Figs
- SonnetLite
- SonnetModels_Ch1
- SonnetModels_Ch2
- SonnetModels_Ch3
- SonnetModels_Ch4
- SonnetModels_Ch5
- SonnetModels_Ch6
- SonnetModels_Ch7
- SonnetModels_Ch8
- README.TXT

Figsフォルダ：本文中の図（主なカラー画面のみ）を収録しています．

SonnetModels_Ch1フォルダ：第1章のAppendixで示した例題のデータ・ファイルを収録しています．

第1章から第8章のAppendixで使用している例題のモデルをすべて収録していますが，一部，無償版のSonnet Liteでオープンできないモデルも含まれています．

● 収録シミュレーション・ソフト（SonnetLite）

本文の各章末のAppendixでシミュレーションに使用しているSonnet Liteを収録しています．

インストールの詳しい手順は，Supplementをお読みください．Sonnet Liteは米国Sonnet社のDr. James Rautioが開発しているモーメント法による電磁界シミュレータSonnet Suitesの無償版です．プログラム自体は製品版と同じですが，主につぎの制約があります．

(1) 2層の金属層，3層の誘電体層，4ポートまでの回路のシミュレーションが可能．

(2) 使用メモリ領域は最大1Mバイト．ただし，登録することにより（無料），16Mバイトまで使用可能．登録の方法についても本書のSupplementをお読みください．

● **収録シミュレーション・モデル**(SonnetModels_Ch1〜Ch8)

SonnetModels_Ch＊フォルダに，各章のAppendixで示した例題のデータ・ファイルを収録しています．

各フォルダ内のモデル・ファイル(拡張子son)をダブル・クリックすると，Sonnet LiteのCAD画面に，そのモデルが表示されます(僅かですが，一部のモデルは無償版の制約を超えるためにエラーが表示されます)．

SonnetModels_Ch＊フォルダ内にあるsonnetフォルダには，それぞれのモデルのシミュレーション結果も収録されているので，「Project」→「View Response」→「Add to Graph」をクリックするだけで，S_{11}の結果グラフが表示されます．

モデルの一部を修正してシミュレーションを試すときには，始めにモデルを「File」→「Save As...」で，適当なフォルダに保存してから，「Project」→「Analyze」でシミュレーションを開始します．

さらに詳しくは，各章のAppendixに従ってシミュレーションをお楽しみください．

● **各章の図のカラー・データ**(Figs)

シミュレーションの結果を中心に主なカラー画像を各章ごとのフォルダに収録しています．本文でカラー表示を見たほうがわかりやすい図は，これらのカラー画像をご参照ください．

画像データはGIFフォーマットです．IE(Webブラウザ)にドラッグ＆ドロップすれば表示できますが，お手持ちの画像が表示できるツールでもご覧になれます．

索引

【数字・アルファベット・記号】
2次放射 —— 213
377Ω —— 133, 137
3m先の電界 —— 151
50Ω終端 —— 67
ABS —— 99
Adaptive Sweep —— 99
air vent —— 179
AppCAD —— 119
Cardioidパターン —— 211
DUT —— 63, 64, 82
edge effect —— 21
edge singularity —— 21
EMC —— 163, 164, 216
EMC設計 —— 164
EMI —— 156, 162, 163, 217
EMIの元凶 —— 156
EMS —— 213, 214, 215
FDTD —— 11
FDTD法 —— 227
FEKO —— 226
GPS —— 206
IE3D —— 226
IRドロップ —— 143
James C. Rautio —— 91
MIC —— 24
MicroStripes —— 16, 145
MMIC —— 24
Momentum —— 226
MSL —— 26, 36, 57, 59, 118
OSL法 —— 64
PI Model —— 95
PSpice —— 110
$RLCG$ —— 95
S_{11} —— 31, 41
S_{21} —— 41, 80

Scattering Parameter —— 61
skin effect —— 56
S-NAP/Field —— 226
Sonnet —— 21, 226
Sonnet Lite —— 26
Sonnet Software社 —— 21
SPICE —— 87
SPICEサブサーキット —— 110
Symmetry —— 79
Sパラメータ —— 61
$\tan\delta$ —— 90
TE_{10}モード —— 73
TEMモード —— 23
TEモード —— 73
TLM —— 16
TLM法 —— 145, 227
TMモード —— 73
T型減衰器 —— 102
V_{cc}層 —— 49, 166
via —— 68, 70, 93, 136
VNA —— 63
XFdtd —— 11
π型の等価回路 —— 95

【あ・ア行】
アニメーション —— 81
アマチュア無線 —— 78
アンダシュート —— 20
アンテナ —— 54, 78, 109, 164
アンペアの右ネジの法則 —— 14, 155
位相角 —— 60, 65
位相差給電 —— 211
位相遅延 —— 66, 116
位相遅延時間 —— 58, 60
一次コイル —— 111
意図しないアンテナ —— 175

イミュニティ —— 164
イメージ（影像）アンテナ —— 55
インダクタンス —— 20
インダクティブ結合 —— 91
インディ効果 —— 47
インピーダンス整合 —— 33
渦電流 —— 132, 211
渦電流損 —— 132
エッジの偏り —— 21, 36
エッジの特異性 —— 21, 143
エネルギー保存の法則 —— 63
遠方界放射パターン —— 39, 156
オート・グラウンド・ポート —— 103
オーバシュート —— 20
オームの法則 —— 70, 75
お行儀の良い電気 —— 11, 21
お行儀の悪い電気 —— 21, 35, 55
オフセット給電 —— 210

【か・カ行】
開口部 —— 52, 165, 214
解析の精度 —— 81
回路素子 —— 88
回路の分割 —— 97
可逆性 —— 62, 213
ガスケット —— 185
カットオフ周波数 —— 74
過渡応答 —— 230
過渡応答解析 —— 116
感受性 —— 213
キャパシタンス —— 91
キャパシティブ結合 —— 91
キャリブレーション —— 64, 82
給電点インピーダンス —— 207
境界条件 —— 36
境界面 —— 36
強磁性体 —— 131
共振 —— 44
共振器 —— 170
共振現象 —— 155, 204
共振周波数 —— 102
共振モード —— 170, 171
筐体 —— 165, 169, 214

筐体の共振 —— 170
共鳴 —— 44
キルヒホッフの法則 —— 87
近接効果 —— 84
空間という名の伝送線路 —— 133, 203
空胴共振 —— 195
空胴共振器 —— 169
グラウンド —— 19
グラウンド導体 —— 28, 49
グラウンドの縁 —— 155
グラウンド・バウンス —— 70, 72
グラウンド縁部 —— 119
グラウンド・ループ —— 70
グリーン関数 —— 224
クロストーク —— 68, 83, 141, 158, 159
クロック周波数 —— 117
結合係数 —— 91, 93, 111
コイル —— 87
高周波 —— 153
校正 —— 64
高速ディジタル回路 —— 91
高透磁率磁性材 —— 131
コーナ・カット —— 59
誤差 —— 233
コモン・モード —— 47, 149, 151
コモン・モード成分 —— 158
コモン・モード電流
　—— 47, 49, 157, 162, 213
コモン・モード・ノイズ —— 149
コンデンサ —— 87
コンバージェンス —— 235
コンポーネント・レベル —— 178, 179

【さ・サ行】
最悪ケース —— 149
サセプティビリティ —— 164, 213
差動線路 —— 142, 158
差動伝送線路 —— 141
差動ペア線路 —— 141, 146, 160
サブサーキット —— 88
サブセクション —— 82, 224, 225
参照面 —— 82
散乱パラメータ —— 61

残留磁化 ── 131
シールド効果 ── 38, 130
シールド・ルーム ── 133
ジェームス・クラーク・マクスウェル
　　── 201
磁界 ── 37
磁界プローブ ── 188
磁界ベクトル ── 14, 20
時間領域の手法 ── 227
磁気壁 ── 79
磁気シールド ── 130
磁気飽和 ── 188
システム・レベル ── 178
磁性体シールド ── 131
実効比誘電率 ── 121, 144
遮断域 ── 109
自由空間 ── 28
終端 ── 61, 67
集中定数 ── 87
集中定数素子 ── 102
集中定数モデル ── 88
周波数依存性 ── 198
周波数領域の手法 ── 224
受波装置 ── 204
準TEMモード ── 23, 72
循環型の電界 ── 54
純抵抗 ── 208
磁力線 ── 14, 155
磁力線密度 ── 49
人工システム ── 163
進行波 ── 17, 44
人工媒質 ── 105
数値解析 ── 230
スタブ ── 100
スプリット・リング ── 106
スペーサ ── 182
スリット ── 122, 124, 134, 135
スロット・アンテナ ── 171, 215
整合 ── 75, 117, 118
静電シールド ── 129
静電遮蔽 ── 129
接近線路 ── 112
セル ── 26

線間のキャパシタンス ── 91
センス・レイヤ ── 47
相互インダクタンス ── 93
相互減結合率 ── 188
損失正接 ── 28

【た・タ行】
台形パルス波 ── 153
対称性 ── 97
ダイポール ── 204
ダイポール・アンテナ ── 55
ダブル・リッジ・ガイド・アンテナ ── 169
遅延 ── 66
超伝導シールド ── 131
超伝導体 ── 131
直角曲がり ── 42
直角曲がり部 ── 57
通過帯域 ── 101
ディエンベディング ── 64, 82, 208
低減策 ── 84
定在波 ── 44, 125, 126, 190
ディファレンシャル・モード ── 47
ディファレンシャル・モード電流 ── 142
電圧降下 ── 143
電位 ── 13
電界 ── 12, 21, 37
電界検出型 ── 133
電界ベクトル ── 13, 20
電気の気持ち ── 42
電気力線 ── 14, 21, 37, 203
電源 ── 12
電源層 ── 49, 166
電源プレーン ── 122
電磁界シミュレーション ── 15
電磁界シミュレータ ── 223
電磁界の気持ち ── 77
電磁環境 ── 163
電磁干渉 ── 163
電磁結合 ── 68, 98, 101
電磁的感受率 ── 213, 214, 215
電磁ノイズ ── 176
電磁波 ── 55
電磁妨害 ── 156, 163

電磁両立性 —— 163
電信方程式 —— 15，74
伝送減衰率 —— 189，200
伝送線路 —— 14，75
伝送損失 —— 76
伝送路 —— 12
伝達係数 —— 31，41，62，80
伝達路 —— 164
伝導電流 —— 54
電場 —— 12
電波吸収体 —— 190
電流 —— 11
電流密度分布 —— 50
電力 —— 75
等価面 —— 39
同軸ケーブル —— 49
同軸線路 —— 76
導波管 —— 15
特性インピーダンス
　—— 20，22，32，61，73，77，117，118
特性界インピーダンス —— 73
トムソン(ケルビン卿) —— 75
トラブル・シューティング —— 178
トランス —— 111

【な・ナ行】

内部減結率 —— 188
内部抵抗 —— 75
内部ポート —— 104
波の合成 —— 44
二次コイル —— 111
ネットリスト・プロジェクト —— 99
ネットワーク・アナライザ —— 63，82，169
ノイズ吸収シート —— 187
ノイズ源 —— 164
ノイズ抑制シート —— 187，197，200
ノード番号 —— 91
ノーマル・モード —— 47
ノーマル・モード電流 —— 142
ノーマル・モード・ノイズ —— 148

【は・ハ行】

パーセント誤差 —— 233

パーツ —— 114
パーツ・エディタ —— 113
媒質 —— 105
配線パターン —— 27
配線路 —— 11
パス・バンド —— 101
波長短縮 —— 109，153
波長短縮効果 —— 101，121
波長短縮率 —— 121，144
バックワード・クロストーク
　—— 66，69，83，143，144
パッチ・アンテナ —— 206
波動インピーダンス —— 73
バルク電流 —— 37
パルス信号源 —— 115
パルス波 —— 228
反射係数 —— 31，41，62，80
反射波 —— 44，57，59
バンドパス・フィルタ —— 96，101
半波長伝送線路共振器 —— 167
ビア —— 68，70
光の電磁波説 —— 203
光ファイバ —— 18
非磁性金属 —— 132
微小ダイポール —— 151
微小ループ・アンテナ —— 178，188
被測定回路 —— 63，82
左手系 —— 105
火花放電 —— 204
比誘電率 —— 20，28，90
表皮効果 —— 56，220
表皮の厚さ —— 56
表皮の深さ —— 56
表面抵抗値 —— 86
表面電流 —— 80，118
表面電流分布 —— 36，42，59，161
ファラデーの電磁誘導の法則 —— 132
フーリエ変換 —— 166，230
フェライト・ビーズ —— 187
フォワード・クロストーク
　—— 66，69，83，143，144
負荷 —— 12，75
不整合 —— 121

縁効果 —— 21
不要な電磁波 —— 48
不要輻射 —— 119, 128, 140, 156
不連続 —— 35
不連続線路 —— 79
不連続部 —— 42
分割 —— 98
分割位置 —— 100
分布定数回路 —— 74, 88
平行2線 —— 15, 23, 49
平衡成分 —— 47
平行平板コンデンサ —— 53
ベクトル・ネットワーク・アナライザ
　　 —— 63
ベタ・グラウンド —— 20, 118, 122
ヘテロダイン検波 —— 64
ヘビサイド —— 55, 74
ヘルツ —— 55, 203
ヘルツ・ダイポール —— 203
ヘルツ発振器 —— 204
変圧器 —— 111
変位電流 —— 54, 55, 202
変数 —— 105
ホイヘンスの原理 —— 229
ポインティング電力 —— 145, 156
ポインティング・ベクトル —— 214
方形導波管 —— 16, 23, 73
方向性結合器 —— 63
放射 —— 38, 156
放射エネルギー —— 39
放射効率 —— 128
放射パターン —— 52
放熱孔 —— 180
放熱フィン —— 174
放熱用の孔 —— 179
放熱用のスリット —— 176
ポート —— 61

【ま・マ行】
マイクロストリップ・アンテナ —— 206
マイクロストリップ線路
　　 —— 19, 20, 23, 26, 118, 146
マイクロ波 —— 15, 25

マイクロ波回路 —— 89
マイクロ波集積回路 —— 24
マイスナー効果 —— 131
マクスウェル —— 52
マクスウェルの電磁方程式 —— 74
マクスウェルの方程式 —— 53, 223
右肩上がり —— 153
右手系 —— 105
無損失導体 —— 27
メアンダ・ライン —— 44
メタマテリアル —— 105, 106
モーメント法 —— 28, 224
モジュール・レベル —— 178, 180
モデル —— 12
モノポール・アンテナ —— 55
モノリシック・マイクロ波集積回路 —— 24

【や・ヤ行】
有限要素法 —— 227
誘電正接 —— 90
誘電体 —— 20, 28, 90
誘導電流 —— 132, 211

【ら・ラ行】
ライブラリ・マネージャ —— 112, 114
離散化誤差 —— 231
リターン電流
　　 —— 70, 72, 118, 125, 134, 139
リターン・ロス —— 123
リフレクト・メータ —— 63
両面プリント配線板 —— 20, 117
リンギング —— 20
ループ・アンテナ —— 47
ループ状 —— 14
ループ状の電流 —— 47
レッヘル —— 15
レッヘル線 —— 15
ロンドン兄弟 —— 131

〈著者略歴〉

小暮裕明（こぐれ・ひろあき）

小暮技術士事務所（http://www.kcejp.com）所長
技術士（情報工学部門），工学博士，特種情報処理技術者，電気通信主任技術者（第1種伝送交換）

1952年　群馬県前橋市に生まれる
1977年　東京理科大学卒業後，エンジニアリング会社で電力プラントの設計・開発に従事
1988年　技術士国家試験「技術士第二次試験」合格・登録（#20692 情報処理部門）
1992年　技術士として独立開業　SE教育，電磁界シミュレータ技術指導を開始
同年　東京理科大学講師（非常勤）1995年までプログラミング応用を担当
1998年　東京理科大学大学院博士課程（社会人特別選抜）修了，工学博士
2004年　東京理科大学講師（非常勤）現在，コンピュータ・ネットワーク，他を担当
2006年　武蔵工業大学（東京都市大学）講師（非常勤）2007年までシステム制御を担当
現在，技術士として技術コンサルティング業務，セミナ講師等に従事
専門：電磁界シミュレータ技術指導，小型アンテナ設計支援，SE教育，講演
趣味：アマチュア無線（JG1UNE），古刹探訪

小暮芳江（こぐれ・よしえ）

1961年　東京都文京区に生まれる
1983年　早稲田大学第一文学部中国文学専攻卒業後，ソフトウェアハウスに勤務
1992年　小暮技術士事務所開業で所長をサポートし，現在電磁界シミュレータの英文マニュアル，論文，資料などの翻訳・執筆を担当
趣味：アマチュア無線（JE1WTR），旅行，筋トレ，水泳

この本はオンデマンド印刷技術で印刷しました

諸々の事情により，一般書籍としての刊行時とは装丁や価格が異なり，データ変換の際に写真や網点部にモアレが生じる場合があります．また，一般書籍最終版を概ねそのまま再現していることから，記載事項や文章に現在とは異なる表現や情報が含まれていることがあります．事情ご賢察のうえ，ご了承くださいますようお願い申し上げます．

- 本書記載の社名，製品名について ── 本書に記載されている社名および製品名は，一般に開発メーカーの登録商標です．なお，本文中では™，®，©の各表示を明記していません．
- 本書掲載記事の利用についてのご注意 ── 本書掲載記事は著作権法により保護され，また工業所有権が確立されている場合があります．したがって，記事として掲載された技術情報をもとに製品化をするには，著作権者および工業所有権者の許可が必要です．また，掲載された技術情報を利用することにより発生した損害などに関して，CQ出版社および著作権者ならびに工業所有権者は責任を負いかねますのでご了承ください．
- 本書付属のCD-ROMについてのご注意 ── 本書付属のCD-ROMに収録したプログラムやデータなどは著作権法により保護されています．したがって，特別の表記がない限り，本書付属のCD-ROMの貸与または改変，個人で使用する場合を除いて複写複製（コピー）はできません．また，本書付属のCD-ROMに収録したプログラムやデータなどを利用することにより発生した損害などに関して，CQ出版社および著作権者は責任を負いかねますのでご了承ください．
- 本書に関するご質問について ── 文章，数式などの記述上の不明点についてのご質問は，必ず往復はがきか返信用封筒を同封した封書でお願いいたします．ご質問は著者に回送し直接回答していただきますので，多少時間がかかります．また，本書の記載範囲を越えるご質問には応じられませんので，ご了承ください．

JCOPY 〈出版者著作権管理機構 委託出版物〉

本書の全部または一部を無断で複写複製（コピー）することは，著作権法上での例外を除き，禁じられています．本書からの複製を希望される場合は，出版者著作権管理機構（TEL：03-5244-5088）にご連絡ください．なお本書付属CD-ROMの複写複製（コピー）は，特別の表記がない限り許可いたしません．

CD-ROM付き

RFデザイン・シリーズ
[改訂]電磁界シミュレータで学ぶ高周波の世界【オンデマンド版】

2010年4月15日　初版発行　© 小暮裕明，小暮芳江 2010
2020年10月1日　オンデマンド版発行

著　者　小暮裕明，小暮芳江
発行人　小澤拓治
発行所　CQ出版株式会社
　　　　東京都文京区千石 4-29-14（〒112-8619）
電話　出版部　03-5395-2123　販売部　03-5395-2141
　　　振替　00100-7-10665
ISBN978-4-7898-3022-5

DTP　　　　（有）新生社
印刷・製本　大日本印刷株式会社
乱丁・落丁本はご面倒でも小社宛お送りください．
送料小社負担にてお取り替えいたします．
定価は表紙に表示してあります．
Printed in Japan

本書に付属のCD-ROMは，図書館およびそれに準ずる施設において，館外貸し出しを行うことができます．